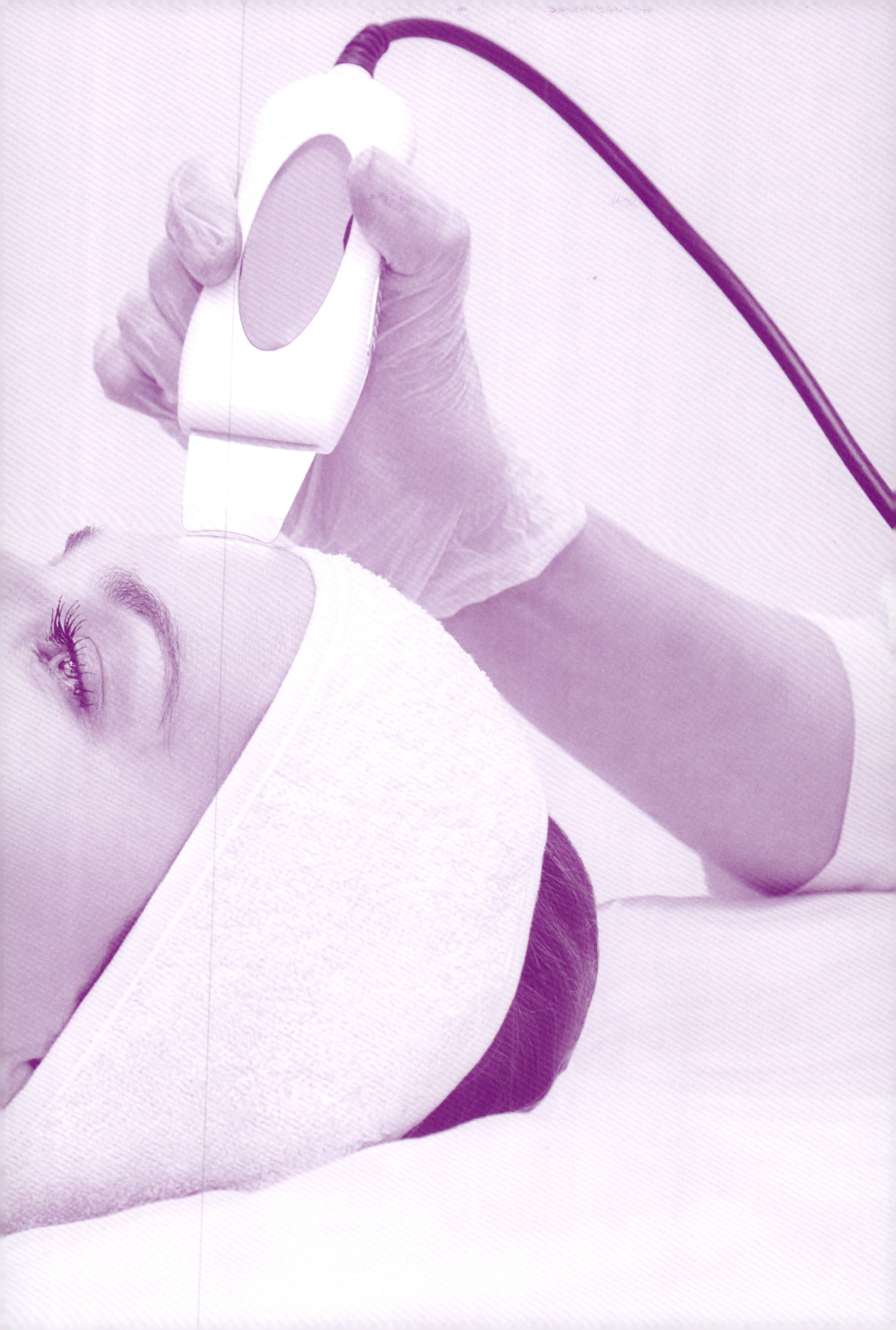

Essence

SKIN CARE EQUIPMENT

에센스 미용기기학

김봉인 · 강수경 · 김영주 · 김선옥 · 김학숙
김해남 · 신수정 · 장문정 · 최미옥 · 함명옥

메디시안

머리말

오늘날 삶의 질이 향상되면서 아름다움과 건강에 대한 욕구는 뷰티산업을 더욱 더 각광을 받게 하였으며, 피부미용분야도 의료관광과 함께 4차 서비스 산업으로 국제화, 전문화에 이르게 되었습니다.

피부미용사 및 체형관리사의 직업은 2015년 유망직업 32가지안에 들어가며, 인사전문가가 꼽은 5년 뒤 유망직업 20가지 중 13를 달리고 있습니다. 피부미용기기의 합법화는 2007년 피부미용이 헤어미용에서 분리, 독립되고 2008년부터 피부미용국가자격 제도 도입당시부터 제기된 업계 최대 현안으로 대두되고 있습니다.

피부미용 관련대학은 이미 1990년도 초반부터 정규 교과목으로 수업이 진행중이며, 2020년 현재 130여개대학으로 늘었고 이미 6개대학이 국제 시데스코 자격증과정을 운영하는 가운데 피부미용기기교재의 국제적, 전문적 수준이 더욱 더 절실히 요구되는 시점입니다.

그리하여 저희 집필진은 기기관리를 위한 기초이론, 전기학, 피부관리에 이용되는 전류, 피부 분석 및 진단을 위한 기기, 안면관리 피부미용 기기, 전신관리에 사용되는 미용기기, 광선과 컬러를 이용한 피부미용 기기, 소독과 위생의 순서로 내용을 사진과 일러스트레이션을 삽입하여 이해하기 쉽게 구성하였습니다.

이 한권의 교재가 전문 피부미용인에게 좋은 지침서가 되기를 바라며 아름답고 건강한 전인적 뷰티케어에 기여됐으면 하는 바램입니다.

끝으로 이 책이 출판되기까지 물심양면으로 배려해 주신 (주)지구문화/메디시언 임직원 여러분께 감사의 말씀을 올립니다.

경자년 새봄에

필자 대표

차례

Contents

Chapter 04 피부분석 및 진단을 위한 기기

Chapter 05 안면관리에 사용되는 미용기기

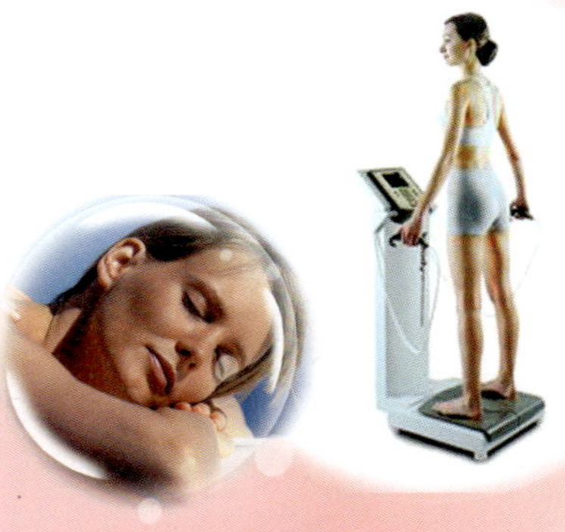

Chapter 06 전신관리에 사용되는 미용기기

Chapter 07 광선과 컬러를 이용한 피부미용 기기

Chapter 08 물을 이용한 피부미용기기

Contents

Chapter 09 그 밖의 미용기기

Chapter 10 소독과 위생

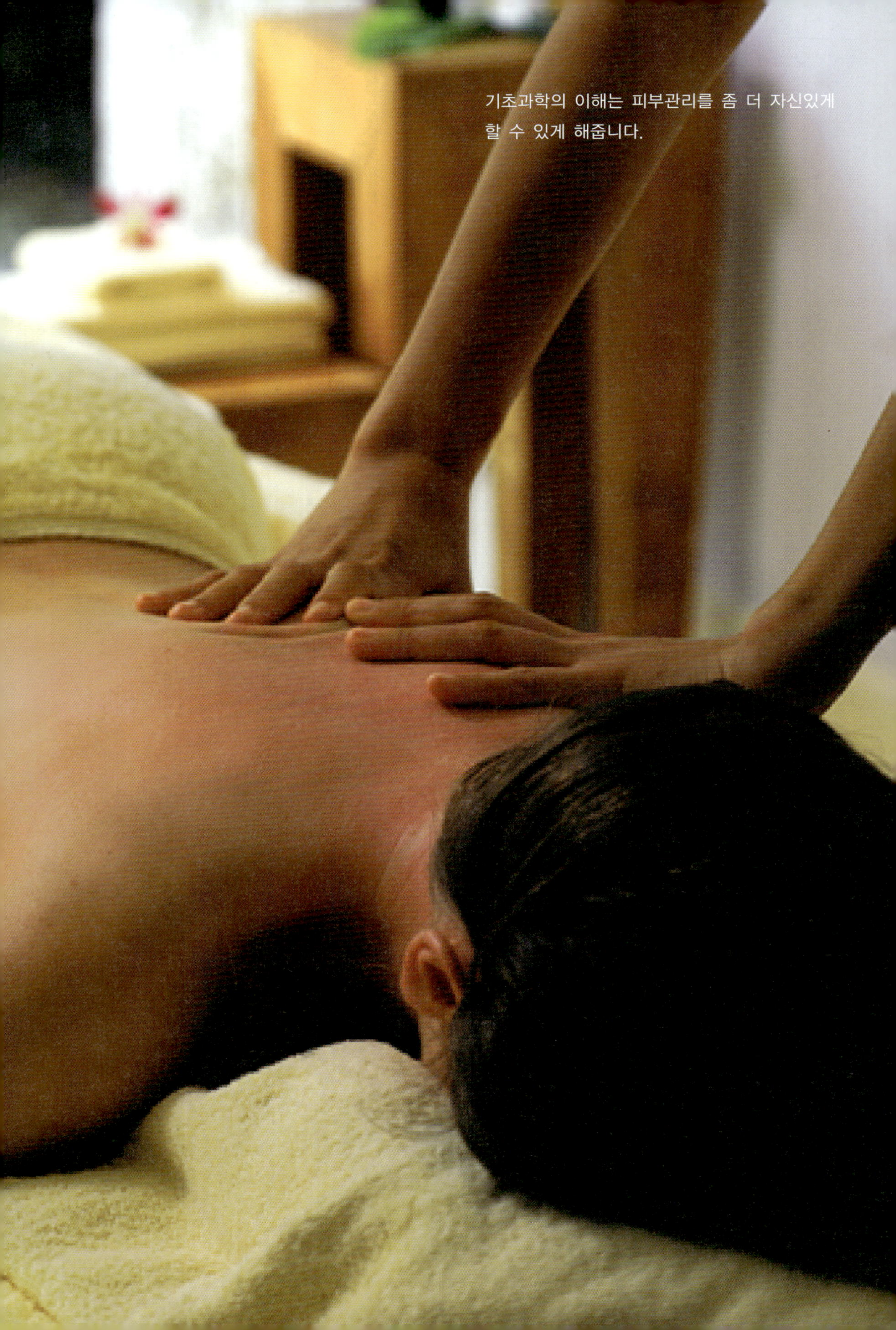

Contents

Chapter 09 그 밖의 미용기기

Chapter 10 소독과 위생

기초과학의 이해는 피부관리를 좀 더 자신있게
할 수 있게 해줍니다.

Chapter 1

기기관리를 위한 기초과학

Chapter 1

기기관리를 위한 기초이론

1. 물질의 구조

물질은 물체를 구성하는 본질로써 공간을 채우며 질량을 가지고 있는 것으로, 기체를 제외하고는 볼 수 있으며, 만질 수도 있다. 집을 짓는 데 쓰이는 벽돌과 목재, 배를 만드는 데 쓰이는 금속과 인체를 구성하는 살과 뼈 등이 물질에 속하며, 물 · 공기 · 식품 등도 모두 물질에 속한다.

그러나 빛 등 추상적인 개념은 공간을 차지하지 않기 때문에 물질이 아니다. 물질의 상태로는 기체, 액체, 고체 등 세 가지가 있으며, 서로 다른 일반적 성질을 가진다. 여러 가지 물질을 자세히 관찰하고 측정하는 것은 아주 중요한 일이다.

물질의 기본구조는 원자와 분자 및 이온으로 되어 있다.

톡톡 정보

물체 : 일정한 공간을 차지하고 무게와 형태를 가진 것을 말한다.

1. 원 자

물질을 한없이 작게 쪼개 나가면 마지막엔 무엇이 되겠는가?에 대한 의문에서 시작해 원자의 개념을 과학적으로 처음 제창한 물리학자이며 화학자인 달톤(John Dalton)에 의해 원자설이 발표되었다.

달톤의 원자 가설은 다음과 같다.

① 모든 물질은 원자라고 하는 기본입자로 되어 있으며 더 이상 쪼개지지 않는다.

② 한 원소의 원자는 모양, 크기, 무게와 같은 성질들이 동일하며, 다른 원소의 원자들이 가지고 있는 성질과 다르다.

③ 화합물은 서로 다른 원소의 원자들이 정수비로 결합할 때 만들어진다,

④ 원소와 화합물은 원자들이 일정하고 배열하여 이루어진 것이며 화학적 변화는 원자의 배열이 재배치될 때 일어난다.

달톤의 원자설에 근거하여 원자는 화학결합을 할 수 있는 원소의 기본단위라고 정의할 수 있다.

(1) 원자구조 (Atomic structure)

원자는 한 개의 원자핵과 그 주위를 돌고 있는 전자들로 이루어져 있으며, 원자핵은 양성자와 중성자로 구성되어 있다.

이 중 양성자는 '+' 전하를, 전자는 '−' 전하를 띠고 있고 중성자는 전하가 없으며 양성자수와 전자수가 동일하기 때문에 원자는 전기적으로 중성이다.

또한 이러한 입자들은 원자 내에서 일정한 형태를 지니고 있는데 양성자와 중성자는 원자의 핵 내에 있고, 전자는 원자핵 주위에 무질서하게 존재하는 것이 아니라 특정한 에너지를 가진 몇 개의 원형 궤도를 빠르게 돌고 있다.

이 궤도를 전자껍질(전자궤도, electron shell)이라고 하며 각 궤도는 일정한 수의 전자만을 허용한다. 즉 반대의 전하는 서로 끌어당기기 때문에, '−' 로 충전된 전자는 '+' 로 충전된 같은 수의 양성자에 의해서 궤도를 유지하게 된다. 모든 원자 내에서 양성자와 전자의 수는 동일하므로 원자는 한쪽 전하로 과충전되지 않고 전기적으로 중성이 된다.

① **원자핵** : 양성자와 중성자로 구성되며 원자의 중앙에 위치하고 (+)전하를 띤다. 원자 질량(99.5%)의 대부분을 차지한다.

- 양성자 : 양전하를 띠며 원자핵의 양성자 수가 원자번호이다.
- 중성자 : 전기적으로 중성이며 양성자와 함께 원자핵을 구성한다.

② **전 자** : 전자는 (−)전하를 띠고 원자핵 주변을 돌며 전자궤도를 형성한다. 원자는 전자들이 가지는 (−)전하의 양과 원자핵을 구성하는 양성자의 (+)전하의 양이 같아 전기적으로 중성이다.

③ 주기율표에서 원자번호는 양성자 수와 동일하다.

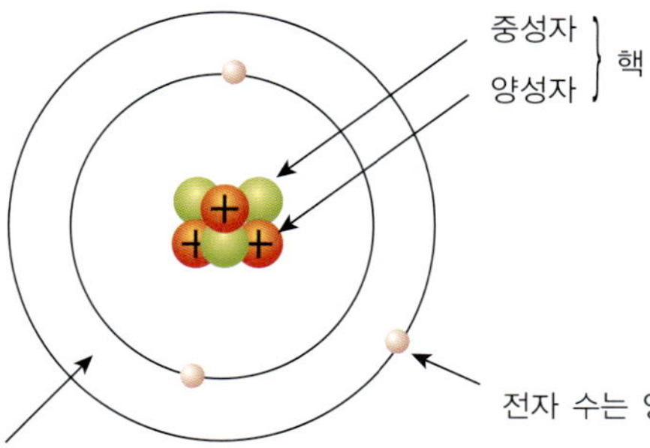

(2) 전자궤도 (Electron Shell)

전자는 핵을 중심으로 특정한 에너지를 가진 몇 개의 원형 궤도를 빠르게 돌고 있다. 이러한 형태를 전자궤도 또는 에너지 준위라고 한다.

보어(Bohr)는 그의 이론의 일부분으로 정해진 전자의 수만이 어떤 궤도에 수용될 수 있으며 그 숫자가 $2n^2$임을 계산하게 되었다.

전자궤도에 전자가 채워질 때는 에너지 준위가 낮은 궤도부터 차례로 채워지며 각 전자껍질에 채워질 수 있는 최대전자수는 $2n^2$이 된다.

- 에너지 준위의 크기 : K < L < M < N

원소가 크면 클수록 많은 수의 전자가 존재하여 궤도의 수도 커진다.

- 1번째 궤도(K) : 최대 2개의 전자를 가진다.
- 2번째 궤도(L) : 최대 8개의 전자를 가진다.
- 3번째 궤도(M) : 최대 18개의 전자를 가진다.
- 4번째 궤도(N) : 전자 수가 많은 원소에 의해 형성되는 궤도로써 32개의 전자 수를 가질 수 있다.

최외각의 전자궤도에서 채울 수 있는 전자수를 모두 채우지 못한 원소는 불안정하다. 이러한 원소들은 최외각 궤도의 전자구조에서 전자를 얻거나 또는 잃는 과정에서 안정된 상태를 이루게 된다.

예를 들어 나트륨 원자는 최외각 껍질에 전자가 하나밖에 없는데, 안정된 전자 형태를 갖기 위해서는 하나를 잃는 것이 필요하다. 그 반면에 염소원자는 최외각 껍질에 7개의 전자가 있기 때문에 안정되기 위해서는 한 개의 전자를 얻는 것이 필요하다.

톡톡정보

최외각 전자

원자의 주위를 돌고 있는 전자에 의해 만들어진 궤도 중 가장 바깥에 있는 궤도에 존재하는 전자로써 원자의 화학적 성질을 결정짓는다.

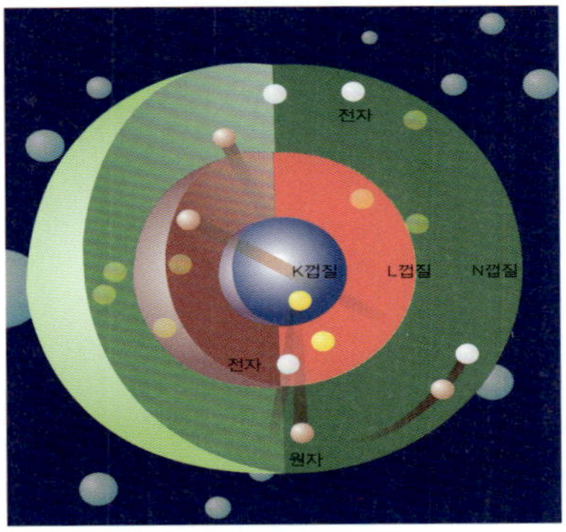

그림 1-1 원 자

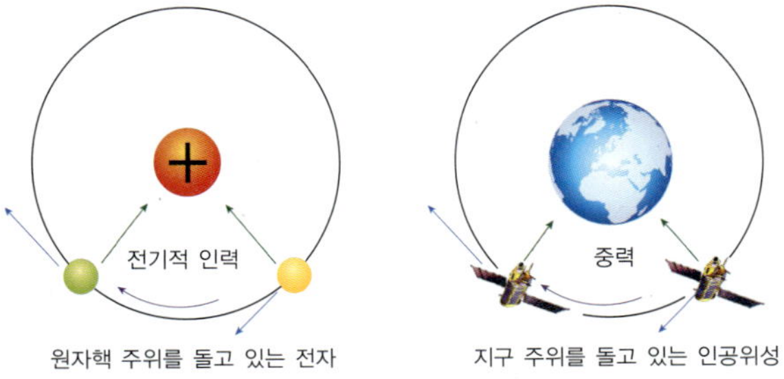

그림 1-2 원자핵 주위를 돌고 있는 전자

나트륨은 전자 한 개를 주고 염소는 한 개의 전자를 얻어서 안정화된다. 이렇게 형성된 화합물은 염화나트륨이 된다. ($Na^{+} + Cl^{-} \longrightarrow NaCl$)

톡톡정보

비활성 기체 (Intergas = 불활성 기체)

원소주기율표에서 18족에 해당하는 원소로 전자배열이 안정되어 있어 단독으로만 존재한다. 안정화되기 위해 원자가 자신에게로 전자를 끌어들이려고 하는 힘을 전기음성도라 하는데 비활성 기체는 전기음성도가 0 이다.

원자량은 원자핵에 의해서 결정되며 원자가는 그 주위를 도는 전자의 수이다.

톡톡정보

입자의 표시법

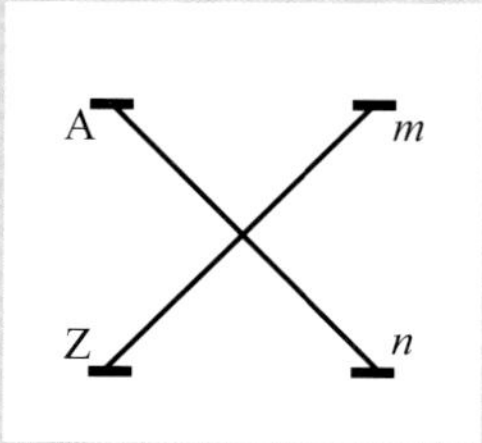

X = 원소기호
A = 질량 수
Z = 원자번호(양성자 수)
m = 이온의 전하
n = 분자의 원자 수

(1) **동위원소 :** 원자번호는 같으나 중성자 수가 다른 원소이다.

- H의 동위원소 : '${}_{1}^{1}H$','${}_{1}^{2}H_{1}$','${}_{1}^{3}H$'
- O의 동위원소 : '${}_{8}^{16}O$','${}_{8}^{17}O$','${}_{8}^{18}O$'
- 방사선 동위원소 : 동위원소 중에서 방사능(물질에서 자발적으로 방사선이 방출되는 성질)을 가진 원소를 말한다.

(2) **동소체 :** 같은 원소로 이루어졌으나 입자의 배열상태가 달라 성질이 서로 다른 단체를 말한다.

- C의 동소체 : 다이아몬드, 숯, 활성탄(원자배열차이)
- O의 동소체 : O_2, O_3 (분자조성차이)
- S의 동소체: 사방황, 단사황, 고무상황(분자배열차이)

2. 분　자

분자는 최소한 2개의 원자가 화학적인 힘에 의해 일정한 배열을 유지하는 원자의 응집체이다. 즉, 물질이 그 화학적 성질을 잃지 않는 최소의 구성단위를 말하며, 몇 개의 원자가 화학결합한 것을 말한다.

따라서 한 분자는 같은 원소의 원자를 포함하고 있거나 일정한 비율로 결합된 2개 이상의 원소의 원자를 포함하고 있다. 예를 들면, H_2로 표시되는 수소 분자는 2개의 원자만을 포함하고 있기 때문에 이원자분자라고 한다.

세 개의 산소로 구성되어있는 오존(O_3)이나, 2개 이상의 다른 원소의 결합으로 이루어져 있는 물(H_2O)은 다원자분자라고 한다.

분자의 성질은 다음과 같다.

① 물질의 성질을 지닌 가장 작은 입자이다.

② 분자는 원자라는 더 작은 입자로 구성되어 있기 때문에 원자로 나눌 수 있다.

③ 분자가 원자로 나뉘어지면 물질의 성질을 잃어버린다.

④ 기체는 같은 온도, 같은 압력, 같은 체적 속에서는 기체의 종류에 상관없이 항상 같은 수의 분자를 포함한다.

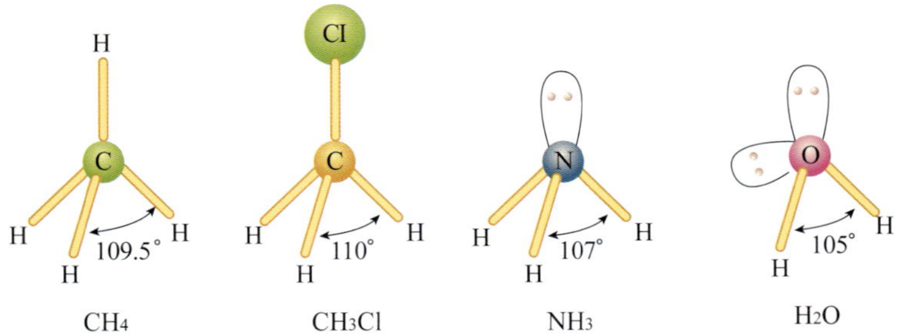

그림 1-3 분자의 모양

그림 1-4 분자의 상태

3. 이 온

이온은 원자 또는 분자가 화학변화의 결과로 전자를 얻거나 또는 잃을 때 이들로부터 형성된 하전체이다.

① 양이온 : 원자가 1개 이상의 전자를 잃으면 양전하를 띠는 이온이 된다.
② 음이온 : 원자가 1개 이상의 전자를 얻으면 음전하를 띠는 이온이 된다.

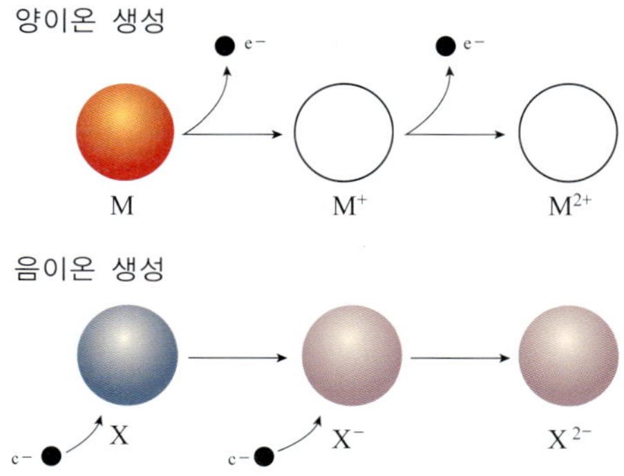

예를들면, 수소원자(H)는 전자 하나를 잃고 수소 양이온(H^{+})으로 되며, 구리원자(Cu)는 전자 두 개를 잃어 구리 양이온(Cu^{+2})으로 된다.

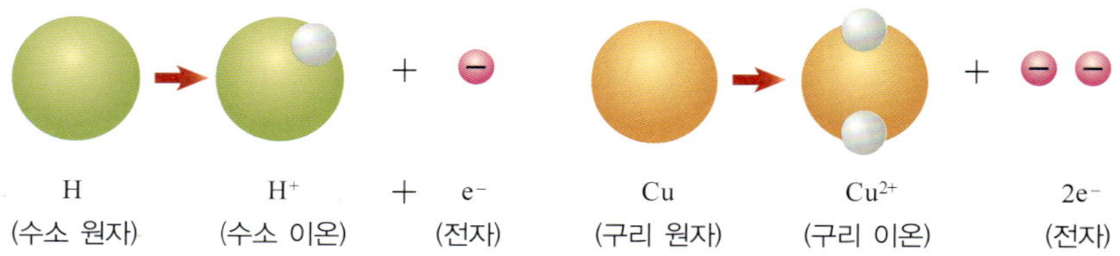

또한 염소(Cl)원자는 전자 하나를 얻어 염소 음이온(Cl^{-})으로 되며, 산소(O)원자는 전자 두 개를 얻어 산소 음이온(O^{2-})으로 된다.

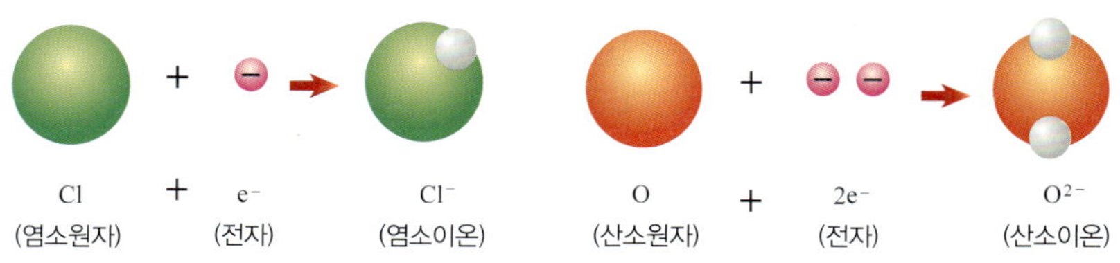

주기율표에서 왼쪽에 위치한 원소들은 전기음성도가 작아 최외각 전자를 잃기 쉽고 주로 금속원자이며 오른쪽 원소들은 전기음성도가 커서 최외각 전자를 끌어당기는 성질이 있으며 주로 비금속 원소들이다. 대체로 금속들은 양이온을 발생하고 비금속들은 음이온을 발생한다.

금속성
= 전자 잃기 쉽다
= 양이온을 띤다
= 산화가 쉽다

1	2						8
$_{1}$H							$_{2}$He
$_{3}$Li	$_{4}$Be	$_{5}$B	$_{6}$C	$_{7}$N	$_{8}$O	$_{9}$F	$_{10}$Ne
$_{11}$Na	$_{12}$Mg	$_{13}$Al	$_{14}$Si	$_{15}$P	$_{16}$S	$_{17}$Cl	$_{10}$Ar
$_{19}$K	$_{20}$Ca	$_{31}$Ga	$_{32}$Ge	$_{33}$As	$_{34}$Se	$_{35}$Br	$_{36}$Kr

비금속성
= 전자를 얻기 쉽다
= 음이온을 띤다
= 환원이 쉽다

(보어의 원자모형)

톡톡정보

이온 결정

양이온과 음이온의 입자배열이 규칙적으로 일정하게 입체적 결합이 되어 있어 그 결합을 끊게 하는 에너지가 일정하며 녹는점이 일정한 결합체를 이온 결정체라 한다. 녹는 온도가 매우 높고 단단하지만 부서지기 쉽고 물에 녹으면 전기를 띠는 성질이 있다.

예) 소금의 융점은 800℃

2. 물질의 성질

물질은 그들의 조성뿐만 아니라 성질에 의해서도 구분되며, 물질의 성질은 '물리적 성질'과 '화학적 성질'로 분류된다.

1. 물리적 성질

색, 녹는점, 끓는점, 밀도 등은 물리적 성질이다. 물리적 성질은 물질의 조성이나 특성을 변화시키지 않고도 측정할 수 있다.

예를 들면, 얼음을 가열하여 녹는점을 측정하면 얼음과 물은 모양만 다를 뿐 조성은 동일하다. 이러한 변화를 물리적 변화라고 한다. 따라서 물을 얼리면 원래의 얼음으로 돌아갈 수 있다. 즉 물리적 성질이란 물질고유의 성질을 말하는 것이다.

2. 화학적 성질

최소한 한 물질이라도 그 조성과 동일성이 변화하는 과정을 말한다. 예를 들면 공기 중에서 나무가 타고 철이 녹스는 것은 대표적인 예이다.

주성분이 메탄인 천연기체를 연소시키면 이산화탄소와 물이 생성된다는 성질은 새로운 화합물의 생성과 관련되므로 메탄의 화학적 성질 중 한 가지에 해당된다. 즉 화학적 변화란, 물질의 성질과 형태가 모두 변화하는 것을 말한다.

예) $$\underset{\text{(반응물)}}{2H + O} \longrightarrow \underset{\text{(생성물)}}{H_2O}$$

$$\underset{\text{(반응물)}}{4Fe + 3O_2} \longrightarrow \underset{\text{(생성물)}}{2Fe_2O_3}$$

3. 물질의 분류

물질은 혼합물과 순(수)물질로 나눌 수 있다. 순(수)물질이란 그것을 어디에서 얻었든 간에 물리적 성질과 화학적 성질이 동일한 물질을 말한다. 순수물질에는 원소와 화합물이 있다.

물질은 그 기본단위인 원자 및 분자로 구성되어 있으며, 이들의 구성에 따라서 원소, 화합물, 혼합물로 분류할 수 있다.

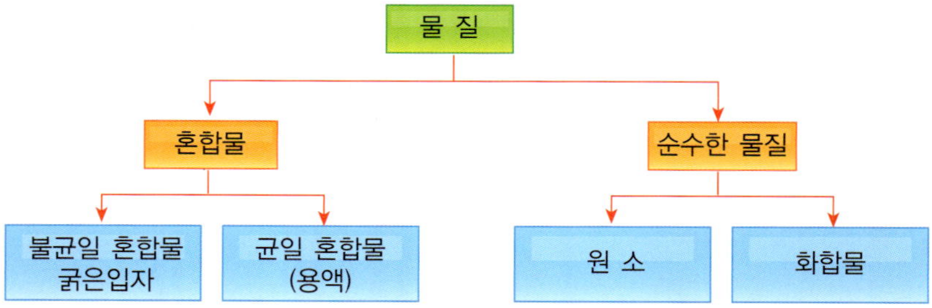

그림 1–5 물질의 분류

1. 순물질

(1) 원 소(Element)

원소는 화학적 방법으로 더 이상 간단한 순물질로 분리할 수 없는 물질이다. 즉, 한 종류의 원자로 이루어진 순물질이다. 현재까지 지구상에는 109개의 원소가 알려져 있으며 이 중 약 90개가 자연적으로 존재하고 있다. 정상 상태에서 대부분의 원소는 고체, 액체, 기체로 되어 있다. 원소를 나타내는 기호의 첫 번째 문자는 항상 대문자를 사용하며 두 번째와 세 번째 문자는 소문자를 사용한다.

대부분의 원소들은 하나 이상의 다른 원소들과 결합하여 화합물을 만들 수 있다.

원자는 원소가 될 수 있지만 원소는 원자가 아니다. 예를 들어 백금(Pt) 원소는 백금원자들이 결합된 것이며, 철원자들이 결합하여서는 철(Fe) 원소를 이룬다. 연필심을 만들 때 쓰는 흑연은 탄소원자들이 결합된 탄소원소이다.

• **원 소** : 주기율표에 나오는 모든 원자가 이에 속한다.

톡톡 정보

순물질 (Pure Substance)

한 종류의 물질만으로 이루어진 물질로서 균일하고 일정한 조성을 가지며 또한 성질도 일정하다. 순물질에는 홑원소물질(단체)과 화합물이 있다.

홑원소물질(단체)는 한 가지 원소로만 되어있는 물질을 한다. (H_2, O_2, N_2, CI_2, Au 등)

(2) 화합물 (Compounds)

화합물은 두 종류 이상의 원소들이 정해진 비율에 의하여 화학적으로 결합하여 만들어진 물질을 말한다.

1개의 산소원자와 2개의 수소원자가 결합되면 물(H_2O)이 생성되는데 , 그렇게 생성된 물질을 화합물이라고 한다.

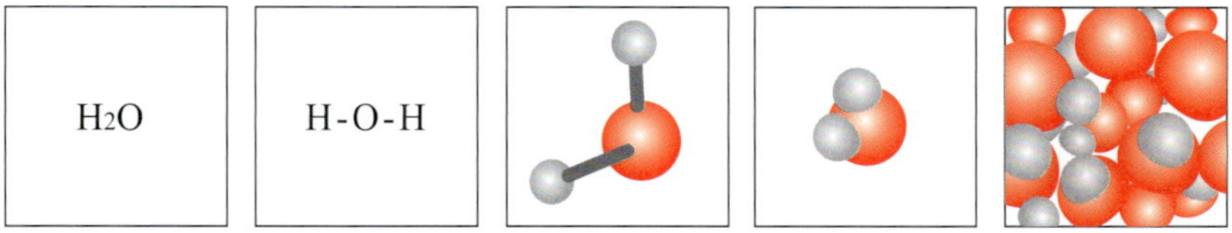

(a) (b) (c) (d) (e)

그림 1-6 물분자를 활자로(a,b), 물리적 모형으로(c,d,e) 또는 컴퓨터 화면으로 표현

• 화합물: H_2O(물), NaCl(소금), CO_2(이산화탄소), H_2SO_4(황산) 등

2. 혼합물(Mixture)

두 종류 이상의 순물질이 섞인 것을 말하며 일정한 조성을 갖지 않는다. 혼합물은 각 성분이 섞여있는 정도에 따라 균일 혼합물과 불균일 혼합물로 구분한다.

① **균일 혼합물** : 혼합물의 조성이 균일한 것을 균일 혼합물이라 한다. 소금물의 경우 어느 부분을 취해 맛을 보아도 비슷한 정도의 짠맛을 낸다. 어느 부분은 아무 맛이 없고 어느 부분은 매우 짠맛이 나는 일이 없다. 따라서 소금물은 균일 혼합물이라고 할 수 있다. (소금물, 설탕물, 공기 등)

② **불균일 혼합물**: 각각의 성분들이 물리적으로 분리되어 있으며 물질들이 섞여있는 비율이 일정하지 않은 혼합물을 불균일 혼합물질이라고 한다. 불균일 혼합물은 물질의 성질에 따라 여과법 · 증발법 · 결정법 · 분별증류법 · 승화법을 실시하여 물질을 분류할 수 있으며 분별 깔때기를 이용하여 분류할 수도 있다. (우유, 흙탕물 등)

4. 물질의 상태

우리들이 물질에 대해 관심을 갖게 되는 첫 번째 특징은 물리적 상태, 즉 그 물질이 특정한 온도에서 고체나 액체 또는 기체 중 어떤 것인지에 대한 것이다. 물리적 상태에 대한 인식은 구분이 쉬운 것이기 때문에 다분히 감각적이지만, 해당물질이 다음의 물리적 성질 중 어느 성질을 가지고 있는지에 따라 분류된다.

1. 물질의 3가지 상태

(1) 고 체

고체는 규정된 모양을 가지고 단단하며 그것이 담겨있는 용기의 모양과 무관하다. 상온에서 고체로 존재하는 일상적 물질에는 청동, 화강석, 석영과 구리, 티타

늄, 바나듐 및 실리콘 등의 원소가 있다. 지구상에 존재하는 대부분의 원료는 채광에 의해 얻는 물질을 뜻하는 광물을 포함하여 고체로 존재한다.

(2) 액 체

액체는 고체보다는 덜 단단한 유체(흐를 수 있으며 담겨져 있는 용기의 모양을 가짐)이다. 상온에서 액체로 존재하는 일상적 물질에는 휘발유와 물 등이 포함된다. 실온에서 액체로 존재하는 원소는 수은과 브롬뿐이나, 칼륨 원소는 손에 쥐고만 있어도 녹아서 액체로 된다.

(3) 기 체

기체도 또한 흐름성을 갖는 유체이지만 무한히 팽창할 수 있는 점이 액체와 다르다. 이것은 담겨있는 용기를 완전히 채우며 쉽게 작은 부피로 압축될 수 있다.

물질의 이 3가지 상태는 한 상태에서 다른 상태로 상호변환할 수 있다. 고체에 열을 가하면 녹아서 액체가 되고, 계속 열을 가하면 액체는 기체로 변한다.

한편 기체를 냉각하면 응축되어 액체가 되고, 계속 냉각하면 고체로 된다.

① 기체가 액체로 변하거나 액체가 고체로 변할 때는 열이 방출된다.
② 고체가 액체로 변하거나 액체가 기체로 변할 때는 열의 흡수가 이루어진다.

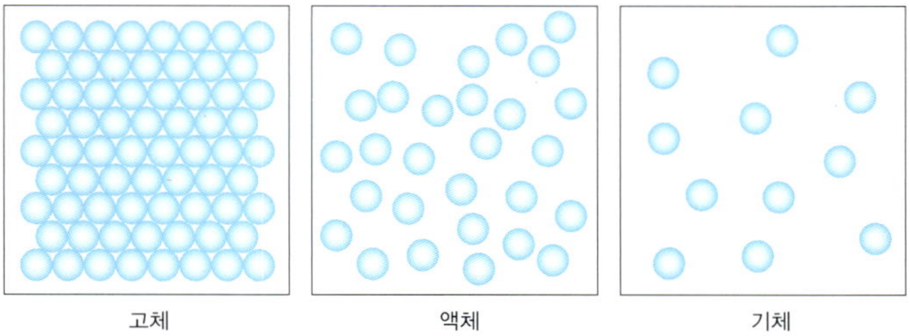

① 입자운동과 입자 간의 공간이 거의 없고 밀도가 매우 높다.
② 입자운동과 입자 간의 공간, 밀도가 중간 정도이다.
③ 입자운동이 매우 빠르고 입자 간의 공간이 매우 넓으며 밀도는 낮다.

2. 물질의 상태 변화

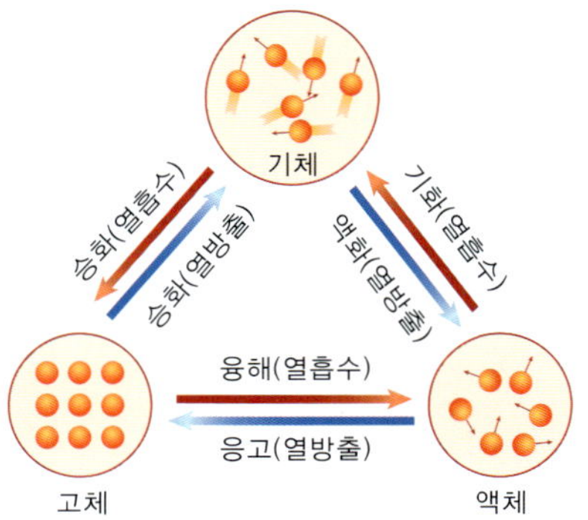

그림 1-7 상태 변화에 따른 열의 출입

5. 물질의 결합

물질의 성질은 화학적 결합에 의해 결정된다. 원자 또는 원자단들 사이에서 작용하는 힘에 의해 하나의 집합체가 형성되는데 이때 관여하는 힘을 화학결합이라고 한다.

화학결합은 이온결합, 공유결합, 금속결합, 수소결합 등으로 구분된다.

(1) 이온결합

원자는 중심의 원자핵과 그 주위를 맹렬히 돌고있는 전자로 이루어져 있다. 이 전자가 어떤 원자의 최외각 궤도에서 다른 원자의 최외각궤도로 이동할 때 전자를 버리게 되면 양이온, 전자를 얻게 되면 음이온이 형성된다. 즉, 원자는 최외각궤도의 전자를 얻거나, 버리거나 하여 안정된 상태가 되려고 한다. 이때 생성된 양이온과 음이온이 서로 정전기적 인력에 의해 결합되는 것을 이온결합이라고 한다.

예를 들어 소금은 양이온의 나트륨(Na^+)과 음이온의 염소가(Cl^-) 이온결합으로 이루어진 상태이다. 대부분 물에 쉽게 녹으며 전기분해가 가능하다. 충격을 가하면 같은 극끼리 반발력이 생겨 쉽게 부서진다.

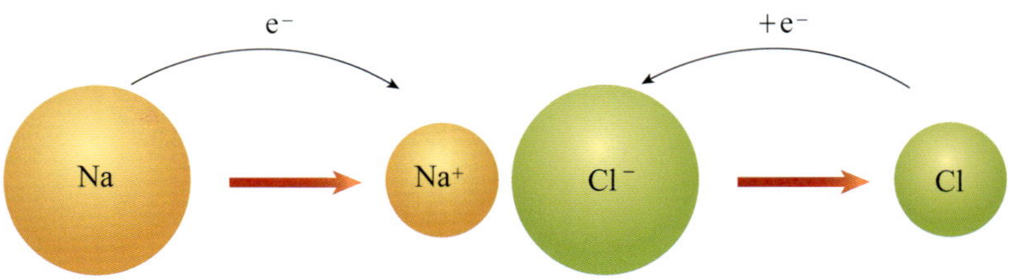

그림 1-8 이온결합의 형성

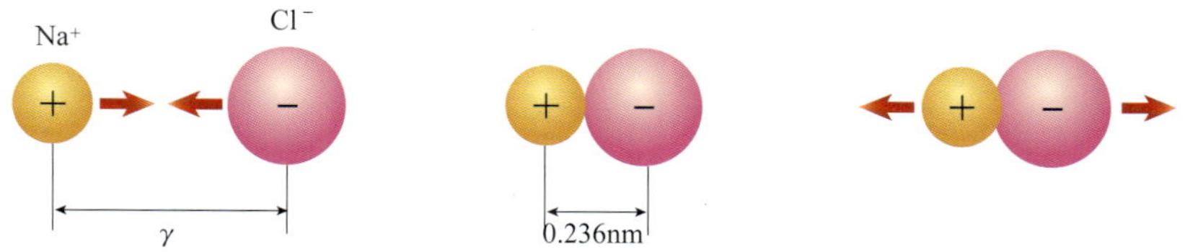

인력이 작용한다.
두 이온이 정전기적인
인력에 의해 접근한다..

안정한 이온결합이 형성
평형거리를 유지
$Na^{+} - Cl^{-}$

반발력이 작용한다.
너무 가까우면 두 이온의 전자
껍질이 겹치게 되기 때문

그림 1-9 이온결합

(2) 공유결합

화학에는 이온이 형성되지 않고도 화학결합이 이루어지는 경우가 많이 존재한다.

한 쌍의 원자들이 서로 하나씩 내놓은 전자를 공유하면서 이루어지는 결합으로 비금속 원소 사이에서 두 원자가 서로 전자를 내놓아 전자쌍을 만들어 서로 공유하면서 이루어진 결합이다.

예를 들면 수소원자는 전자가 1개로 전자 하나를 더 얻어 안정하려는 성질이 있다. 그래서 다른 수소원자와 결합하여 수소분자가 되어 안정을 얻는다. 이때 서로의 전자를 같이 공유한다. 이처럼 두 원자가 전자 1개씩을 내놓아 1개의 전자쌍을 공유하는 것을 단일결합, 2개의 전자쌍을 공유하는 것을 이중결합, 3개의 전자쌍을 고유하는 것을 삼중결합이라고 한다.

루이스 전자점식

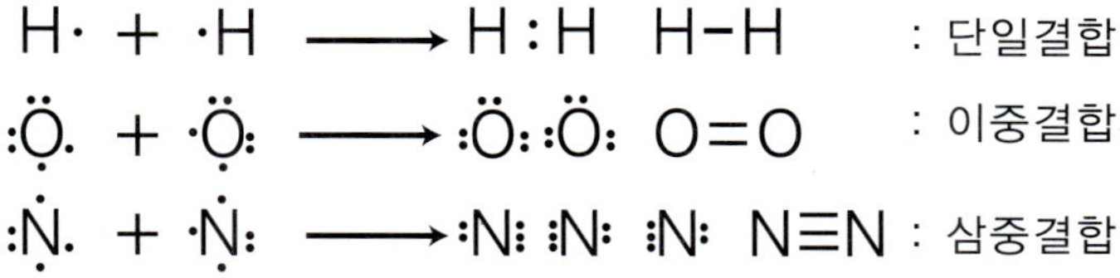

분자 이름	루이스 전자정식	구조	전자모양
H_2 (수소)	H:H	H-H	
CO_2 (이산화탄소)	:O: C :O:	O-C-O	
BeF_3 (이플루오르화 베릴륨)	:F: Be :F:	180° F-Be-F	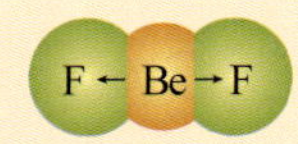 무극성 분자 (극성이 상쇄된다.)
BF_3 (삼플루오르화 붕소)	:F: :F: B :F:	F 120° B F F	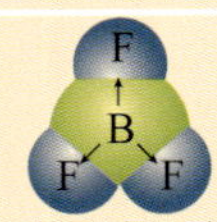 무극성 분자
CH_4 (메탄)	H H :C: H H	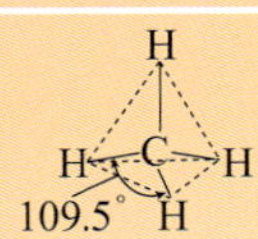	 무극성 분자
H_2O (물)	H :O: H	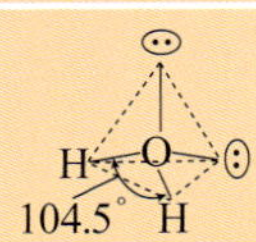	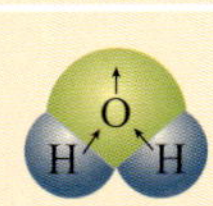 극성 분자
NH_3 (암모니아)	H :N: H H	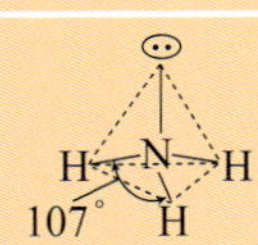	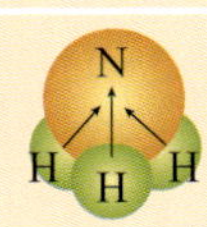 극성 분자

그림 1-10 공유결합

톡톡 정보

전기음성도 (electronegativity)

① 공유결합에서 원자가 공유전자쌍을 끌어당기는 상대적인 힘의 세기를 말한다.
② 주기율표에서는 18족을 제외하고 오른쪽으로 갈수록, 그리고 위로 갈수록 전기음성도가 증가한다.
③ 전기음성도가 가장 큰 원소는 F(플루오르)이며, 4.0이다. 또 전기음성도가 가장 작은 원소는 Fr(플란슘)으로 0.7이다.
④ 전기음성도가 큰 원소일수록 전자를 빼앗는 힘이 강하여 음이온이 되기 쉽고 산화력이 크며 비금속성도 크다.

(3) 금속결합

금속에서 나타나는 결합으로 금속에서 양이온이 규칙적으로 배열되어 있으며 그 사이로 각 원자로부터 양이온이 될 때 떨어져 나간 자유전자가 자유롭게 움직이며 이들 양이온들을 결합시켜 주고 있다. 모든 금속에서 나타나는 결합이다. 이동이 자유로운 자유전자와 금속 양이온들 사이의 인력에 의해 결합이 유지되는 것이다. 금속결합물은 전성(펴짐성)과 연성(뽑힘성)이 강하여 충격을 가하면 찌그러지기는 해도 부서지지는 않는다.

톡톡정보

전성 : 물질을 두드려 얇게 펼 수 있는 성질
연성 : 물질을 가늘고 길게 뽑아낼 수 있는 성질

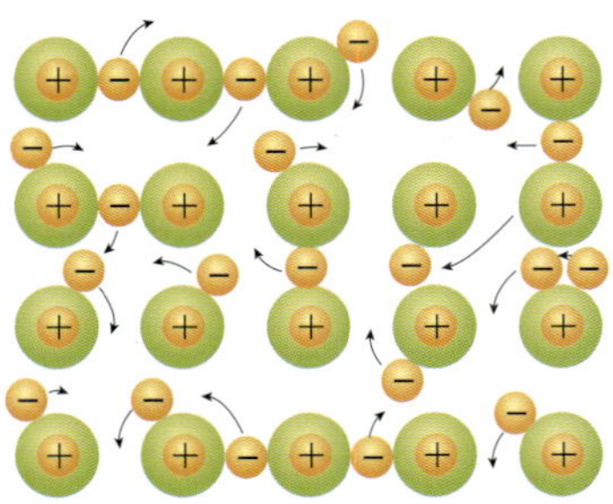

그림 1-11 금속결합의 모형

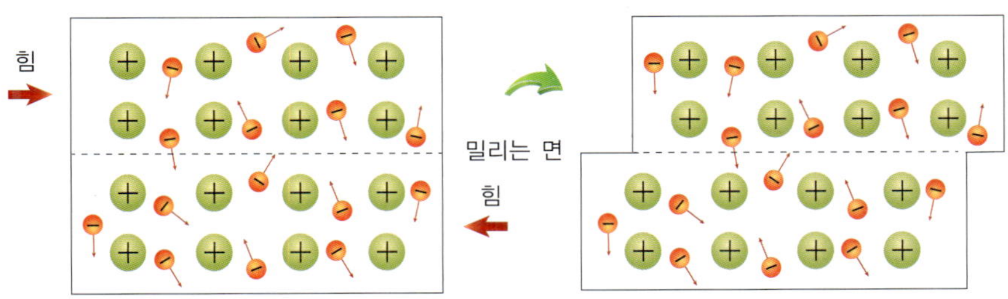

(가) 금속결정의 변형

(나) 이온결정의 파괴

그림 1-12 금속결정과 이온결정에 힘이 가해질 때의 구조변화

(4) 수소결합

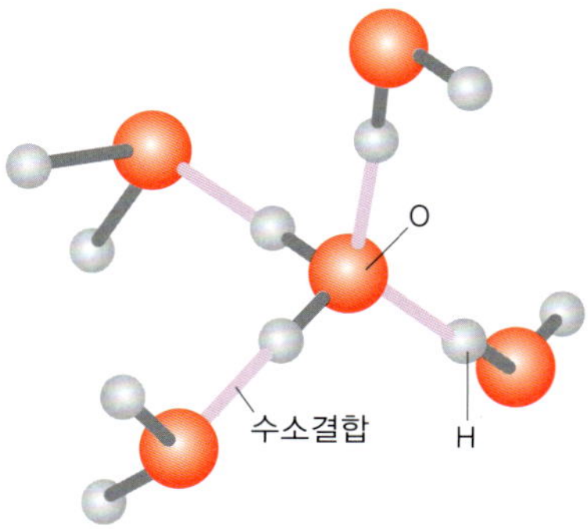

그림 1-13　한 물분자의 인접분자들 사이에 이루어진 네 개의 수소결합들

한 분자 내의 수소원자와 다른 분자(F, O, N) 내의 전기음성도가 큰 원자의 전자쌍 사이에서 이루어지는 인력에 의한 비교적 강한 분자 간의 결합이다.

수소결합은 수소원자가 플루오르나 산소 또는 질소와 같이 전기음성도가 큰 원자와 공유결합을 이루고 있는 경우에 일어난다

물이 가장 대표적인 수소결합의 예이다.

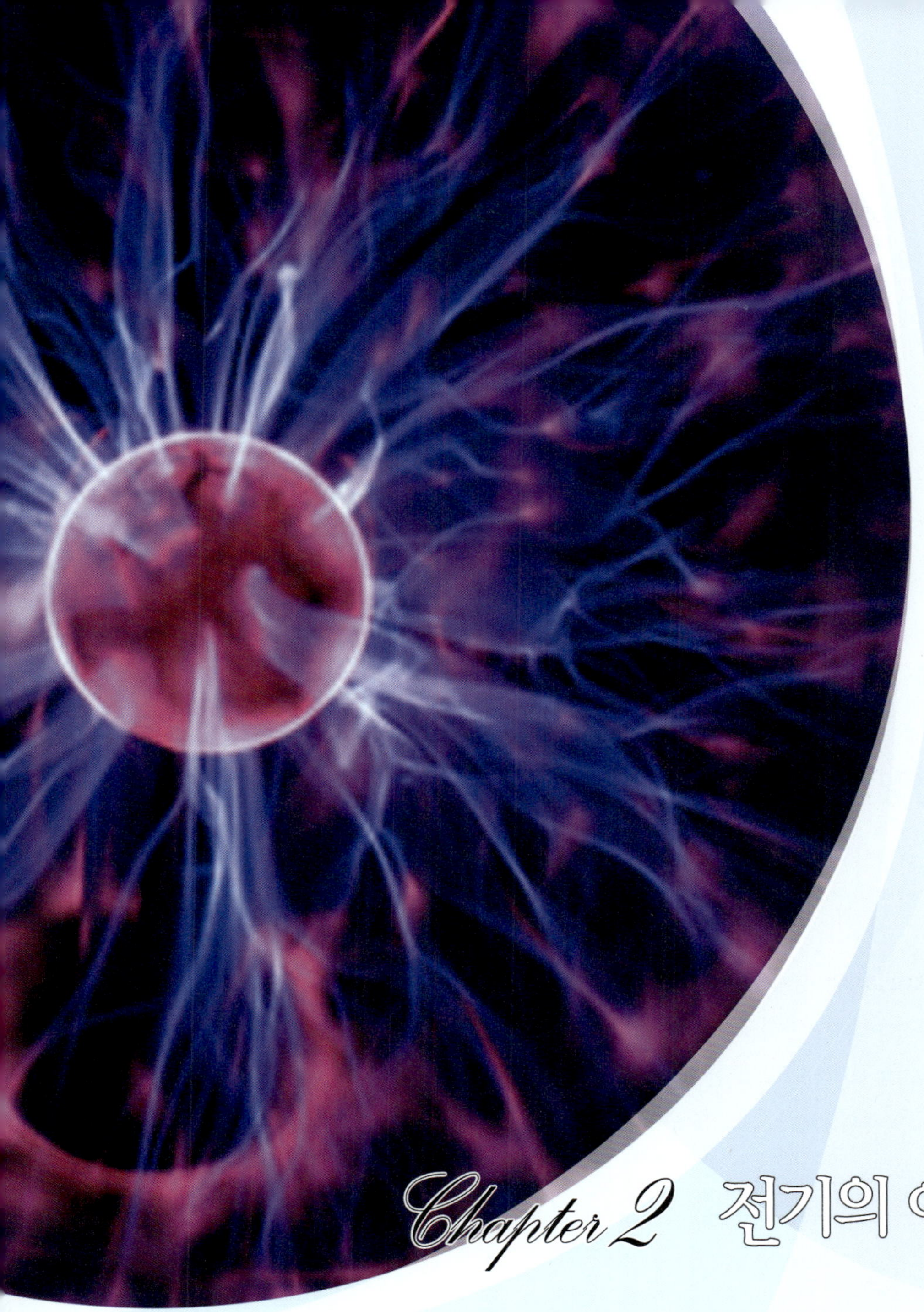

Chapter 2 전기의 이해

Chapter 2

전기의 이해

오늘날 전기는 사람이 살아가는 데 꼭 필요하고 없어서는 안 되는 중요한 필수 에너지로 단 하루도 전기 없이는 살 수 없을 만큼 큰 자리를 차지하고 있다.

미용분야에서도 전기의 메커니즘(Mechanism)을 여러 가지 방법으로 응용하여 적용하고 있으며 피부미용분야에서 적절하게 기기를 사용하기 위해서 전기의 기본 원리에 대해 살펴볼 필요가 있다.

1. 물질의 구조

(1) 전기의 정의

전기(Electricity)란 전자(Electrons)가 한 원자(Atom)에서 다른 원자로 이동하는 현상으로 전자 이동은 전하(Electrical charge)를 발생시키며 전하가 움직이는 현상을 전류(Electric current)라고 한다.

전자는 (−)극에서 (+)극으로 이동하지만, 전류는 (+)극에서 (−)극으로 이동한다.

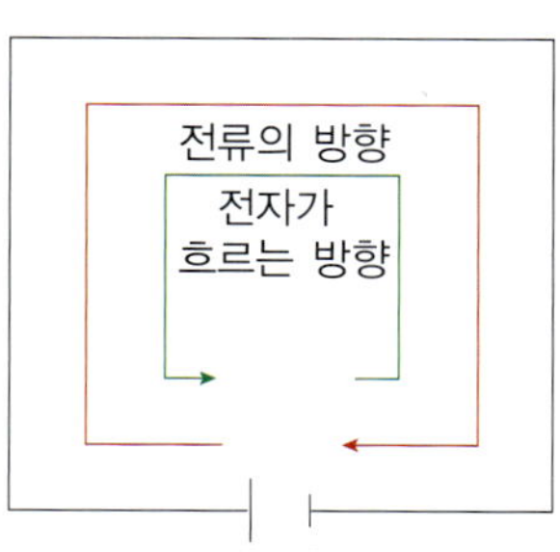

그림 2-1 전류와 전자의 흐름

(2) 전기의 발견

기원전 600년경 그리스의 철학자 탈레스(Thales, 640~546, B.C)가 보석의 일종인 호박을 닦다가 먼지가 달라붙는 현상을 보면서 마찰을 시키면 가벼운 물체를 끌어당기는 힘이 생긴다는 것을 알게 되었다.

호박에 마찰전기가 발생하고 있다는 사실을 몰랐던 고대 그리스 사람들은 호박 속에 신(神)이 머물러 있다고 믿으며 그 호박을 호신을 위한 부적으로 몸에 달고 다녔다고 전해지고 있다. 호박을 의미하는 그리스어의 '엘렉트론(elektron)' 에서 '일렉트리시티(electricity)' 라는 말이 유래된 것으로 전해진다. 이것이 전기현상에 대한 최초의 기록이다.

이후 16세기 말에 영국의 엘리자베스 여왕의 시의(侍醫)였던 길버트(William Gilbert)에 의해 마찰전기에 대하여 알려지면서 전기라는 학문이 탄생되었다. 이후 그 실체를 알고자 수많은 과학자들이 연구를 하였으며, 그 결과 1879년 에디슨에 의해 백열전구가 발명되었지만 전기의 실체에 대해서 밝혀지기 시작한 것은 에디슨이 백열전구를 발명한 지 20년이 흐른 후였다.

1899년 영국의 물리학자인 톰슨이 전기는 아주 미세한 입자라는 것을 알아내었으며 이 작은 입자를 전자라고 불렀다. 그 이후로 전기(Electricity)는 이 전자(Electrons)들의 이동에 의해서 일어나는 현상임이 밝혀졌다.

(3) 전기의 발생

물체를 마찰시키면 한쪽 물체에서 다른쪽 물체로 전자가 이동하는 현상이 발생하고 두 물체 사이에는 전기를 띠게 된다. 이는 동전기와 정전기로 분류되는 전하(Electrical charge)가 작용하는 힘이라고 할 수 있으며, 전자를 잃은 물체는 (+)전하를, 전자를 얻은 물체는 (−)전하를 띤다. 이를 마찰전기(정전기)라고 한다. 건전지와 같이 화학적 반응으로 전류가 발생 하거나 자기장에서도 전류가 발생 한다.

톡톡 정보

전하(electric charge)란 물질을 구성하고 있는 입자가 띠고 있는 전기를 말한다.

2. 전기의 분류

(1) 정전기 (Static electricity = 마찰전기)

정전기란 흐르지 않고 그냥 머물러 있는 전기라고 해서 정(靜)전기라고 부른다. 우리가 콘센트에 꽂아 쓰는 전기가 흐르는 물이라면, 정전기는 고여 있는 물이다.

정전기가 생기는 이유는 마찰 때문이다. 물체를 이루는 원자의 주변에는 전자가 돌고 있는데, 전자들은 마찰을 통해 다른 물체로 쉽게 이동하기도 한다. 즉, 두 물체가 대전(帶電)되어 있는 상태를 의미한다.

머리카락에 책받침을 대고 마찰하면 정전기가 발생한다. 이때 책받침은 전자를 얻어 (−)전하가 되고 머리카락은 전하를 잃어 (+)전하가 된다. 머리카락과 책받침은 서로 다른 전하를 띠기 때문에 당기는 힘이 작용하는 것이다.

다른 극끼리는 당기는 힘(인력)이 작용하고 같은 극끼리는 밀어내는 힘(척력)이 발생한다.

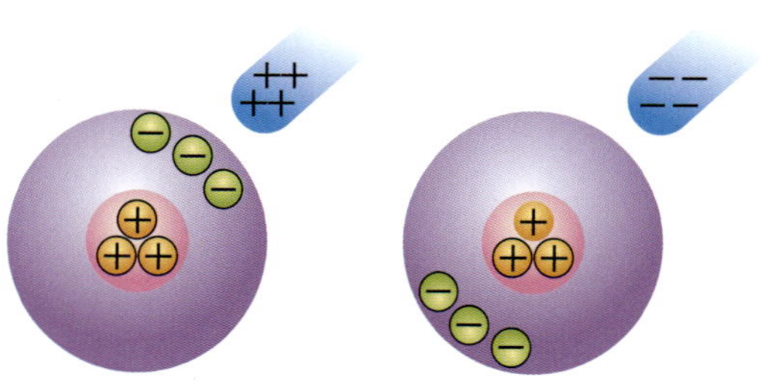

그림 2-2 도체에서의 정전기 유도

(2) 동전기(Dynamic electricity)

동전기란 움직이는 전기라 해서 동(動)전기라고 부른다. 화학적 반응이나 자기장에 의해 발생되며, 전선 같은 도체를 타고 흘러 다니며 일을 하는 전기이다. 우리가 일반적으로 알고 있는 전기로 동전기에는 가정, 공장 전기와 같이 주파수가 있는 교류(AC)가 있고 건전지나 충전지 등과 같은 직류(DC)가 있다.

정전기 : 마찰전기
동전기 : ┌직류 – 갈바니전류
└교류 – 저주파전류, 중주파전류, 고주파전류

3. 전기의 효과

1. 발열효과(Thermal effect)

전기의 힘은 전력이다. 전력은 전압과 전류를 곱한 값으로 도체에 전력이 공급되고 일정부분 저항으로 전기에너지가 열에너지로 발생하게 되는 것이다. 즉, 전류가 흐를 때 저항으로 인하여 열로 변화한 것이라고 할 수 있다.

또한 도체 내에서 발생되는 열효과는 직류와 교류 모두에서 나타난다. 저전압 전류 및 고전압 맥동전류는 평균 전류량이 낮기 때문에 열 효과를 발생시키지 못하지만 고전압, 고주파 전류를 사용하는 기기는 조직 내에서 열 효과를 나타낸다.

한편 전극의 위치나 전류의 강도에 따라 열 효과는 다르나 체내조직은 각 조직에 따라 다양한 저항치를 갖게 되는데 조직의 전기적 저항이 높은 부분인 피하지방층에서는 열의 발생이 강하게 나타난다.

톡톡 정보

줄의 법칙(Joule's law)은 저항에 전류가 흘러 발생하는 열에너지를 정의한 것이다.
발열량은 전압(V) × 전류(I) × 시간(T)으로 전기에너지에 비례한다.

2. 화학적 효과(Chemical effect)

(1) 이온화 효과(Iontophoresis)

전해질 수용액에 직류를 통전시키면 전하를 띤 이온의 이동이 일어나며, 이온의 재배치가 된다. 이러한 현상은 양극과 음극에 도달한 이온들이 서로 반응하여 조직으로 침투시키는 이온도입의 성질을 갖게 된다.

직류에서만 발생하며 교류에서는 전류의 방향이 교대로 일어나기 때문에 완전한 이온의 분리가 일어나지 않는다.

(2) 살균효과(Bacteriocidal effects)

로리(Rowley, 1972)는 교류에서는 살균효과가 없었으나 직류에서는 대장균의 속도가 현저하게 감소하였다고 하였으며, 바랑코(Barranco, 1974) 등은 은전극(silver electrode)을 사용할 경우 양극에서도 살균효과가 나타났다고 하였다.

휠러(Wheeler, 1971) 등은 전기 자극으로 세균의 성장속도가 감소되는 기전을 두 가지로 제시하였다. 첫째, 단세포 세균에 지속적으로 전기 자극을 가하면 미생물의 항상성(homeostasis)이 깨져서 세균이 사멸하게 되고 둘째는 세포막 수송 등의 조절기전 및 효소활성을 비가학적으로 파괴하여 세포 내 활성이 억제되기 때문이라고 하였다.

(3) 체액 이동 증진(Fluid shift out of area)

혈구나 알부민(albumin) 등은 친수성이 높고 정상 혈액의 pH(7.4)에서 음전하를 띠고 있어 음극을 활성 전극으로 하여 자극하면 응집된 혈구가 풀리며 부종부위에서는 음전하를 띤 체액이 반발작용으로 이동하여 부종이 감소한다.

(4) 통증 완화(Pain control)

전기 자극에 따른 통증 완화는 통증신호가 뇌에 도달하기 전에 먼저 척수의 관문 메커니즘을 거쳐야 하는데 경우에 따라 통증자극이 뇌로 전달되는 것을 완전히 차단한다는 관문조절설(gate control therapy), 전기 자극이 활동 전위의 전파를 직접 차단하여 통증 신경이 차단된다는 신경차단설(nerve block), 신경 전달물질인 세로토닌 · 도파민 · 노르에피네프린 · 베타 엔돌핀 등을 전기 자극을 통해 방출을 촉진시켜 통증을 억제한다는 중추억제설(endogenous inhibition) 등이 있다.

3. 전자기 효과(Electromagnetic effect)

자석은 자기장을 형성하며, 전류도 자석과 마찬가지로 전류가 흐르는 도선 주위에는 항상 자기장이 형성된다. 이는 전류가 흐르는 도선 위에 나침반을 가져다 놓았을 때, 자침이 움직이는 것을 보고 알 수 있다.

직선으로 된 도선을 흐르는 전류 주위에는 동심원 모양의 자기장이 생긴다. 직선직류에 의한 자기장의 방향은 오른나사의 법칙(앙페르의 법칙, Ampere's law)에 의해 전류의 방향이 오른 나사가 진행하는 방향이면 오른나사를 트는 방향으로 발생한다.

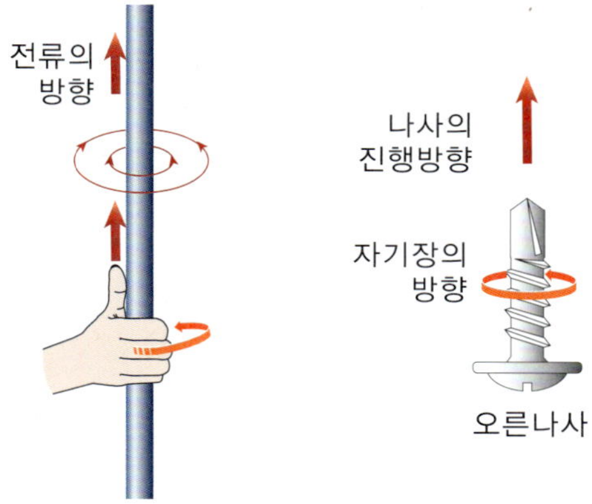

그림 2-3 오른나사의 법칙

그림 2-4 직선전류에 의해 형성된 자기장

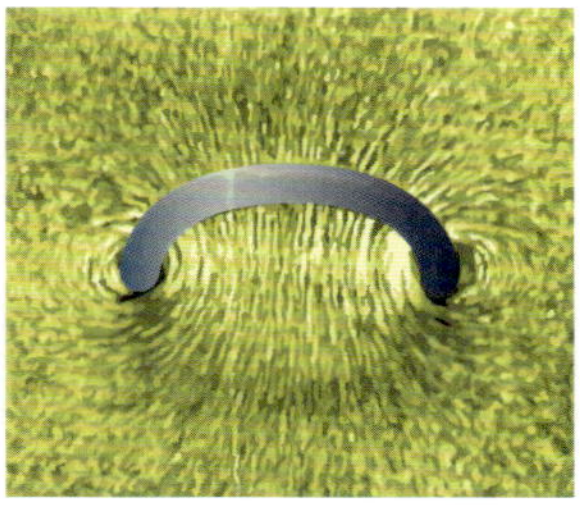

그림 2-5 원형전류에 의해 형성된 자기장

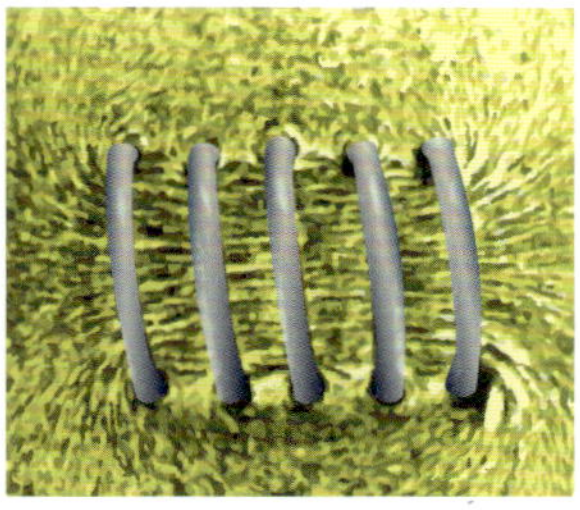

그림 2-6 솔레노이드 속에서의 자기장

4. 전기의 용어

(1) 전 류

1A는 1초 동안에 6.25 x 20^{18}개의 전자가 이동하는 것이다. 이는 전하를 띤 입자들의 이동으로 생기는 전하의 흐름을 말하며 단위는 암페어(Amperes), 기호는 I이다. 전류계로 측정하며 피부미용에서는 mA를 사용한다.

(2) 전 압

회로에서 전류를 생산하는 데 필요한 압력을 말한다. 단위는 V(volt), 기호도 V이며 전압계로 측정한다.

전압 = 전류의 세기 × 저항

(3) 전기저항

도체 내에서 전류의 흐름을 방해하는 성질을 말하며 단위는 Ω(ohm), 기호는 R이다. 즉, 전류는 전압이 늘어나면 증가하나 저항이 증가하면 줄어든다는 것을 의미한다.

톡톡정보

옴의 법칙 : 전류는 전압에 비례하고 저항에 반비례한다.

(4) 전 력

전기를 사용할 때 드는 전기적인 힘을 말하며 단위는 와트(watt)기호는 P 이다.

전력 = 전류 × 저항

(5) 도 체

금속이나 전해질 수용액처럼 저항이 작아 전류가 잘 통하는 물질을 말한다.

(6) 부도체

유리나 고무같이 저항이 커서 전류가 잘 통하지 않는 물질을 말한다.

(7) 방 전

전류가 흘러 전기에너지가 소비되는 것을 말한다.

(8) 누 전

전류가 전선 밖으로 새어 나가는 현상을 말한다.

(9) 검류계

전기회로에 흐르는 전류의 양을 검사하는 장치이다.

(10) 전류계

도선에 흐르는 전류의 세기를 측정하는 장치이다.

(11) 퓨 즈(Fuse)

전선에 전류가 과하게 흐르는 것을 방지하기 위한 장치로, 녹는점이 낮은 금속으로 만들어져 있어 전류가 과다하게 흐르면 저절로 끊어짐으로써 전류를 차단한다.

5. 전기분해

(1) 전해질

전해질이란 고체 상태에서는 전류가 흐르지 않으나 수용액 상태에서는 전류가 흐르는 물질이다. 염화나트륨, 염산, 수산화나트륨 등이 있다.

즉, 전해질은 물에 녹으면 (+)전하를 띤 입자와 (−)전하를 띤 입자로 나누어지게 되는데, 전해질 수용액에서 전류가 흐르는 까닭은 수용액에 전극을 넣어 직류를 흘려주면 (+)전하를 띤 입자는 (−)극 쪽으로 이동하고, (−)전하를 띤 입자는 (+)극 쪽으로 이동하기 때문이다.

[예] 염화나트륨, 황산구리, 염화구리

전해질의 농도가 높을수록 전기를 잘 띠게 되나 일정농도 이상에서는 변함이 없다.

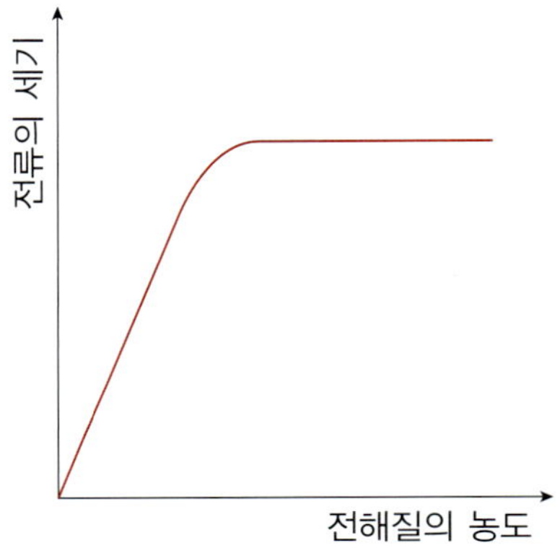

그림 2-7 전해질의 농도와 전류의 세기

(2) 비전해질

수용액 상태에서 전류가 흐르지 않는 것으로 설탕, 녹말, 알코올, 글리세린, 아세톤, 석유 등이 있다. 비전해질 수용액에서 전류가 흐르지 않는 까닭은 수용액 상태에서 이온으로 나누어지지 않고 분자로 존재하기 때문이다.

(3) 전기분해

전해질 용액에 직류를 흘려주면 양이온은 (−)극 쪽으로, 음이온은 (+)극 쪽으로 이동해서 중성 물질로 나누어지는 현상이다. 예를 들어 염화나트륨 수용액의 경우 염화나트륨은 수용액에서 이온화하여 Na^+와 Cl^-로 나누어지므로 수용액에 직류를 흘려주면 전기분해가 일어난다.

① (+)극에서의 반응: (−)이온이 끌려와서 (+)극에 전자를 내놓고 산화되어 중성 물질로 된다.

② (−)극에서의 반응: (+)이온이 끌려와서 (−)극에서 전자를 얻어 환원되어 중성 물질로 된다.

• 1차 반응

$NaCl \rightarrow Na^{+} + CI^{-}$

$H_2O \rightarrow H^{+} + OH^{-}$

• 2차 반응

음극 $4Na + 4H_2O \rightarrow 4NaOH + 2H_2$

양극 $4CI + 2H_2O \rightarrow 4HCI + O_2$

톡톡 정보

양이온이 음극으로 이동하는것 – 카타포레시스 (Cataphoresis)
음이온이 양극으로 이동하는 것 – 아나포레시스 (Anaphoresis)

양전하를 띤 이온 – 양이온 (Cation)
음전하를 띤 이온 – 음이온 (Anion)

양극 – Anode
음극 – Cathode

1차적으로 NaCl이 Na^{+}이온과 CI^{-}이온으로 분해되고 H_2O는 H^{+}이온과 OH^{-}이온으로 분해된다. 2차적으로 음극에서는 Na^{+}이온과 OH^{-}이온이 결합하면서 H_2가스를 생성시키고 양극에서는 CI^{-}이온과 H^{+}이온이 결합하여 O_2 가스를 생성시켜 새로운 화합물이 형성되는 것이다. 1차적으로 분해된 현상을 이온화(ionization)라고 하며 2차적으로 양쪽 극으로 끌린 이온들은 새로운 화학물질을 형성한다.

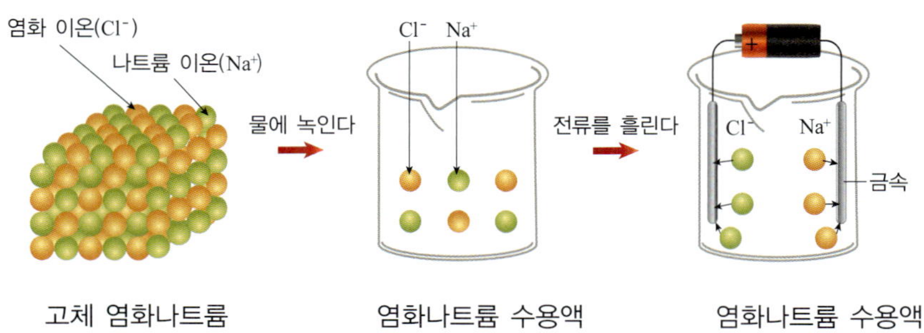

그림 2-8 염화나트륨 용액 속의 전해질

6. 생체전기(Bio current / Bio electricity)

(1) 생체전기의 정의

생체전기란 생물 내에서 일어나는 미세한 전기현상을 말한다. 즉 생물의 체내에 함유되어 있는 다량의 염기성 물질들이 이온화하면서 전기발생이 일어난다. 이것을 생물체 내에 존재하고 있는 생체전류라고 한다. 생체전기를 생기게 하는 이온의 이동은 세포막의 적극적 수송에 의해 일어난다.

(2) 생체전기의 역할

생체전기는 생명활동의 에너지다.

생체전기는 여러 복합한 생화학 작용을 거쳐 활동전류로 바뀌게 된다. 이러한 활동전류가 심장박동, 뇌와 중추신경활동, 근육의 수축 작용을 가능하게 해주며 신경섬유에 자극이 주어지면 신경 흥분이 우리 몸에 전기적 신호로 전환이 되어 우리몸 전체에 전달해 주는 신경전도가 이루어진다.

생체전기는 영양물질을 흡수하고 노폐물을 배설시키는 대사활동을 하며 흡수한 영양물질을 분해하여 생명에너지를 합성하는 생명활동의 전 분야에 밀접한 관련을 갖고 있다.

(3) 에스테틱과 전기

인체에는 체중의 약 60~70%가 수분으로 되어 있으며, 체액에는 여러 가지 이온들이 녹아 있어 인체에 전기를 가하면 전류가 통한다. 이 원리를 이용하여 전기 응용기기들이 사용되고 있다. 전기를 응용한 피부미용기기는 사용목적에 맞게 다양하게 이용되고 있다.

화장품에 함유된 유효 성분들이 피부층에 존재하는 장벽을 통과하려면 전기가 필요하다. 그 성분들이 이온화하여 일시적 전기영동 현상을 일으켜야 흡수가 되기 때문인데 피부미용기기 중에서 이온토포레시스(iontophoresis)는 이러한 수용성 화장품의 유효성분들을 이온화하고 피부에 일시적으로 전기를 흐르게 하여 피부층 안으로 쉽고 깊숙이 침투할 수 있도록 고안된 것이다.

표 2-1 전류의 크기에 따른 인체반응

통과전류의 세기 (mA)	인체 반응
1	전기 자극(짜릿함)을 느낀다
5	경련을 일으킨다(고통스럽다)
10	근육수축이 일어난다
15	강렬한 경련(근육마비)
70	심장에 큰 충격이 온다
100	죽을 수도 있다

7. 전류의 분류

1. 전류 흐름의 방향에 따른 분류

전류를 흐르는 방향에 따라 분류하면 직류(Direct current, DC)와 교류(Alternating current, AC)로 나눌 수 있다. 직류(DC)란 하전된 입자들이 단일 방향으로 일정하게 지속적으로 흐르는 것을 말하며, 교류(AC)는 하전된 입자들의 흐름의 방향이 주기적으로 바뀌고 한 주기(One cycle) 내에서는 단속이 없는 양쪽 방향성 전류를 말한다.

(1) 직 류(DC)

일반적으로 직류는 전류가 흐르는 방향과 크기가 시간이 지나도 변하지 않는 전류를 말하며 갈바니 전류(Galvanic current) 또는 평류라고도 한다. 직류를 발생시키는 방법으로는 건전지, 진공관식 정류기, 반도체 다이오드가 있다.

직류는 연속형 직류와 단속형 직류로 구분할 수 있다.

① 연속형 직류 (평류, Smooth galvanic current)

시간의 흐름에도 불구하고 전류의 크기와 방향이 일정하게 유지되는 전류로 화학적 효과가 가장 크기 때문에 이온도입법(Iontophoresis)에 주로 이용된다. 또한 직류전류는 혈액순환을 촉진시켜 조직에 영양공급과 노폐물 배출을 돕고 세포의 화학적 균형도 유지시켜 준다.

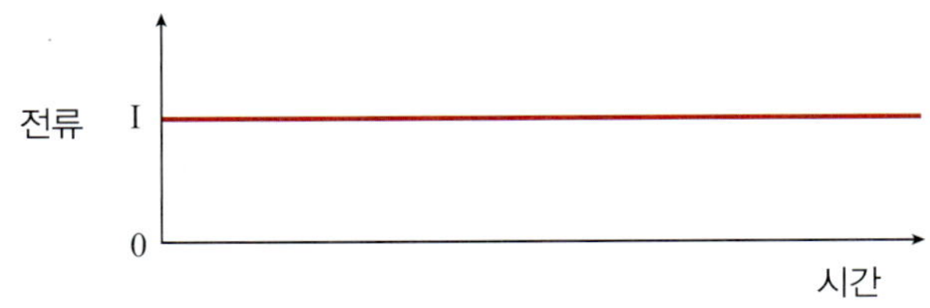

그림 2-9 직 류

② 단속형 직류 (Interrupted galvanic current)

변형된 직류의 형태로 시간의 흐름에 따라 전류의 크기가 일정하게 증가되었다가 감소되었다 하는 전류로서 역학적 효과를 나타내므로 약화된 근육에 전기적 자극을 주는 데 사용된다.

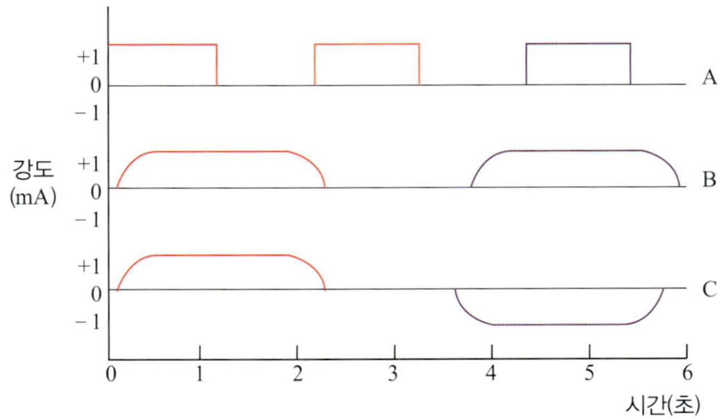

A : 단속형 직류　B : 경사형 단속형 직류　C : 경사형 역전단속형 직류

그림 2-10 단속형 직류의 세 가지 형태

(2) 교 류 (AC)

교류(AC)는 일정한 시간과 간격으로 방향과 세기가 변하는 전류로 우리 가정에 들어오는 전류로서 직류에 비해 열 효과는 높으나 화학적 효과는 없다. 최근에는 조직을 자극하기 위한 목적으로 교류를 직접 사용하지 않고 변형된 교류 형태를 주로 사용한다. 교류전류의 파형은 정현파전류, 감응전류, 격동전류로 구분할 수 있으며 정현파전류가 대표적이다.

[교류의 특징]

- 전극이 변하기 때문에 저장이 어렵다.
- 변압기를 이용하여 전압을 쉽게 변화시킬 수 있다.
- 정류기를 이용하여 직류로 바꿀 수 있다.
- 같은 전력을 작은 전류로 송전할 수 있어 발전소가 소비자로부터 멀리 떨어질 수 있다.

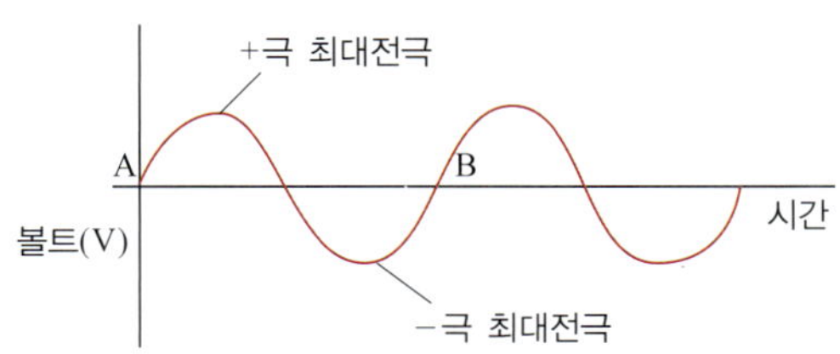

그림 2-11 교류

톡톡 정보

- 1초 동안 전류가 진동하는 횟수를 주파수(frequency)라고 하며, 단위는 Hz(헤르쯔)를 사용한다.
- 우리나라에서 사용하는 교류의 주파수는 60Hz이다.

1KHz = 1,000Hz
1MHz = 1,000KHz
= 1,000,000Hz

1mm = 1/1,000m
1μm = 1/1,000,000m
1nm = 1/1,000,000,000m

① 정현파 전류 (Sinusoidal current)

시간의 흐름에 따라 방향과 세기가 대칭적으로 변하는 전류로 교류의 대표적 전류이다. 저주파인 경우에는 역학적 효과가 있고 고주파의 경우에는 열발생효과가 있다.

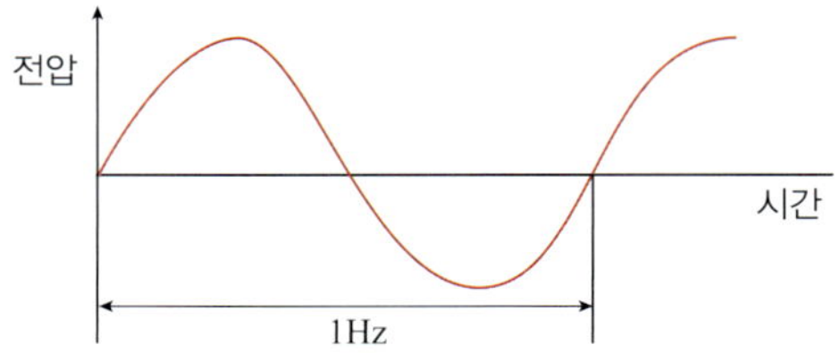

그림 2-12 정현파 전류

② 감응전류 (Faradic current)

감응전류를 비대칭교류라고도 하며 시간의 흐름에 따라 방향과 세기가 빠르게 변하는 전류로써 0.1~1msec 정도의 짧은 맥동기간과 50~100Hz의 주파수를 가지고 있다. 첫 번째 위상이 음(−)으로 지속시간이 길고 진폭은 짧으며 두 번째 위상은 양(+)으로 지속시간은 약 1m sec로 짧으며 진폭은 크다.

흥분을 일으키는 생리학적 효과는 진폭이 큰 두 번째 위상에서 일어나며, 이러한 특성이 전기진단과 신경지배가 정상인 신경근육계를 자극하여 근육수축을 활성화한다. 감응전류가 전기진단에 많이 사용되는 이유는 자극시간이 1msec로 고정되어 있기 때문이다. 또한 감응전류는 세포막의 반투과성에 의한 안정막 전위를 변조시켜 신경을 자극하는 전류로 신경의 흥분을 일으키고 이 흥분이 근육을 자극하여 근육수축이 일어난다.

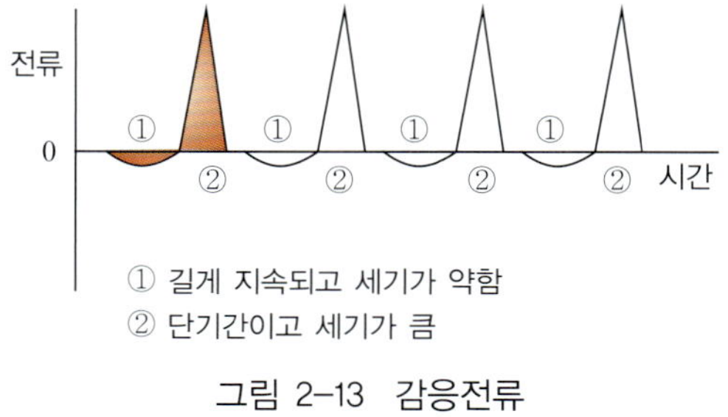

그림 2-13 감응전류

③ 격동전류 (Surging current)

격동전류란 전류의 세기가 갑자기 강해지거나 약해지거나 하는 전류로써 주파수에 따라 차이가 있지만 통증관리 및 마사지 효과 등을 목적으로 하고 있다.

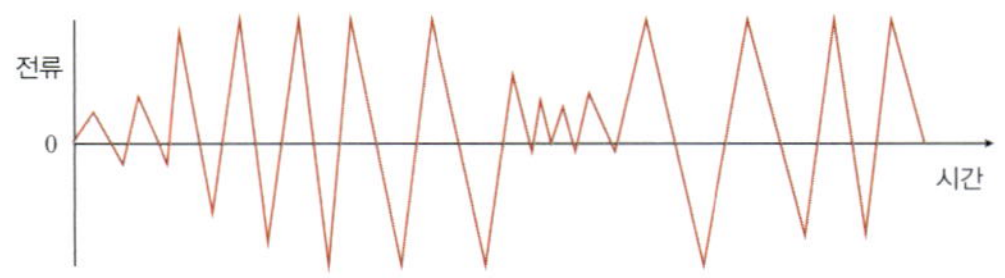

그림 2-14 전류 모양과 크기에 따른 분류

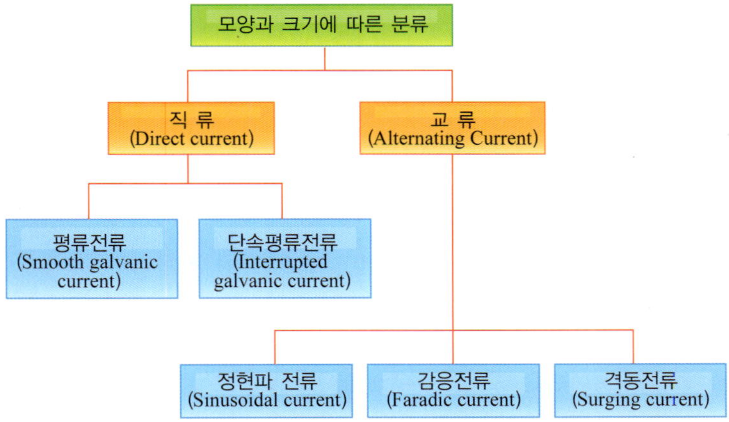

그림 2-15 전류 모양과 크기에 따른 분류

2. 주파수에 의한 분류

① 저주파 전류 (low frequency current) : 주파수가 1~1,000Hz 이하의 전류이다.

② 중주파 전류 (Middle frequency current) : 주파수가 1,000~10,000Hz의 전류를 말하며 4,000Hz 부근의 중주파 전류 2개 또는 그 이상의 전류를 교차통전 시에 발생되는 저주파 전류를 이용한다. 교차통전시 발생되는 저주파 전류를 간섭전류라 한다.

③ 고주파 전류 (High frequency current) : 주파수가 100,000Hz 이상의 전류이다.

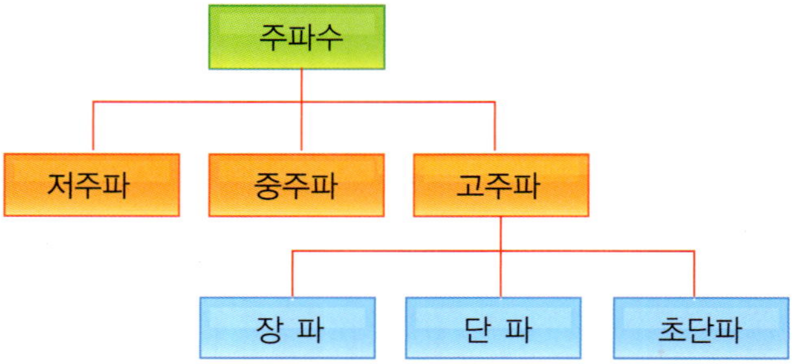

그림 2-16 주파수에 따른 분류

3. 전압에 의한 분류

공업적인 측면과 피부관리 측면에서 저전압과 고전압의 범위에 대한 분류가 서로 다르다. 피부관리기기에서 전압은 100볼트(volt) 이하를 저전압이라 하며, 수백 볼트(volt) 이상을 고전압이라고 한다.

(1) 저전압 전류 (low tension current)

전압이 100볼트(volt) 이하인 전원으로부터 발생한 전류를 말하며 직류전류와 저주파 전류가 여기에 속한다.

(2) 고전압 전류 (high tension current)

전압이 수백 볼트(volt) 이상인 전원으로부터 발생한 전류로 고주파 전류와 정전기가 여기에 속한다.

4. 전류의 세기에 의한 분류

(1) 저전류 (low amperage current)

전류의 세기가 1~30mA 사이의 전류로 저주파 전류가 여기에 속한다.

① 얼굴 – 1~5mA

② 몸 – 1~20mA

(2) 고전류 (high amperage current)

전류의 세기가 500~2,000mA 사이의 전류로 고주파 전류가 여기에 속한다.

톡톡 정보

피부관리에 이용되는 전압과 전류

① 고전압의 고주파 (250,000Hz 정도)
② 저전압의 갈바니 전류 (galvanic current)
③ 저전압의 감응전류 (faradic current)
④ 저전압의 중주파 전류

표 2-2 전류의 종류와 특징

전류	흐르는 방식	주파수	전압	전류	효과
직류(평류)	한 방향으로 일정하게 흐름		저압	저전류	화학적
단속평류	한 방향으로 흐르며 단속됨	수동조작 (저장된 자동스위치)	저압	저전류	역학적
교류	양 방향으로 흐름	매초 60Hz	저압	저전류	역학적
감응전류	빠른 비대칭 교류	약 100Hz	저압	저전류	역학적
고주파 전류 (장파)	심한 급속 진폭	1MHz	고압	고전류	심부열 공급
고주파 전류 (단파)	심한 급속 진폭	10~100MHz	고압	고전류	심부열 공급
고주파 전류 (극초단파)	심한 급속 진폭	300~3,000MHz	고압	고전류	심부열 공급
정전기	한 방향으로 흐름	매분 약 100회	대단히 높음	대단히 낮음	역학적
간섭전류	양 방향으로 흐름	4,000Hz	중전압	중간	역학적

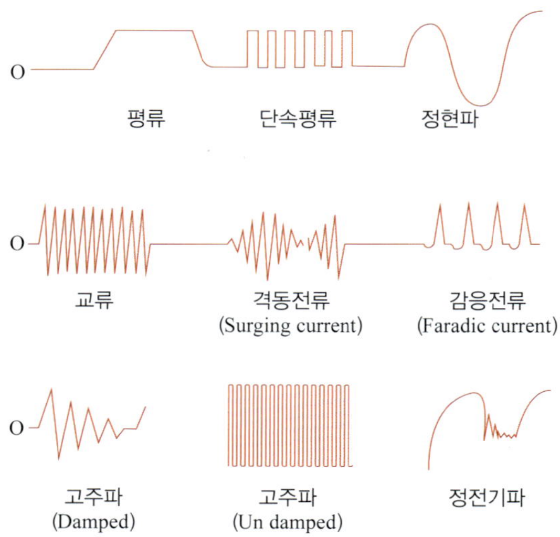

그림 2-17 전류의 파형

8. 전기생리학(Electrophysiology)

1. 전기의 생물학적 효과

전기의 효과인 열, 자기장, 화학적 효과에 의해 나타나는 생물학적 효과에 관해 설명하고자 한다. 인체는 자력의 기능이 없기 때문에 인체에서 직접적으로 전자장의 효과는 나타나지 않으나 전자장에 의해 유도된 국소전류에 의해 열 효과가 나타난다.

(1) 열 효과 (Thermal effect)

열 효과는 직류와 교류 모든 전류를 인체에 적용할 때 나타나지만 직류보다는 교류가 열 효과가 더 크다. 이러한 열 효과는 직접과 간접의 두 가지 방법으로 발생된다.

① **직접효과** : 인체조직은 서로 다른 전해질로 구성되어 있으므로 직류나 저주파 전류 통전 시 인체조직의 저항에 의해 발생한다.

② **간접효과** : 고주파 전류는 전기에너지가 열에너지로 전환되어 발생하는 열이며 통전 시 인체조직 내의 분자들에 활발한 움직임이 발생하여 이러한 움직임에 의해 열이 발생한다.

(2) 화학적 효과 (Chemical effect)

① 직 류

인체조직이나 체액은 전해질로 되어 있어 직류가 흐르면 화학적 변화를 일으킨다. 조직의 분자가 이온화되어 음이온은 양극으로, 양이온은 음극으로 끌리게 된다. 체액의 전해질 중에는 화학적 자극제(Chemical irriants)의 집중이 음극에 많기 때문에 화상은 음극에서 많이 발생한다.

② 교 류

교류는 극의 방향의 변화로 화학적 효과가 거의 일어나지 않으나 반파형(half-cycle) 교류에서는 화학적 효과가 나타날 수 있다.

(3) 생리적 효과

열 효과와 화학적 효과의 복합작용으로 나타난다.

① 열 효과

- 체온의 변화로 인해 신진대사량의 증가
- 식균작용의 증가
- 말초혈관의 압력증가
- 세포막의 투과성의 증대

톡톡 정보

반트 호프의 법칙(Van't Hoff's law)

온도가 10℃ 상승함에 따라 신진대사율이 2.5배 증가한다. 그러므로 체내온도의 작은 변화에도 신진대사율은 현저한 효과가 나타나게 된다.

② 화학적 효과

체내조직의 전해질에 전류가 흐르게 되면 전해질의 화학적 변화로 나타난다. 전기 관리 시 화상은 직류의 화학적 효과에 기인한 것이다.

(4) 그 밖의 여러가지 효과 (various effect)

① 혈관에 미치는 효과

전류를 통전시켰을 때 전극을 댄 피부의 말초혈관이 확장되어 홍반(Redness)이 생기는데 이러한 현상은 음극에서 더 현저하게 나타난다.

② 신경에 미치는 효과

신경을 자극할 때 양극보다 음극에서 더 강한 자극이 일어나기 때문에 음극에서는 자극효과가 있고 양극에서는 진정효과가 있다.

톡톡 정보

전류에 의한 자극효과

전류에 의한 자극은 피부에서 느끼는 자극이 심부조직으로부터 오는 자극에 비해 강력하게 작용한다. 즉 심부기관으로부터 느끼는 통증의 자극보다 전류에 의한 자극이 강하게 작용하므로 중추신경계에서 느끼는 통감은 감소하게 된다. 이러한 효과는 전기자극이 피부가 참을 수 있는 강도 상태에서 적용되어야 하며 피부에서 참을 수 있는 강도는 1inch^2 당 2mA 정도이다.

2. 세포막의 전기적 특성

세포막은 지질이중층으로 세포내부와 외부에는 (+), (−)의 전하를 띤 이온들이 산재해 있기 때문에 절연체와 같은 작용을 한다.

세포막은 안정상태에서 세포막의 외부는 (+)를, 내부에는 (−)를 유지하게 된다. 세포막의 이러한 전기적 성질을 '극성유지의 특성' 이라고 한다.

세포막에서는 세포막을 통하거나 이온통로를 통하여 이온의 흐름이 일어나는데 이때 이온의 종류에 따라 막을 쉽게 통과하거나 어렵게 통과하게 된다. 이것을 통해 세포막은 이온의 흐름에 저항하는 전기저항의 특성이 있음을 알 수 있다.

한편, 지질이중층은 양질의 유전체이기 때문에 축전기와 같이 전기를 모으고 농축할 수 있는 전기농축의 특성이 있다.

톡톡 정보

세포막의 3대 특성
① 극성유지의 특성
② 전기저항의 특성
③ 전기농축의 특성

3. 전기자극과 근 피로

매 초 1회 정도 반복적으로 직접자극을 하여 근육을 수축시키면 처음 2~3회는 수축강도가 점점 커진다. 하지만 나중에는 점차 수축력이 감소된다. 자극과 단일근수축의 이러한 관계를 근 피로곡선이라고 하며, 자극빈도, 부하의 크기, 온도, pH 변화 등에 의해 영향을 받는다.

근 피로의 내부적 원인으로는 막의 흥분성 저하, 흥분수축결합의 능률 저하, ATP 분해에 의한 화학적 에너지를 기계적 에너지로 변환하는 효율의 저하, 에너지원의 고갈, 젖산 발생에 따른 근육 내의 pH감소에 의한 대사전반의 지연 등이 있다.

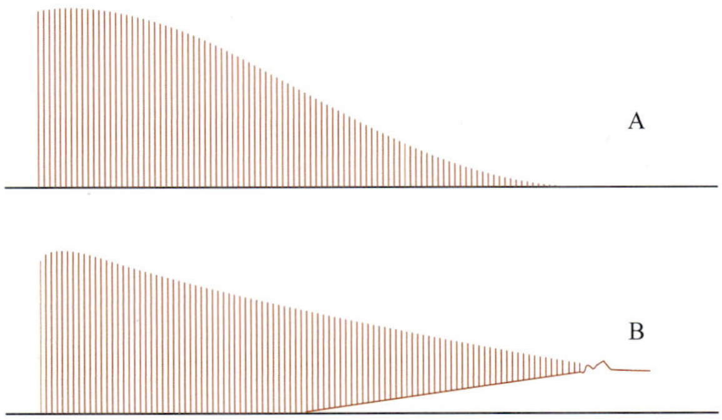

A : 일반적인 피로곡선
B : 이완이 끝나기 전에 다음 자극이 바로 반복적으로 주워졌을 때 나타나는 피로곡선

그림 2-18 피로곡선

9. 전류기기

(1) 변압기 (Transformer)

교류회로에서 전압을 변화시키는 기기로 전압을 올려주는 승압기와 전압을 내려주는 감압기가 있다.

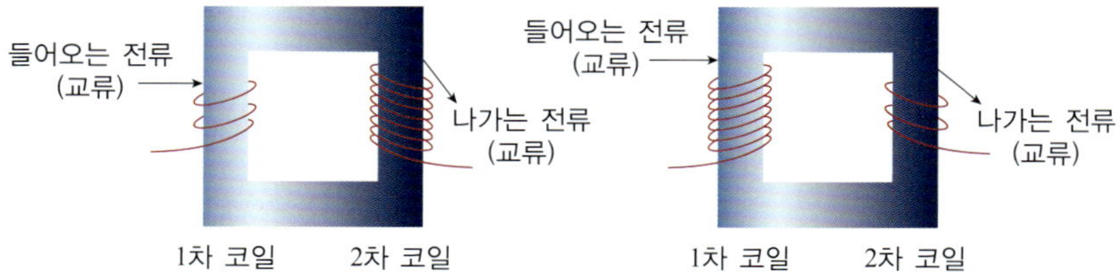

그림 2-19 승압기 (step up transformer)와 감압기 (step down transformer)

(2) 정류기 (Rectifier)

정류기란 교류(AC)를 직류(DC)로 바꾸는 장치이다. 정류기를 통한 전류는 축전기를 통해 고르게 전력을 공급하게 된다. 정류기에는 반파정류기와 전파정류기가 있다.

① **반파정류기** (a half wave rectifier) : 교류의 양 방향 중에 한쪽 방향의 파장을 막는다.

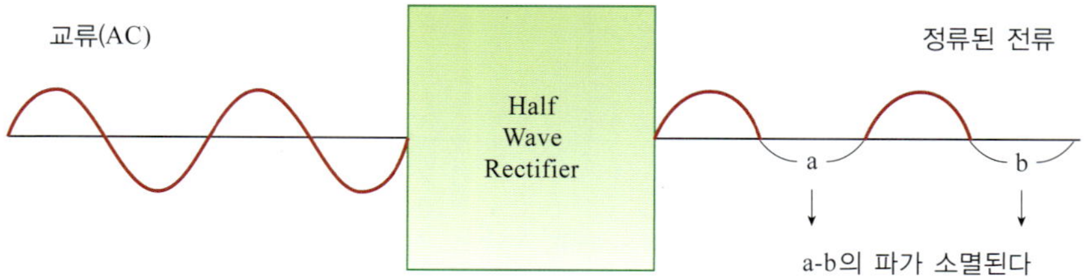

그림 2-20 반파정류기 (Half wave rectifier)

② **전파정류기** (a full wave rectifier) : 교류의 양 방향 중에 한 쪽 방향의 파장을 반대방향으로 전환시킨다.

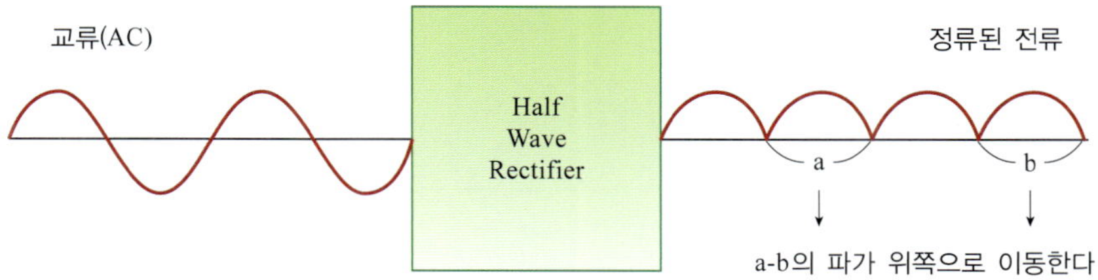

그림 2-21 전파정류기 (Full wave rectifier)

(3) 축전기 (Capacitor)

축전기는 전기를 저장하였다가 필요할 때 사용할 수 있도록 한 기기로써 정류 후에 파장의 형태를 부드럽게 하는 데도 사용된다. 일상생활에서 사용하는 사진기의 플래시나 텔레비전 등과 같은 전기기기에는 전기를 모아 놓을 수 있는 축전기가 사용되고 있다.

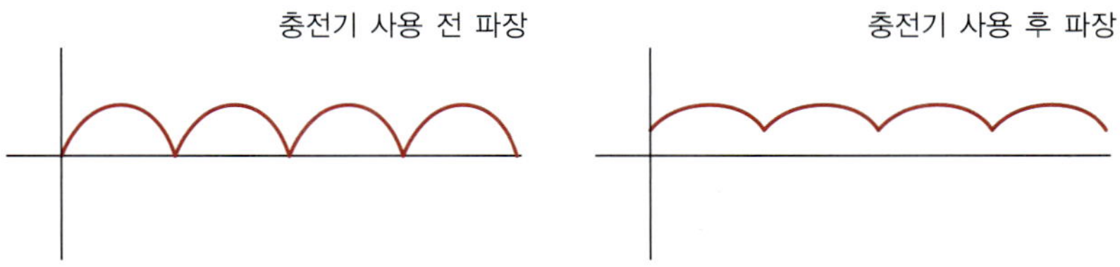

그림 2-22 축전기

(4) 가변저항기 (Pheostat or variable resistance)

가변저항기는 전기회로의 전류의 양을 조절하기 위해 사용되는 기기로서 다양하게 저항을 변화시켜 흐르는 전류의 양을 조절한다. 즉, 전류강도 조절의 기능을 하는 것이다.

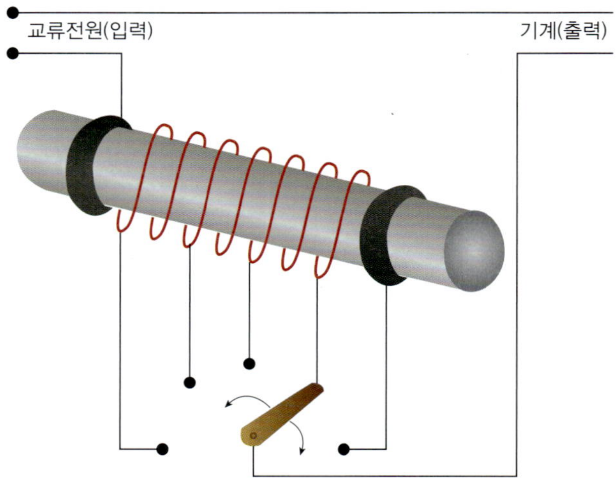

그림 2-23 가변저항기

(5) 접 지 (Earth)

접지란 전기회로의 일부를 땅에 연결한 것으로 대지를 전기회로의 일부로 사용하여 감전을 예방한다. 전도체의 전위를 대지와 같게 0으로 하여 누전 시 기기에 닿아도 감전이 안 되게 한다.

예를 들면 세탁기의 전선을 수도꼭지에 연결하면 누전이 되어도 전류가 수도관을 타고 땅이라는 거대한 회로로 흘러나가게 되어 감전의 위험이 없게 된다.

(6) 분압기 (Potemtiometer)

분압기는 회로 속의 전압을 변화시키는 장치로 갈바니 관리 중 갈바니 기계에 일정한 전류가 흐를 수 있게 한다.

(7) 스위치 (Starter or switch)

스위치는 전류가 흐를 수 있도록 또는 전류를 끊어 주는 기기이다. 스위치를 켜면 전류가 흐르고 스위치를 끄면 전류의 흐름이 멈춘다.

톡톡 정보

전기회로

전류가 흐르는 길을 전기회로라 하고 회로는 양극과 음극이 서로 연결되어 있어야 한다. 전기회로에서 스위치를 눌러 회로가 하나의 닫힌 곡선을 이루는 것을 닫힌회로라 하며, 스위치를 열어 전기회로가 끊어지는 것을 열린회로라고 한다.

피부관리에는 직류와 교류, 그리고 초음파가 이용되는데 이용전류에 따
진대사를 촉진시키므로 순환이 증진되어 산소, 영양, 항체의 공급이
게 됨으로써 세정 · 온열효과, 지방분해, 노폐물 제거효과, 혈액 및 림
촉진효과 등 다양한 효과를 볼 수 있다.

Chapter 3

피부관리에 이용되는 전류

Chapter 3
피부관리에 이용되는 전류

1. 직 류

1. 갈바니 전류(galvanic current)

갈바니 전류는 평류라고도 하며 저전압의 안전하게 정제된 직류의 전류를 말하는데, 체내에 침투되어 규칙적이며 지속적으로 흐름으로써 인체조직을 활성화하며 화학적 반응을 일으킨다.

오직 한 방향으로만 전류가 흐르기 때문에 두 개의 극(Poles)이 존재하며 같은 극끼리는 밀어내고 다른 극은 서로 끌어당기는 전기영동의 특징을 가지고 있다. 이러한 특성을 이용하여 피부 속으로 침투시키기 어려운 수용성 물질을 이온화하여 피부조직 안으로 침투시키는 효과를 볼 수 있다.

두 개의 전극 중에서 한 전극은 음극이 되고 다른 하나는 양극을 띠게 되어 음극에서는 알칼리성 반응이 나타나고 양극에서는 산성 반응이 일어난다. 갈바니 전류 통전 시 피부가 견딜 수 있는 범위는 2mA/inch^{2}이며 정상피부에서 고객이 통증을 느끼지 않고 편안하게 관리받을 수 있는 평균 전류량은 0.5~1mA/inch^{2}이다.

톡톡정보

극성효과 (pole effect)
산성 효과와 알칼리성 효과는 전극 아래에서만 일어난다.

(1) 극성 실험(Test for polarity)

두 개의 전극을 분리하여 소금용액에 직류를 통전하게 되면 전기분해에 의해 소금용액 속에 해리되어 있는 염소이온(Cl^-)은 양극으로 끌리게 되고 나트륨이온(Na^+)은 음극으로 끌리게 된다. 나트륨이온(Na^+)이 음극에 도달하고 염소이온(Cl^-)이 양극에 도달하면 전하를 상실한 자유전자(free electrons)로 바뀌게 되고 이들 전자들이 2차 반응을 일으켜 음극에서는 수산화나트륨과 수소가 발생되고 양극에서는 염산과 산소가 발생한다.

음극에서는 양극보다 많은 양의 기체가 발생하는데 이는 수소의 분자량이 산소에 비해 적기 때문이다.

(2) 극성 효과

① 음극의 효과

음극에서는 알칼리성인 수산화나트륨이 발생하여 피지를 분해시켜 주어 지성피부 관리에 효과적이다. 또한 각질화된 세포 내의 각질을 용해시켜 피부의 연화작용이 있다. 그러나 강알칼리성인 수산화나트륨은 부식성이 강하기 때문에 피부에 자극이나 화상을 일으킬 수 있으므로 주의하여야 한다.

② 양극의 효과

양극에서는 염산과 산소가 발생한다. 염산의 경화효과로 인하여 조직에 탄력이 생기고 단단해짐으로써 수렴효과가 있으며 산소공급이 있어 세포의 생명력을 증가시키고 영양공급이 활발하게 이루어진다. 또한 발생된 산은 감염으로부터 피부를 보호하며 살균효과도 있다.

표 3-1 직류에서 양극과 음극이 신체에 미치는 영향

양극 (+)극	음극 (-)극
피부 경화	피부 연화
모공수축	모공 확대
혈액공급 감소	혈액공급 증가
산성 반응	알칼리성 반응
신경의 안정	신경의 자극

(+)극의 이용	(-)극의 이용
모공의 수축	모공확대 및 세정
혈액순환의 저하	조직의 연화 및 보습
피부조직을 강화하여 피부탄력 증가	피부표면의 오일 제거
염증 예방	노폐물 제거와 피지 용해
피부 내 아스트린젠트 등 산성용액 침투	알칼리성 용액으로 피부의 심층세정
신경의 안정 (진정효과)	지친 피부의 자극 활성
양이온 물질 침투	음이온 물질 침투

(3) 극간효과(Interpolar effect)

극 아래에서 일어나는 직접적인 효과 이외에도 전극봉과 조직 사이에는 또 다른 효과가 있다. 조직 전체의 혈액순환과 림프 순환의 증가로 인해 영양분과 산소공급이 증가되어 신진대사가 활발하게 되고 노폐물 제거가 빨라진다. 또한 세포벽의 투과성이 증가되고 신진대사도 증가되어 세포 내의 화학성분은 이온화되어 제거가 용이하게 된다.

(4) 갈바니 전류가 신체에 미치는 효과

① 피부의 혈관운동성 자극

갈바니 전류는 피부의 직류충혈(Galvanic hyperemia)현상을 일으킨다.

이는 극효과에 의한 것으로 양극(+)에서는 조직을 응고 시키는 성질과 혈관을 수축시키는 효과가 있고 음극(−)에서는 조직을 연화시키는 성질과 혈관을 확장시키는 효과가 있어 이들 작용에 의해 발생되는 것이다.

② 혈액순환 및 영양공급 증진

혈관 운동성 자극에 의해 말초혈관의 충혈(hyperemia)현상이 나타나고 이는 혈액순환을 증진시키는 효과를 나타내게 되며 조직 내의 영양공급을 증진시킨다.

③ 열의 생성

혈액순환의 증가로 인해 체온이 상승한다. 갈바니 전류로 관리 시 생성되는 열의 발생 정도는 전류의 크기와 전류가 흐르는 시간 및 저항에 비례한다. 혈관 확장이 음극에서 일어나기 때문에 열의 발생도 음극에서 더 강하게 일어난다.

④ 체액의 증가

음극에서는 혈관의 확장으로 인해 혈관벽의 투과성 증가로 체액이 증가하며 체액은 양극에서 음극으로 이동하기 때문에 음극부위에서 체액의 증가가 일어난다.

톡톡 정보

전기삼투 (Electroosmosis)

조직에 직류전류를 통전시켰을 때 전하와 함께 세포막을 통해 조직 속의 물이 이동하는것을 전기삼투라고 한다. 조직 내의 액체의 이동은 양극에서 음극으로 일어나기 때문에 음극부위에서 체액의 증가가 일어난다. 하여 음극에서 조직의 이완과 팽윤이 일어난다. 전기삼투현상은 부종관리에 효과적이다.

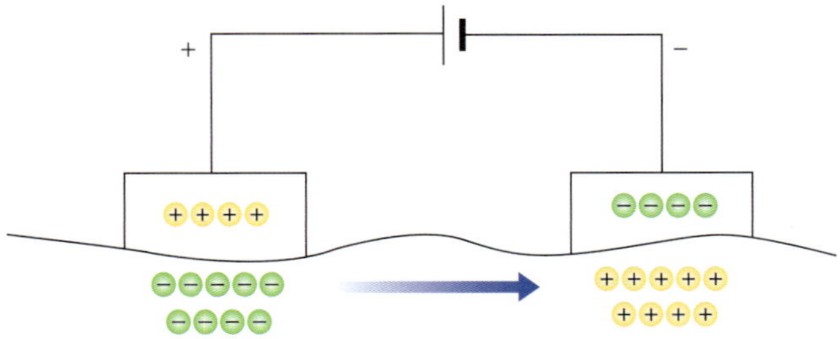

그림 3-1 전기삼투현상

(5) 갈바니 전류의 이용

① 이온영동법(Iontophoresis, 이온도입법, 이온이동법)

이온영동법이란 같은 극은 서로 밀어내고 반대되는 극은 서로 끌어당기는 전기의 성질을 이용하여 저전압의 지속적인 직류를 사용해 작용물질을 피부 깊숙이 침투시키는 관리방법이다. 전기에 의해 이온화된 물질은 모세혈관과 세포막을 통해 음이온은 음극에서 피부침투 효과가 일어나며 양이온은 양극에서 피부침투 효과가 있다.

톡톡 정보

이온도입법을 이용한 비타민 C 침투

순수비타민 C는 액체상태에서는 불안정하기 때문에 미백관리 시 사용되는 비타민 C는 안정화되어 있는 유도체를 사용한다. 대표적인 것이 마그네슘 아스콜빌 포스페이트(Magenesium Ascorbyl Phosphate)로 (−)이온을 띤 아스콜빌 포스페이트를 침투시키기 위해서는 (−)극만 이용한다. 침투된 아스콜빌 포스페이트는 조직에 침투 후 아스코르브산(ascorbic acid)과 인산(phosphate)으로 나뉘어진다.

이온영동법을 실시할 수 있는 또 다른 비타민 C 유도체는 소듐 아스코르빌 포스페이트(sodium Ascorbyl Phosphate)이다. 그러나 또 다른 비타민 C 유도체로 아스콜빌 팔미테이트(Ascorbyl Palmitate), 아스코르빌 아세테이트(Ascorbyl acetate)는 지질을 함유하고 있기 때문에 이온도입법을 실시해도 효과가 없다. 그러나 피부친화성이 좋아 흡수성이 좋다.

최근에는 양친매성 용액을 사용하여 비타민 C를 안정화한 제품이 있지만 이 또한 이온도입법을 실시하였을 때 효과는 없으나 흡수성은 좋다.

- 극성이 있는 화장품을 제외하고는 이온도입법이 안 된다.
- 비타민 C를 이용한 미백관리 시에는 극을 바꾸지 않고 (−)극만 사용한다.
- 도입된 이온의 양을 정확하게 측정할 수 없어 과다용량에 대하여 부작용이 있을 수 있다.
  (미백관리 시 비타민 C 투입)

② 전기세정(desincrustation, 디스인크러스테이션, 노폐물제거)

갈바니 전류의 음극을 이용하여 피지와 블랙헤드를 제거하고, 묵은 각질을 제거하여 피부를 유연하게 하며 피부 톤을 맑게 한다.

③ 전신 갈바니즘 (Body galvanism)

신체는 이온화된 다량의 염기성 물질이 존재하는 전도체이기 때문에 두 가지 극성을 가지고 있는 갈바니 전류를 이용할 수 있다. 갈바니 전류는 체내에 침투되었을 때 지속적이고 규칙적으로 흐르기 때문에 인체조직 전체에 퍼져서 조직을 활성화하고 화학적 · 물리적 반응을 일으킨다. 또한 갈바니 전류의 극성을 이용하여 피부 속까지 침투하기 어려운 수용성 제품을 이온화하여 피부조직 깊이 침투시키거나 노폐물을 배출시키는 효과를 볼 수 있다. 또한 음극을 이용하여 전신관리에 이용하면 전극봉 아래에서 발생하는 수산화나트륨에 의해 피부연화 효과가 나타나고 셀룰라이트가 많은 부위를 관리하면 근육조직의 연화효과와 더불어 셀룰라이트 제거도 용이하게 된다.

④ 전기분해술 (Electrolysis)

전기분해술은 영구제모(Epilation)에 이용된다. 갈바니 전류의 음극을 이용하여 영구적으로 털을 제거하는 데 이용되는 기계적 시술로 바늘을 털이 난 각도를 따라 모공에 넣고 갈바니 전류를 통전시켜 모구의 모유두부위를 음극에서 발생하는 수소가스로 파괴시키는 방법이다. 연결된 전극에 0.5~1mA 정도의 전류를 바늘 주위에서 거품이 일어날 때까지 통전한다. 관리부위가 약간 회색빛을 띤 흰색이 되었을 때 바늘을 뽑아내면서 핀셋 등을 이용하여 털을 잡아당겨서 제거한다.

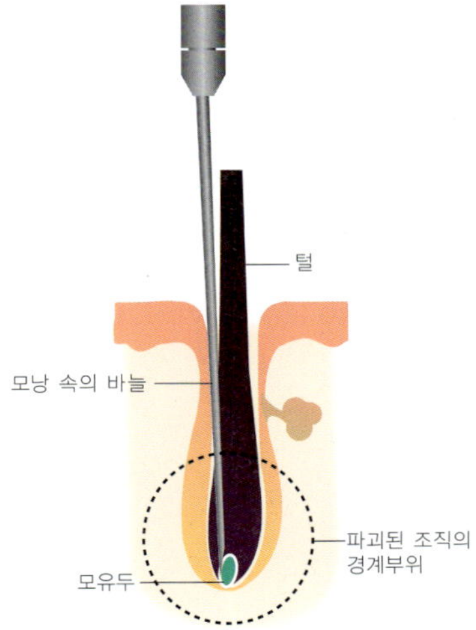

그림 3-2 영구제모방법

2. 단속평류(Interrupted galvanic current)

단속평류는 전기자극관리에 사용되는 전류이다. 혈액순환과 림프순환을 촉진하고 진피 조직의 활성화로 잔주름 제거, 피부탄력 회복, 결체조직세포의 활동을 활발하게 하는 작용으로 리프팅 효과가 있다.

3. 갈바니 전류를 이용한 관리 시 주의사항

① 금속 장식물을 제거한다.
② 피부의 상처 부위를 조사한다.
③ 피부의 기름기를 완전히 제거한다.
④ 고객이 편안한 자세를 갖추도록 한다.
⑤ 전기자극의 목적이나 감각을 미리 환자에게 알려준다.
⑥ 통전 중에 피부로부터 전극이 떨어지지 않도록 주의한다.
⑦ 전극을 피부에 올바르게 접촉시킨다.
⑧ 양극, 음극이 사용목적에 맞게 접촉되었는지 확인한다.
⑨ 전류의 하강과 상승은 서서히 진행한다.
⑩ 전극을 감싼 면의 두께가 일정해야 한다.
⑪ 뼈가 있는 부위는 전기세기를 약하게 한다.
⑫ 관리가 끝날 때까지 고객이 불편한 느낌이 없는지를 살펴야 한다.

2. 교 류

1. 저주파 전류(Low frequency current)

(1) 주파수

1~1,000Hz 이하의 전류를 말한다.

(2) 원 리

주파수는 근반응의 질, 즉 연축이나 강축을 결정하는 요소로써, 주파수가 증가함에 따라 근반응은 연축에서 강축으로 변한다. 전기 생리적 연구에서 강축이 나타나려면 신경자극율이 초당 50회 정도여야 한다고 밝혀졌다.

정상근의 전기자극 시 가장 이상적인 전류는 주파수가 50~200Hz 정도로서 이때 강축을 일으킬 수 있다. 저주파 전류를 신체에 흘려보내면 전기적 파동이 운동신경을 자극하고 자극을 받은 운동신경은 근육을 자극하여 수축이 일어나서 간접적으로 근육을 운동시켜 근육의 탄력을 강화시킨다.

(3) 효 과

① 근육의 긴장과 탄력을 증가시킨다.
② 근조직의 변화를 방지, 감소, 지연시킨다.
③ 감각신경을 전기적으로 자극하여 통증을 완화한다.
④ 근력 및 지구력이 증가한다.
⑤ 관절 운동범위를 유지한다.
⑥ 근육의 대사활동에 영향을 미쳐 근육의 산소대사가 증가한다.
⑦ 모세혈관 및 모세림프관의 순환을 촉진한다.

톡톡 정보

• 감응전류 (faradic current)

빠른 비대칭 교류로 19세기 마이클 패러데이(Michael Faraday)가 자극전류 (electirc impulse)로 부상당한 경마의 근육을 치료하는 것을 시작으로 하여 현재 치료와 피부미용에 많이 쓰여지는 전류이다. 감응전류는 주로 신경지배가 정상적인 신경근육계의 자극이나 전기진단을 위해 사용되며 감응전류를 이용한 피부미용기기는 근육의 탄력을 증가시켜 주며 체형을 가꾸는 데 많이 사용되고 있다.

• 감응전류가 인체에 미치는 효과

① 근육상태 개선
② 노폐물 제거
③ 부종 완화
④ 혈액순환 촉진
⑤ 내분비계 활성화
⑥ 진통완화

톡톡 정보

• 감응전류를 이용하여 관리가 필요한 경우

① 다이어트 중 몸의 탄력 증가 유지

② 체형을 가꾸기 위해

③ 체중감소 후

④ 분만 2개월 후 몸의 탄력 증가

⑤ 건강한 근육을 탄력 있게 하기 위해

⑥ 세포의 작용을 활발하게 하여 대사기능이 증가한다.

연축 (twitch) : 근육에 단일작용을 주었을 때 일으키는 수축을 말한다.

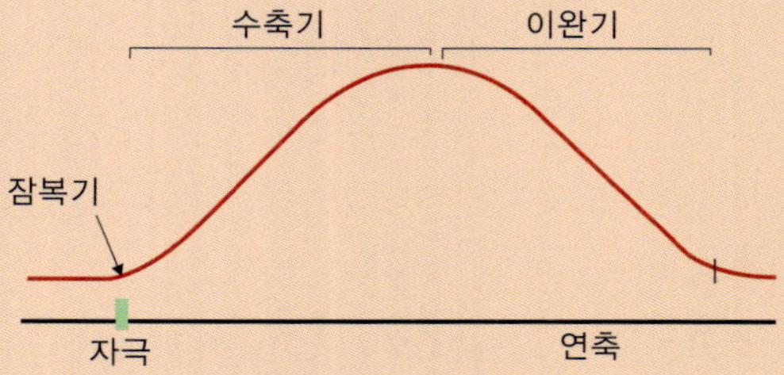

연 축

강축 (tetanus) : 근육에 자극을 적당한 간격을 두고 반복하여 주면 하나의 연축이 합하여 일어나는 수축을 말한다. 자극을 자주 주면 수축기가 끝날 무렵 또 다른 연축이 나타나므로 수축의 출발점이 점점 높아진다. 우리가 활동할 때 일어나는 근수축은 강축이다.

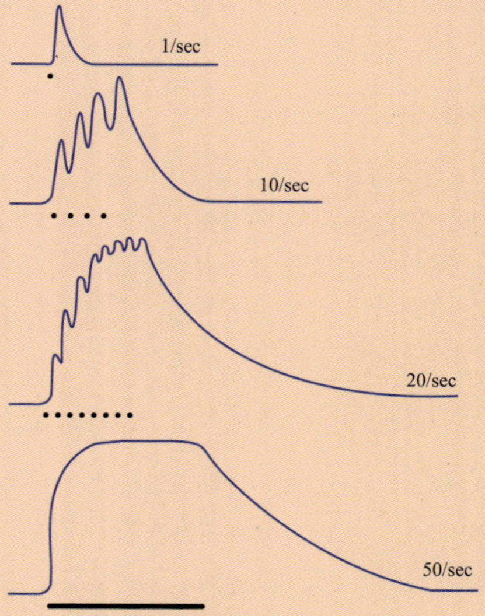

자극빈도와 강축

(4) 전기자극의 변수

① 자극빈도

인체의 움직임은 여러 근육들의 강축에 의해 일어나기 때문에 정상지배근을 전기자극 할 때는 강축을 유발해야 한다. 강축은 초당 20~25pps 정도는 되어야 일어난다. 30pps 이상의 자극은 근장력 증가에 적당하지 않으며 근피로를 빨리 일으킨다.

② 저 항

전기자극에 의해 근육수축이 일어나는 동안 저항을 주면 근력증강에 효과적이다. 저항의 크기는 고객의 근력에 따라 적절하게 조절한다.

③ 전류강도

전기자극으로 근육이 최대수축에 이르면 더 이상의 전류강도를 높여도 수축력이 증가되지 않는다. 필요 이상의 전류강도는 고객에게 불쾌감을 유발하고 근피로를 증가시킨다.

④ 관리시간

관리시간은 고객이 견딜 수 있는 내성과 관리목적에 따라 다르다. 일반적으로 수축능력이 저하되거나 수축 후 통증과 같은 근피로 징후가 나타나면 곧 관리를 멈춘다.

- PPS (Puls per second) : 초당 맥동수

톡톡 정보

PPS (Puls per second) : 초당 맥동수

피부관리 시 전기저항을 감소시키고 전도성을 높이기 위해서는

① 피부를 습하게 해준다.

② 관리부위를 따뜻하게 해준다.

③ 피부의 기름기를 제거한다.

④ 전극용 겔을 사용한다.

⑤ 전극에 습기가 고르게 한다.

- 직류나 저주파 전류 적용에서는 피부가 높은 전기적 저항을 나타내지만 고주파 전류 적용에서는 피부의 전기적 저항이 매우 낮다.

2. 중주파 전류(middle frequency current)

(1) 주파수

1,000~10,000Hz 사이의 전류를 말한다.

(2) 원 리

서로 다른 두 개 또는 그 이상의 중주파 전류를 인체 조직에 통전시켰을 때 전류값이 가중되거나 상쇄되어 진폭이 변조된 맥놀이 저주파가 생성된다. 중주파 전류는 1,000~ 10,000Hz 사이의 교류로 분류되지만 일반적으로 4,000Hz 주변의 중주파를 이용하고 있다. 즉 4,000Hz와 4,100Hz의 교류를 인체조직에 교차로 통전시켰을 때 생성되는 진폭이 변조된 맥놀이 저주파(1~250Hz)전류를 간섭전류(interferential current)라고 한다.

간섭전류는 저주파전류가 피부를 통과할 때 일으키는 전기통과 불쾌감을 줄여주며 심부조직을 효과적으로 자극할 수 있다.

이는 중주파가 저주파보다 피부의 유도저항 수치가 낮아 피부를 쉽게 통과할 수 있다는 것을 의미하며 중주파 전류로 관리 시 인체조직을 효과적으로 자극할 수 있음을 알 수 있다.

톡톡 정보

진폭변조(amplitude modulation)

두 파가 간섭 혹은 중첩을 일으켜 전류가 보강되거나 상쇄되는 현상.

맥놀이(beat)

음파나 전파 등에서 모두 관찰된다. 진동수의 차가 극히 작은 두 파가 겹쳐서 중간이 되는 진동수의 파나 전파가 주기적으로 강해졌다가 약해지는 현상을 말한다.

예) 큰 종을 약간의 시간차를 두고 두드렸을 때 웅웅하는 소리.

(3) 중주파 전류와 피부저항(Middle current & skin resistance)

중주파 전류를 피부표면에 통전시키면 전극과 피부 사이에 두 가지 형태의 저항이 발생한다. 두 가지 형태의 저항은 옴저항과 용량저항이다. 옴저항은 전극의 표면적, 피부온도, 건조도, 피부두께, 피부지방의 양, 털의 존재 여부 등에 관련되어 나타나는 저항이다.

관리 시 옴저항을 감소시키기 위해서는 전극의 표면적을 크게 하거나 피부를 적외선 혹은 온습포로 따뜻하게 해주고 전극에는 충분한 습기가 유지되도록 해야 한다. 또 털이 많은 경우에는 제모 후 관리를 해준다.

용량저항이란 중주파 전류가 몸속에 흐르게 되면 조직경계면과 세포막에 이온농축이 일어나고 전극을 통해 적용된 전압의 전하와 반대되는 새로운 전하가 형성된다.

인체조직은 외부에서 적용된 전압에 의해 충전되고 조직에서 발생되는 역전압을 용량저항 혹은 유도저항이라고 한다. 맥동전류를 피부에 적용하면 유도저항이 발생하고 유도저항은 주파수에 반비례한다.

즉 주파수가 높을수록 용량저항이 감소되어 저주파 전류보다 중주파 전류가 피부를 쉽게 통과함을 알 수 있다.

(4) 효 과

① 조직 내의 이온을 미세진동시켜 혈관확장이 일어나면 국소 혈류량이 증가되어 신진대사를 촉진시키며 순환이 증진되어 산소, 영양, 항체의 공급이 원활해진다.
② 운동신경 및 근육을 직접적으로 자극하여 근력강화에 효과적이다.
③ 근이완 시 조직이완 및 혈관이 이완되어 긴장과 이완이 반복되므로 정맥과 림프 순환이 증진되어 부종 및 염증을 완화한다.
④ 근육통, 요통, 신경통 등의 통증완화 효과.

3. 고주파 전류(high frequency current)

(1) 주파수

100,000Hz 이상의 주파수를 발생하는 교류전류를 말한다.

(2) 원 리

인체조직에 고주파 전류를 통전 시 진동폭이 매우 짧기 때문에 이온운동이 일어나지 않고 전기화학적 반응이 일어나지 않는다. 고주파 전류의 빠른 교류 진동에너지는 열에너지로 전환되어 인체의 심부조직을 가열할 수 있다. 고주파 전류의 맥동기간은 0.001ms로 맥동기간이 아주 짧아서 감각신경이나 운동신경은 자극하지 않고 특정부위에만 심부투열의 효과를 볼 수 있다.

톡톡 정보

이온운동

원자가 전하의 평형을 잃고 극성을 가지게 되면 이를 이온이라 하며, 이러한 현상을 이온운동이라고 한다.

(3) 고주파 전류의 열 발생 원리

인체조직에 전기에너지를 가하면 조직을 구성하는 분자들이 이리저리 진동하면서 마찰되어 열이 발생한다. 이를 전환열이라고 한다.

① 이온이동

한 방향으로 전류가 통전되면 이온운동이 한 방향으로 계속 이루어져 전기적 화학반응이 일어난다. 짧은 진동을 반복하는 고주파 전류를 통전하면 이온운동이 한 방향에서 순간적으로 반대방향으로 일어나면서 인접한 분자들과 충돌하여 열이 발생한다.

② 분극작용

전체로서는 중성이지만 한쪽은 양(+)전하, 한쪽은 음(−)전하로 되어 있는 입자를 쌍극자라고 하며 여기에 전장이 작용하면 쌍극자의 각각의 이온은 자기전하와 반대의 전극쪽으로 끌려가고 같은 전하의 전극은 멀리하는 방향으로 바뀐다. 이러한 현상을 분극(dipole)이라고 한다. 짧은 진동을 반복하는 고주파 전류를 흘려보내면 쌍극자는 전류의 방향이 바뀔 때마다 회전운동과 진동을 하면서 인접한 분자들과 마찰하게 되어 열을 발생시킨다.

③ 전자운동

피하지방층은 절연체와 마찬가지이다. 모든 절연체의 전자는 원자핵에 결속되어 있어서 간단하게 분자로부터 분리시킬 수 없다. 고주파 전류 통전 시 분자가 비틀어지고 구부러진다. 고주파에 의해 극의 바뀜이 계속 일어나면 분자의 뒤틀림 현상도 계속 일어나게 됨으로써 인접한 분자와 충돌하여 열이 발생하기도 하고 잦은 뒤틀림 현상으로 인해 형성된 전자구름에 의해서 열이 발생하기도 한다.

톡톡정보

> **인체조직에서 전도도**는 조직의 수분량과 관계가 있다. 수분량이 많은 혈액에는 통전 시 전도도가 아주 높기 때문에 열이 많이 발생하고 피부나 피하지방층은 전도도가 아주 낮다.

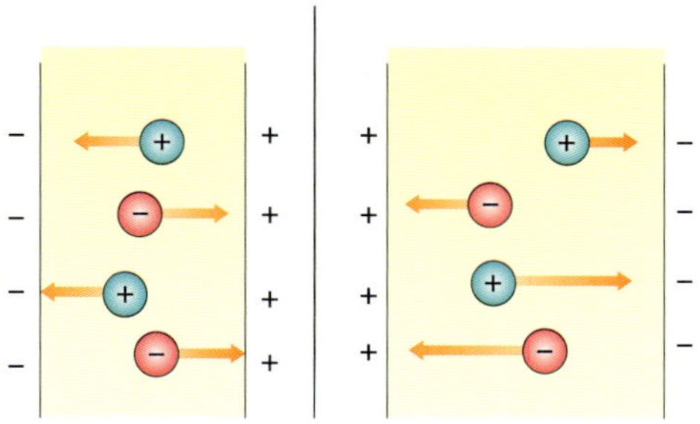

그림 3-3 이온운동으로 열이 발생 그림

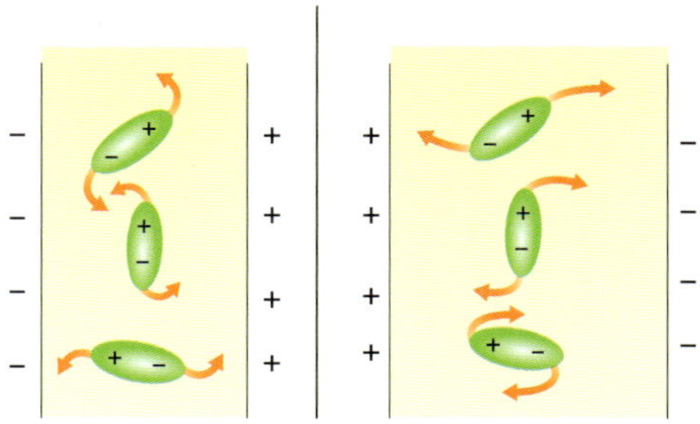

3-4 분자들의 회전운동과 진동으로 열 발생

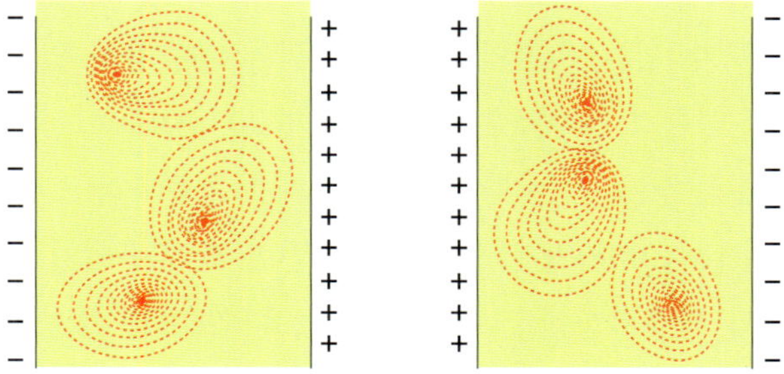

3-5 전자구름에 의한 열 발생

표 3-2 조직과 물질의 전도도

조직 / 물질	전도도	조직 / 물질	전도도
혈액	11.7	지방조직	0.04~0.06
근육	0.7~0.9	증류수	2×10^4
폐	0.1	오일	10^{11}
골수	0.02~0.04	금속	$10^4 \sim 10^7$

- 37℃, 50MHz에서 측정된 값.
- 전도도란 전류가 잘 흐르는 정도를 나타내는 척도로 온도와 주파수에 따라 달라진다.

(4) 고주파 전류의 열효과가 인체에 미치는 영향

① 국소조직의 온도상승은 신진대사를 증가시키고 에너지 대사율도 증가시킨다. 그러나 인체조직에 45℃ 이상의 열 공급 시 단백질 변성이 일어나게 됨으로써 조직의 손상이 온다.

② 혈관확장으로 혈액순환이 증가한다.

③ 말초신경에 열을 가하면 통증완화 작용으로 진정효과가 있다.

④ 결합조직의 탄력성이 변화되었을 때 섬유성 조직의 물리적 성질을 변화시켜 신장력을 증가시킨다.

⑤ 살균작용이 있다.

2. 초음파(ultrasound)

사람의 귀로 들을 수 있는 음파의 주파수 범위는 개인차가 있지만 대체로 16~20,000Hz 정도인데 이를 가청주파수라 한다. 반면 20,000Hz 이상의 높은 주파수의 음파로 사람의 귀로 들을 수 없는 불가청진동음파를 초음파라고 한다.

초음파는 퀴리(Pierre Curie)가 압전효과를 발견한 후 연구되기 시작하여 1917년 랑주뱅(Langevin)이 석영결정에 고주파 전류를 흘려보내면 초음파가 발생된다는 사실을 확인하였다.

특히 초음파는 전류의 형태가 아닌 음파 형태이기 때문에 금속물이 인체조직 내에 있을 경우에도 비교적 안심하고 사용할 수 있다.

톡톡 정보

음파에서 1초에 진동하는 횟수를 **주파수**(frequency)라고 하며, 단위는 헤르쯔(Hz)이다.

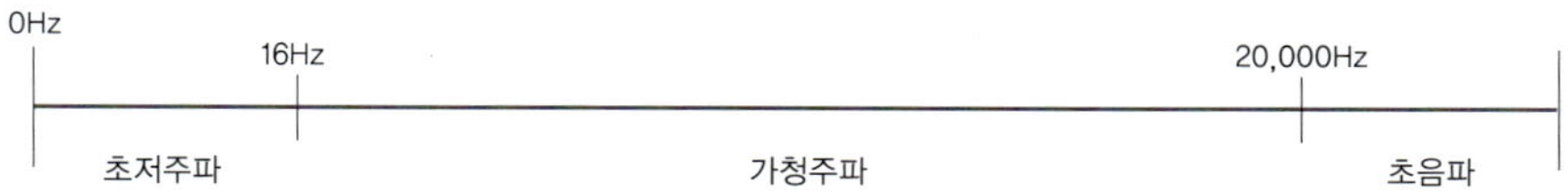

그림 3-6 음파의 주파수 범위

(1) 주파수

20,000Hz 이상의 음파를 말한다.

(2) 초음파의 발생원리

모든 물체는 항상 그 물질에 따른 고유 진동수로 진동하고 있으며 진동수는 대부분 두께에 의해 결정된다. 석영, 유산리튬, 티탄산 바륨과 같은 종류의 물체에 특정한 방향으로 압축과 비압축을 서로 반복시켜 주면 한쪽은 양전하(+)를 띠고 다른 한쪽에는 음전하(−)가 생겨 전류가 발생한다. 이러한 현상을 압전효과라고 한다. 또 반대로 이 물체에 전류를 흐르게 하면 수축하고 전류를 단절시키면 원상태로 돌아가는 성질이 있는데 이러한 현상을 역압전효과라고 한다.

물체에 교류전류를 통전시키면 물체에 압축과 비압축을 반복하여 기계적인 진동을 일으켜 초음파를 발생한다. 초음파는 기체, 액체, 고체 등의 매질 속을 진행할 때 분자의 진동을 발생시켜 파동을 일으킨다. 또 초음파의 전파는 압축될 수 있는 매질이 아니면 안 되므로 진공 중에서는 전파되지 않는다.

조직에 초음파를 적용시키면 조직에서 초음파 에너지를 흡수하여 조직의 온도를 선택적으로 상승시켜 준다. 미용기기로 이용되는 초음파의 주파수는 주로 1MHz, 3MHz 이다.

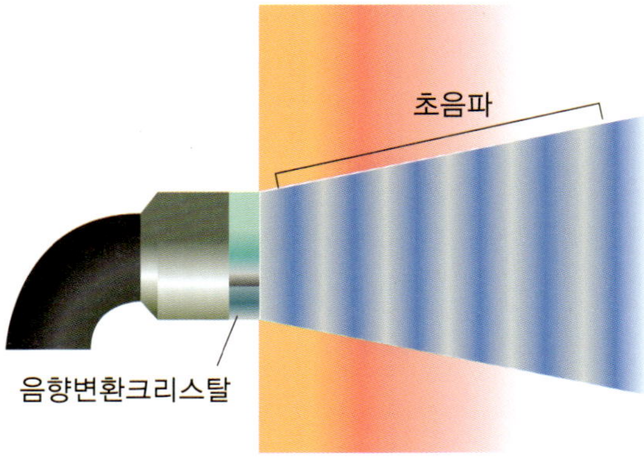

그림 3-7 초음파의 체조직 내 전파상태

(3) 파동의 종류

① 종 파

물체의 파의 진행방향과 평행하게 진동하는 것을 말하며 음파의 종류 중 가장 빠르다. 종파는 기체, 액체, 고체의 모든 물질에서 진행할 수 있다.

② 횡 파

물체의 진동방향이 파의 진행방향과 수직으로 진행하는 것을 말한다. 횡파는 종파와는 달리 고체에서만 진행한다.

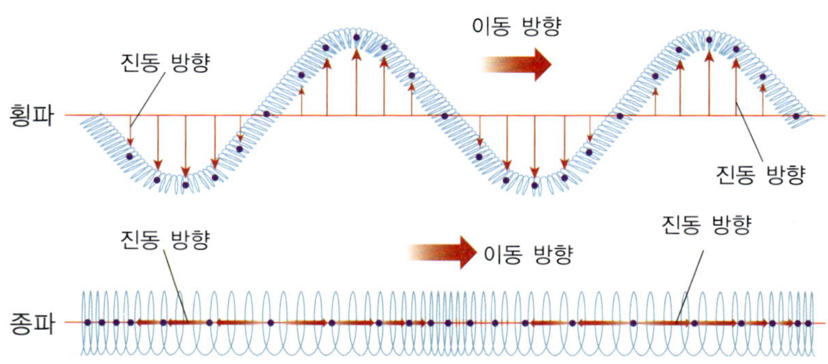

그림 3-8 횡파와 종파

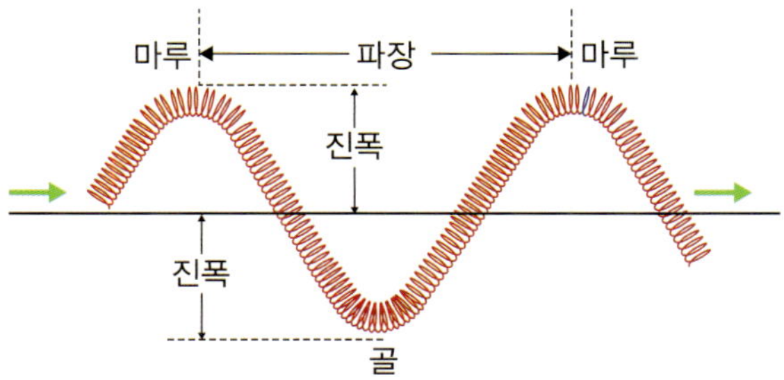

그림 3-9 거리에 따른 파동 모습

톡톡 정보

① **파동** : 물질의 한 부분에서 발생한 진동이 물질을 따라 퍼져나가는 현상.
② **위상** : 어느 순간 어떠한 운동상태에 있는가를 나타내는것.
③ **진폭**이 클수록 전파되는 에너지의 양이 많다.

(4) 소리의 전파

물체를 진동시키면 공기가 압축되었다가 팽창되었다가 하면서 물체의 진동과 동일한 진동으로 소리가 공기 중으로 전파된다.

톡톡 정보

소리의 3요소

- 소리의 높이 : 소리의 높고 낮음은 진동수에 따라 다르며 진동수가 높을수록 고음이다.
- 소리의 세기 : 소리의 세고 여린 것은 진폭에 따라 다르며 진폭이 클수록 센소리이다.
- 소리의 맵시 : 같은 높이, 같은 세기의 소리라도 발음체에 따라 소리의 맵시가 다르다. 이러한 것은 발음체에 따라 파형이 다르기 때문이다.

표 3-3 소리의 속력

매 질	속 력 (m/s)
공기 (0℃)	331
공기 (25℃)	346
물 (25℃)	1498
바닷물 (25℃)	1531
참나무	3850
유리	4540
철	5200
돌	5971

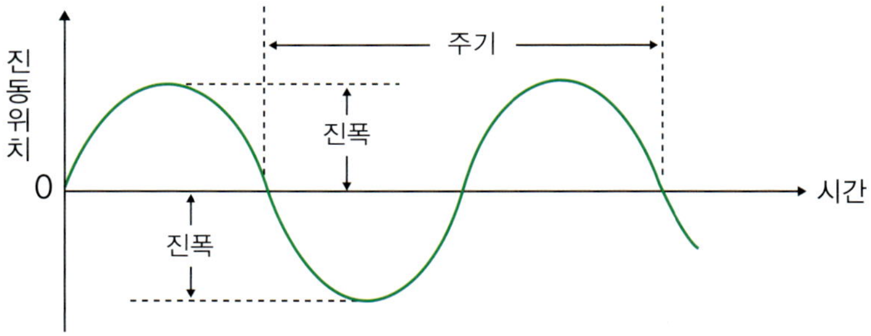

그림 3-10 시간에 따른 매질의 진동모습

(5) 초음파의 흡수 감쇠

초음파의 흡수 감쇠란 음파의 에너지가 액체의 점성 또는 고체의 내부 마찰에 의해 열에너지로 변하면서 감쇠되는 것을 말한다. 흡수감쇠는 조직의 수분함유량에 반비례하고 단백질 함량에 비례한다. 이러한 이유로 혈액에서 흡수가 적게 일어나고 근육에서 다량의 흡수가 일어나 온도상승이 높아진다. 즉, 음파에너지의 감쇠는 혈액에서는 작게 되고 근육에서 많아지게 된다.

초음파에너지는 단백질 함량이 많은 근육조직에서 지방조직보다 2~3배 흡수량이 많다. 열 적용 목적으로 사용하는 초음파의 주파수 범위는 대부분 1~3MHz이며 3MHz 보다 1MHz의 침투 깊이가 깊다.

표 3-4 초음파의 감쇠

조직	감쇠(% / cm)	조직	감쇠(% / cm)
혈액 (blood)	3	피부 (skin)	39
지방 (fat)	13	건 (tendon)	59
근육 (muscle)	24	연골 (cartilage)	68
혈관 (blood vessel)	32	뼈 (bone)	96

(6) 초음파의 반사와 굴절

인체조직에 초음파를 적용하면 반사가 반복적으로 일어난다. 이러한 현상은 초음파가 피부, 혈관, 근육, 지방을 통과하면서 흡수되기 때문이다. 음향학적 성질이 비슷한 피부, 혈관, 근육, 지방은 초음파의 반사량이 관리결과에 큰 의미가 없다. 그러나 조직과 뼈의 경계면에서는 초음파가 반사된다. 뼈에 입사각이 90°일 경우에는 25% 정도 반사가 있지만 34° 정도의 입사각으로 적용했다면 25%의 반사와 75%의 굴절이 일어나게 된다.

근육 내에서의 초음파 감쇠는 초음파 빔(beam)이 근막경계면에 평행하게 조사되었느냐 아니면 각을 형성하고 조사되었느냐에 따라 다르게 일어난다. 골막과 뼈의 경계면에서는 초음파에너지의 약 70%는 반사되고 30%는 뼈에 급속하게 흡수되어 열로 전환되어 골막통이 발생하기도 한다.

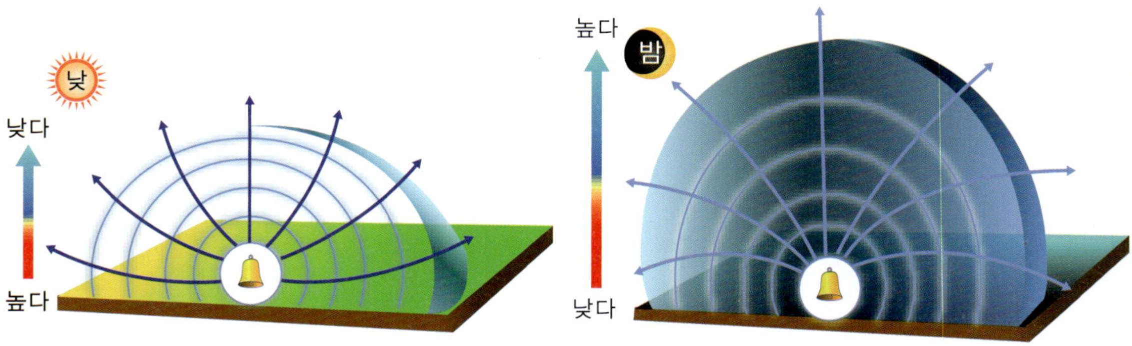

(가) 더운 낮에는 지면과 가까운 공기층의 온도가 지면과 먼 곳보다 높아서 소리는 지면 근처에서 더 빠르고 음파는 위쪽으로 굴절한다.
(나) 밤에는 반대현상이 일어난다.

그림 3-11 낮과 밤의 음파 굴절비교

(7) 초음파의 효과

① **세정효과** : 초음파에 의해 생성된 많은 기포가 세정작용을 한다.

② **노폐물 제거 효과**가 있다.

③ **온열효과** : 초음파의 고속진동으로 발생하는 마찰열에 의해 온도가 상승한다. 피하지방층보다 근육에서 더 많은 열이 발생하며, 고주파 전류에 의해 발생된 열보다 더 깊게 침투하나 표면조직의 온도상승은 상대적으로 적다.

④ **지방분해** : 초음파의 진동작용으로 인체조직의 운동이 활발해짐으로써 지방을 분해하는 효과가 있다.

⑤ **혈액 및 림프 순환 촉진** : 조직의 온도상승으로 혈관과 림프관이 확장되어 혈액과 림프의 흐름이 촉진된다.

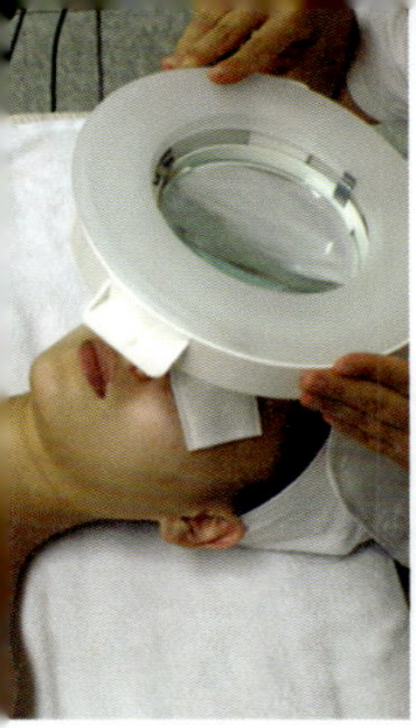

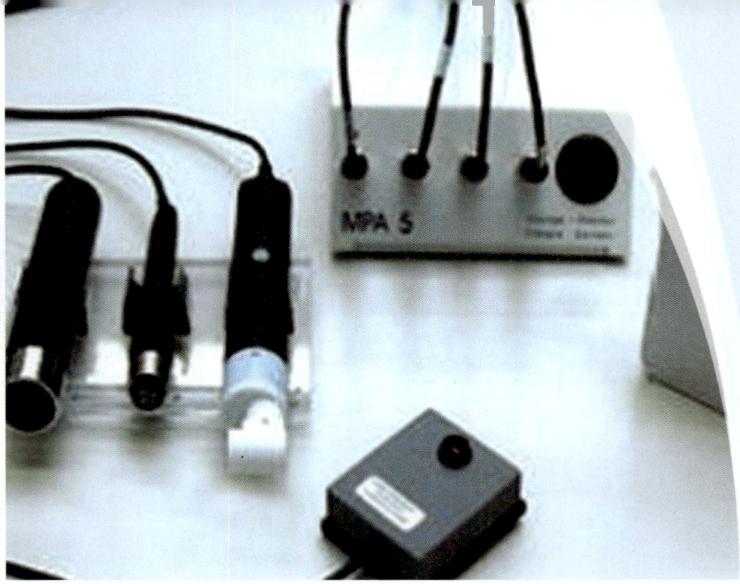

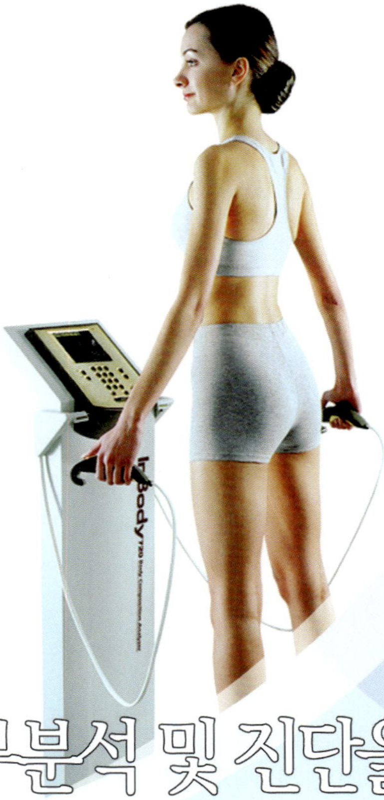

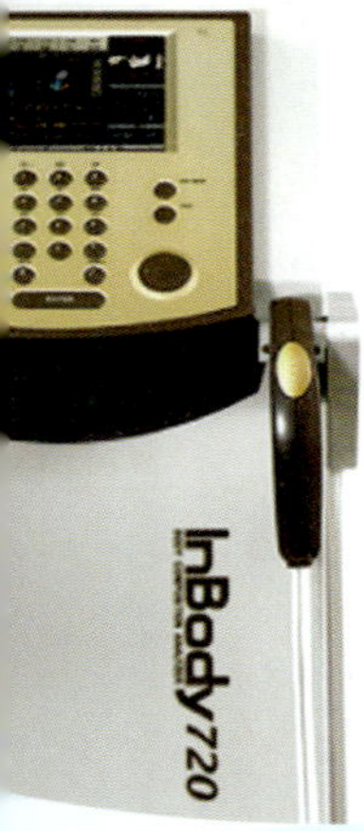

Chapter 4
피부분석 및 진단을 위한 기기

Chapter 4

피부 분석 및 진단을 위한 기기

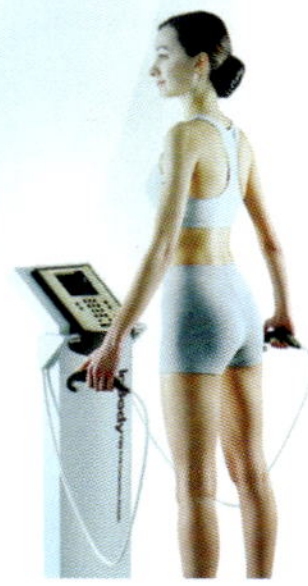

피부 분석은 고객의 피부에 맞는 피부관리 프로그램을 적용하기 위해 피부상태를 관찰하는 과정이다. 피부 분석은 문진, 촉진, 견진, 피부분석기를 이용하여 평가하며, 최근에는 비침습적 방법으로 피부상태를 측정할 수 있는 기기들이 다양하게 개발되어 피부 분석에 대한 객관성을 확보할 수 있게 되었다.

피부 분석의 목적은 올바른 피부상태 평가, 효율적인 피부관리 프로그램 및 홈케어 제품 선정, 피부관리 시 발생될 수 있는 문제에 대처할 수 있는 자료로 활용할 수 있다.

톡톡 정보

피부 분석을 위한 유의점

① 분석기기의 매뉴얼을 충분히 숙지하고, 클렌징 후의 측정시간 및 측정방법을 준수한다.
② 측정장소에 고객이 충분히 적응할 수 있도록 20~30분이 경과한 이후에 측정한다.
③ 피부측정 시 온도는 20~22℃에 습도는 40~60%를 유지하며, 조명은 형광등을 사용한다.
④ 고객에게 측정과정 및 분석된 결과를 정확하게 설명한다.
⑤ 측정한 데이터는 고객 카드에 기록한다.
⑥ 개인에 따라 건강과 여성의 경우에는 생리 등을 고려해야 한다.
⑦ 계절에 따른 온도와 습도는 피부상태에 밀접한 영향을 미치기 때문에 계절적 요소를 고려해야 한다.

1. 확대경(Magnifying glass)

(1) 특 징

확대경은 육안으로 판독하기 어려운 피부 문제와 피부 표면 상태를 자세히 관찰할 수 있는 분석 기기이다. 특히 피부 표면의 주름, 색소침착, 뾰루지, 면포, 여드름 등의 상태를 자세히 관찰하거나 여드름과 면포를 추출할 때 사용한다. 확대경은 일반적으로 3.5~5배율을 사용하며, 피부 표면을 확대하여 피부결을 관찰하게 된다.

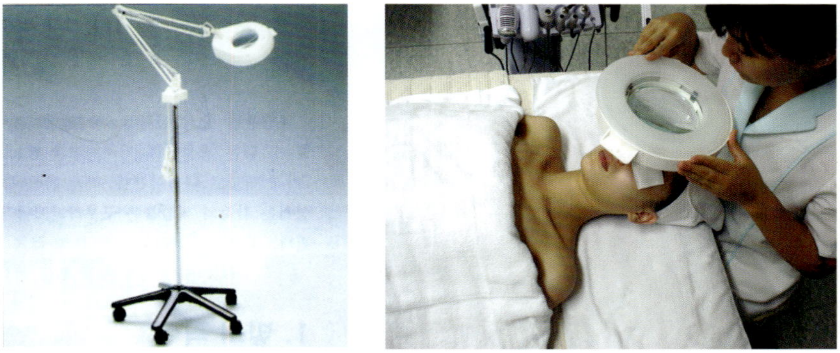

그림 4-1 확대경(좌)과 사용 모습(우)

(2) 사용 절차

① 측정할 부위를 깨끗하게 클렌징한다.
② 고객의 눈을 보호하기 위해 아이패드를 덮는다.
③ 확대경의 사용을 위해 거리 조정을 한다.
④ 확대경의 전원을 켠다.
⑤ 관찰을 시작한다.

그림 4-2 확대경 사용 절차

(3) 유의사항

① 피부에 자극을 주지 않도록 형광 램프는 열이 발생하지 않는 것을 사용한다.
② 아이패드는 고객의 눈을 보호하기 위해 반드시 사용하도록 한다.
③ 확대경으로 피부상태를 관찰하기 전에는 반드시 클렌징을 깨끗하게 실시한다.
④ 고객의 얼굴 위에서 바로 스위치를 켜지 않고 불을 켠 다음에 관찰할 부위로 이동한다.

2. 우드 램프(wood lamp)

(1) 특 징

우드램프는 자외선의 램프가 피부를 비추었을 때 색소침착, 여드름, 염증, 피지, 각질, 피부의 건조 상태에 따라 각각 다른 색상으로 나타나는 광학 피부분석기이다. 이러한 원리를 이용하여 피부표면 및 심층을 분석할 수 있으며 육안으로 보이지 않는 피부의 문제점을 확인할 수 있다.

우드램프는 백선 등의 피부질환을 판독하기 위해 개발된 것으로 미국의 물리학자인 우드(Robert William Wood)에 의해 개발되어 우드램프라고 명명되었다.

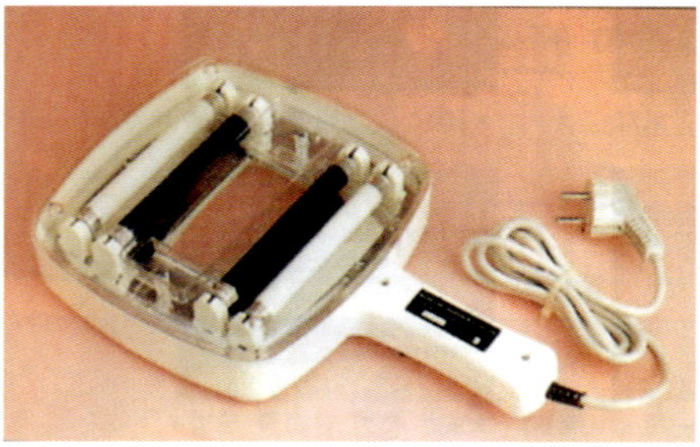
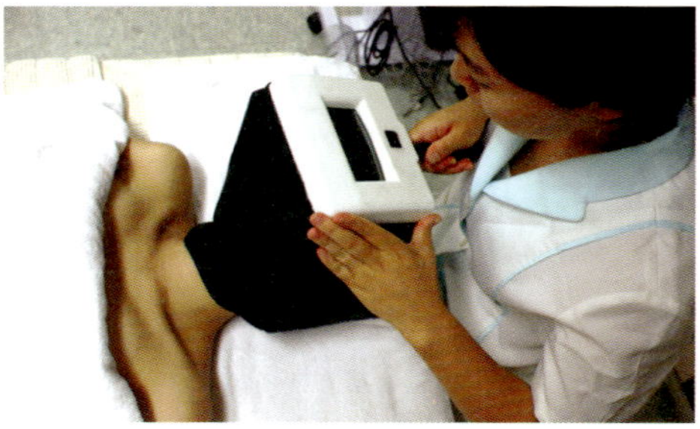

그림 4-3 우드 램프(좌)와 사용 모습

(2) 사용절차

① 측정할 부위를 깨끗하게 클렌징한다.

② 고객의 눈을 보호하기 위해 아이패드를 덮는다.

③ 정확한 측정을 위해 외부 빛을 차단한다.

④ 우드램프의 전원을 켠다.

⑤ 관찰을 시작한다.

(3) 유의사항

① 우드램프를 관찰할 때는 피부 표면을 깨끗이 클렌징하고, 티슈 또는 화장솜 등의 먼지가 남아있지 않도록 주의한다.

② 우드램프는 자외선 파장을 이용한 광학 분석기이므로 빛을 차단한 상태에서 관찰하여야 한다. 따라서 실내의 조명을 어둡게 하면, 피부분석을 더 정확하게 할 수 있다.

③ 고객의 피부로부터 약 6cm 정도의 거리를 두고 측정한다.

④ 우드램프를 사용하는 동안에는 고객이나 관리사 모두 빛이 비치는 부위를 보지 않도록 한다.

⑤ 램프등이 피부에 닿지 않도록 주의한다.

⑥ 사용 후에는 바로 램프를 끄고, 고객 카드에 분석 내용을 기록한다.

⑦ 우드램프가 과열되지 않도록 off 상태를 반드시 확인한다.

표 4-1 피부상태에 따른 우드램프 색상

피부상태	우드램프 색상
정상피부	푸른빛을 띠는 흰색 형광
건성피부	밝은 보라색
민감성 피부, 건조하고 얇은 피부	자주색 형광
면포가 있는 지성 피부	오렌지 또는 분홍색
노화피부	암적색
색소침착피부	암갈색
각질	흰색

3. 수분측정기

(1) 특 징

정상적인 각질층에는 10~20%의 수분이 유지되고 있으며, 각질세포 간의 천연보습인자 · 세포간지질 · 피부 표면막의 3가지 요인에 의해 수분보유능력을 유지하게 된다. 화장품을 사용하는 중요한 목적 중의 하나는 피부 표면의 보습이며, 수분보충 및 수분증발을 방지하여 수분 보유력을 높이는 것은 건강한 피부를 유지하는데 매우 중요하다.

피부 표면의 수분 측정은 정전용량(capacitance)·전기전도도(conductance)·임피던스(impedence, 교류에서 전압의 전류에 대한 비율)의 원리를 이용한 전기적 방법이 있으며, 피부 표면으로부터 증발하는 수분량을 계산하여 수분 손실량값을 평가하는 방법으로 경피수분 손실량(TEWL : Transepidermal Water Loss)을 측정할 수 있다. 그 외에 피부표면을 확대촬영하여 인설 등을 평가함으로써 보습력을 분석하기도 한다.

그 중, 정전용량의 원리를 이용한 수분 측정기는 피부에서 가장 높은 절연계수를 가지고 있는 수분 함량에 따른 정전용량을 측정함으로써 수분량의 상대적 크기를 수치로 나타낸다. 단위는 임의의 단위로 지정한 Arbitrary Unit(AU)로 표시하며, AU값이 높을수록 수분함량이 좋은 것을 의미한다.

"Corneometer(수분측정기)" 는 정전용량의 원리를 이용한 수분 측정기의 한 종류로 측정이 용이하며, 신체 여러 부위를 측정하였을 때 비교적 안정된 값을 나타내기 때문에 임상 및 연구에 다양하게 사용되고 있다.

(2) 사용절차

① 측정할 부위를 깨끗하게 클렌징한다.
② 수분 탐침을 피부 표면 위에 직각으로 세워 가볍게 누른다.
③ 3회를 같은 조건에서 반복 측정한다.
④ LCD 화면에 나타난 수치를 확인한다.
⑤ 기기 회사에서 제공한 매개변수(Parameter)를 기준으로 수분 상태를 판독한다.

그림 4-4 수분측정기의 사용 절차

(3) 유의사항

① 피부 표면의 수분상태는 상대습도, 온도에 영향을 받기 때문에 측정 장소의 온도는 20~22℃에 습도는 40~60%를 유지한다.
② 측정은 클렌징을 하고 30분 정도 경과한 후에 하는 것이 바람직하며, 화장수 및 크림 등을 사용하게 되면 일시적으로 수분 측정값이 높게 나오기 때문에 주의해야 한다.
③ 수분값은 측정 탐침을 누르는 압력에 의해 영향을 받을 수 있기 때문에 탐침을 피부 표면 위에 직각으로 세워 가볍게 눌러야 한다.
④ 측정값은 3회 이상 반복 측정하여 평균값을 사용하는 것이 바람직하다.

Corneometer CM825
피부표면수분측정기

Sebumeter SM815
유분 측정기

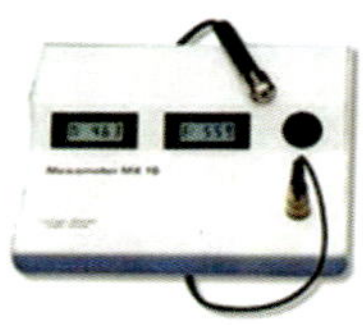

Mexameter MX18
멜라닌, 홍반 측정기

Skin-pH-meter PH905
피부 pH 측정기

Reviscometer RVM600
점성탄력 측정기

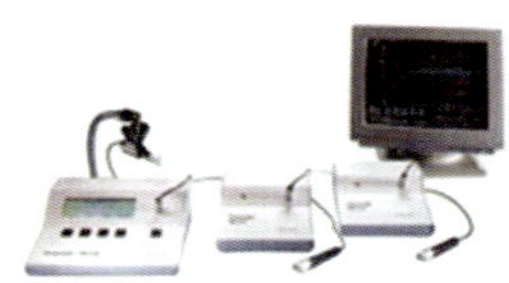

Tewameter TM300
경표피 수분 증발량 측정기

그림 4-5 수분측정기 및 피부측정기의 종류

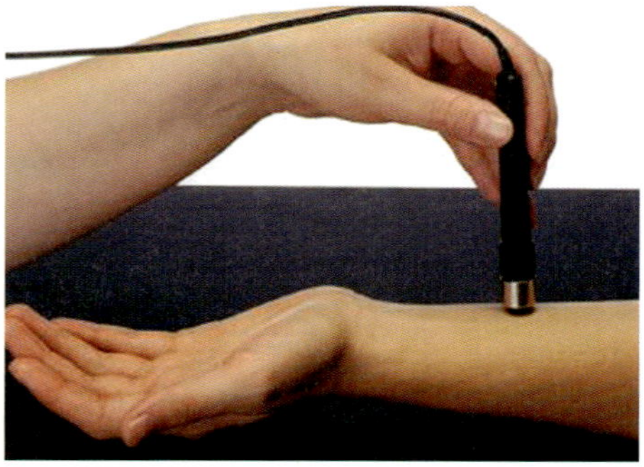

그림 4-6 수분측정기

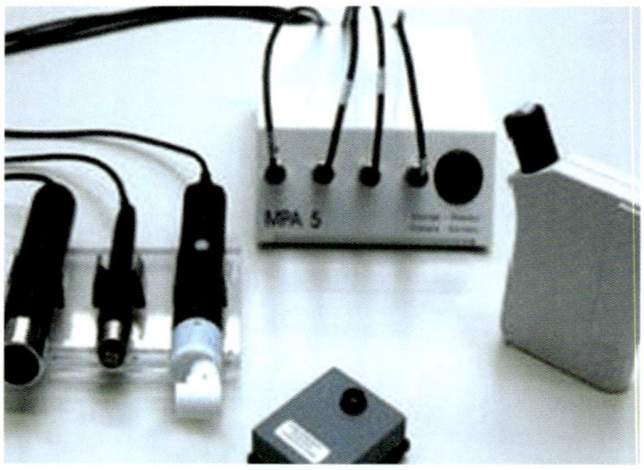

그림 4-7 피부측정기

표 4-2 수분측정값에 따른 피부유형 분류

피부유형	이마, T-zone, 두피, 뺨, 눈꺼풀 관자놀이, 입주위, 신체의 상부, 등, 목	팔, 손, 다리, 팔꿈치
매우 건성	<30	<15
건성	30~49	15~29
수분 정상	50~59	30~39
수분 충분	>60	>40

* 평가 parameter는 측정 기기 회사에서 제시한 기준에 따라야 함

4. 유분측정기

(1) 특 징

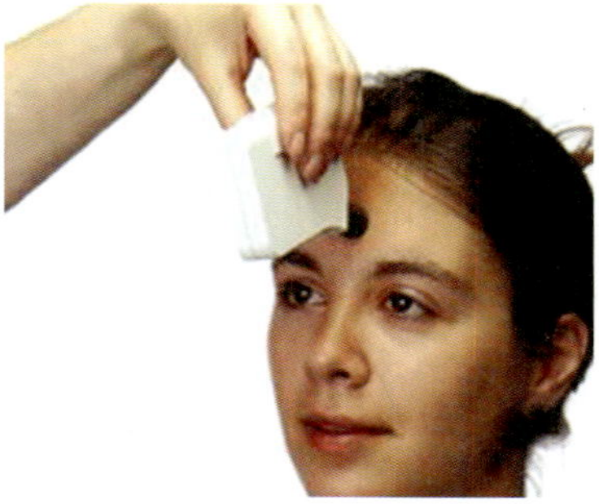

그림 4-8 유분측정 probe

피부 표면의 지질은 표피의 세포간지질과 피지선에서 생산되는 피지가 혼합된 것이다. 피부 유형을 결정하는 데 있어 피부 표면의 지질은 중요한 요소가 되기 때문에 피부 유형을 분석할 때에 필수적으로 측정하는 항목이다.

피부표면의 지질은 피부를 보호, 유화, 완충, 살균, 보윤 등의 작용을 가지고 있기 때문에 피부의 건강 상태를 평가하는 지표이기도 하다.

유분 측정은 피부 표면의 지질을 채취하여 유기용매로 추출하는 방법이 있으며, 이를 통해 분석된 지질 성분비에 따라 피지선 활동도를 구하기도 한다. 가장 일반적이고 쉬운 측정 방법으로는 흡착지(Absorbent paper)를 이용하는 것이다. 그 원리는 피부 표면에 배출된 피지를 유분 측정용 플라스틱 테이프(흡착지)에 흡착되도록 하는 것이며, 약 30초 동안 테이프를 눌러서 흡착된 피지의 양을 측정한다.

(2) 사용절차

① 측정할 부위를 깨끗하게 클렌징한다.
② 클렌징 부위에 화장품을 도포하지 않고 2시간을 경과한다.
③ 유분 측정용 tape를 깨끗한 면이 나오도록 손잡이를 이용해 넘긴다.
④ 측정부위에 유분 tape를 부착하고, 적당한 힘을 주어 누른다.
⑤ 유분 tape를 부착한 상태로 30초 동안 누른다.
⑥ 측정기의 Beep 음과 함께 유분 tape를 다시 측정구에 눌러 준다.
⑦ LCD화면에 나타난 유분 수치를 확인한다.
⑧ 기기 회사에서 제공한 파라미터를 기준으로 유분 상태를 판독한다.

그림 4-9 유분측정기의 사용 절차

(3) 유의사항

① 피부 표면의 유분 상태는 상대습도, 온도에 영향을 받기 때문에 측정 장소의 온도는 20 ~ 22℃, 습도는 40 ~ 60%를 유지한다.

② 측정은 클렌징을 하고 2시간이 경과한 후에 측정하는 것이 바람직하며, 화장수 및 크림 등을 사용하게 되면 일시적으로 유분 측정값이 높게 나오기 때문에 주의해야 한다.

③ 측정부위에 흡착지를 30초 이상 부착하여야 한다.

④ 유분 측정은 흡착지를 이용하여 피부 표면의 지질을 흡착하는 원리에 의해 측정되기 때문에 한 부위를 여러 번 측정할 경우 측정값에 오류가 발생된다.

(mg / cm²)

표 4-3 유분 측정값에 따른 피부 유형 분류

피부 두발유형	이마,두피, T-zone	두발	뺨,눈꺼풀, 관자놀이	입주위,목,등 신체의 상부	팔,손,다리, 팔꿈치
건성	< 70	< 30	< 50	< 40	< 0~6
정상	70~150	30~70	50~125	40~90	6
지성	> 150	> 70	> 125	> 90	–

* 평가 parameter는 측정 기기 회사에서 제시한 기준에 따라야 함

5. pH 측정기

(1) 특 징

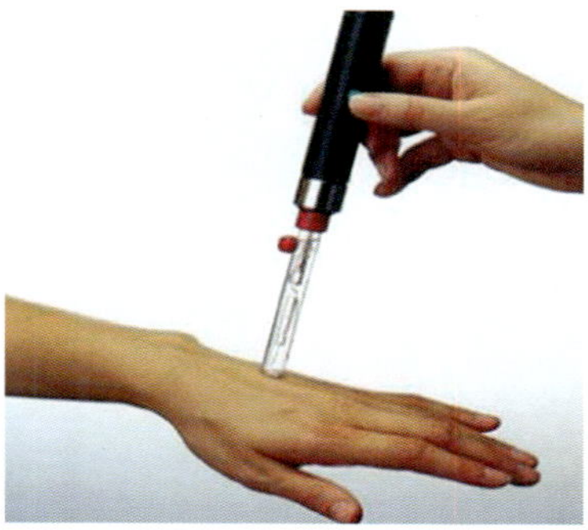

그림 4-10 pH 측정 probe

피부의 pH는 보통 피부 표면의 pH를 의미한다. pH는 용액 중의 수소이온의 농도로 건조상태의 피부 표면에는 pH치가 존재하지 않는다. 그러나 적당한 용액(contact solution)을 피부 표면에 떨어트리면 그 용액 중에 용해된 물질의 수소이온 농도를 측정하여 피부표면의 pH, 즉 피부pH 수치를 얻을 수 있다. 건강한 피부의 pH는 약산성이며, 피부표면의 세균 및 진균의 발육을 억제하는 작용을 한다.

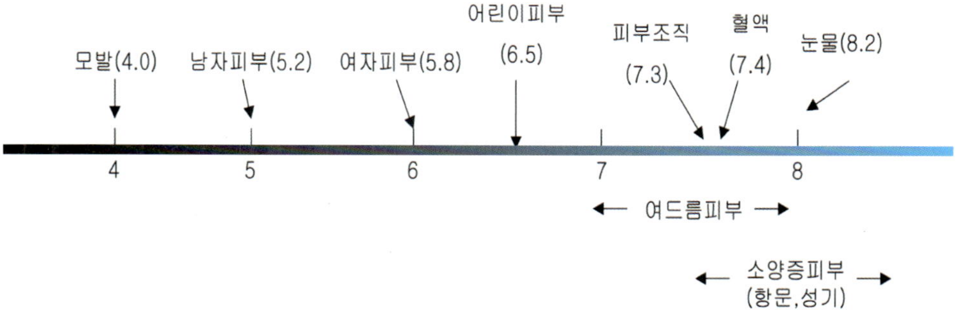

그림 4-11 모발 및 피부의 pH 수치

피부 표면의 pH 측정은 지시약을 이용한 비색법과 수소전극, 산화금속전극, 유리전극 전극을 사용하여 전위차를 측정함으로써 pH를 구하는 방법이 있다. 이 중, 유리전극을 사용한 pH메타는 조작이 간단하고 오차가 적으며 신속하게 측정할 수 있는 장점을 가지고 있다. 측정은 탐침을 증류수에 담가 씻은 후 적당히 물기를 제거하여 측정 부위에 가볍게 눌러 접촉시켜 측정한다.

(2) 사용절차

① 측정할 부위를 깨끗하게 클렌징한다.

② 정확한 측정을 위해 pH탐침을 증류수로 세척한다.

③ 측정 부위에 탐침을 부착한다.

④ 수치를 확인한다.

⑤ 기기 회사에서 제공한 Parameter를 기준으로 pH를 판독한다.

그림 4-12 피부 표면의 pH 측정기의 사용절차

(3) 유의사항

① 피부 표면이 건조한 상태에서는 pH 수치를 구하기 어렵다.

② pH 7.0과 pH 4.0 완충 용액(Buffer solution)을 준비한다.

③ pH Meter Probe를 연결한 후 증류수에 잘 흔들어 세척해야 한다.

④ pH Probe 표면을 문질러 닦지 않도록 하며, 세척 후 표면의 물을 흩뿌리듯이 가볍게 털어낸다.

⑤ 프로브(Probe)를 잘 세척하여 정상측정모드에서 pH 7.0과 pH 4.0 완충 용액을 이용하여 다시 테스트(test)하고, 정상적으로 측정이 되면 이전과 같이 사용한다.

표 4-4 피부의 pH 지수

pH 지수	3.5 3.8 4.0 4.3 4.5	5.0 5.3 5.5 5.7	5.9 6.0 6.5 6.5
여성	산 성	정 상	알칼리성
남성	산 성	정 상	알칼리성

6. 체지방측정기

(1) 특 징

체지방을 이용한 비만도 측정 방법에는 수중 체중법, 피하지방 두께, 전기전도, 임피던스법 등이 있다. 그 중, 생체 전기저항법(임피던스법 : Bio-electrical impedance analysis)은 인체에 미세한 교류 전류를 보내게 되면, 전기는 전도성이 높은 수분을 따라 흐르고, 체수분 · 지방 · 근육 등에서의 임피던스가 서로 다르게 발생된다. 이러한 전기저항의 원리를 이용하여 체지방 질량, 제지방 질량과 체수분량을 측정하게 된다. 이는 조직의 생물학적 특성에 따른 전기 전도성의 차이를 이용하여 신체 구성을 예측하는 방법이다.

체지방측정기기는 임피던스(impedance : 전기저항)의 원리를 이용하여 체지방률을 구하는 방법이다. 측정부위는 전신 부위별 오른팔, 오른다리, 왼팔, 왼다리, 몸통을 측정한다.

측정 항목은 1차로 단백질, 무기질, 체지방량, 체수분량, 세포 내/외 수분량, 근육량, 골격근, 제지방량, 체중, BMI, 신체연령, 기초대사량, 1일 필요열량, 복부 비만율, 세포량, 체형평가(소아성장곡선), 내장지방 레벨, 피하/내장지방량, 내장지방면적, 복부비만예측도, 부종평가, 신체 5부위의 근육량/부종, 혈압, 2차로 부위별 비만, 복부비만, 체형별 맞춤설명, 신체 상하, 좌우 발달 및 균형 평가, 3차로 체성분 분석을 기본으로 한 식단 및 운동처방까지도 이루어진다.

(2) 사용절차

① 체지방 측정을 위해 기기를 세팅한다.

② 측정할 대상자에게 측정에 대해 설명하고, 사전 준비하도록 한다(금속 및 양말 등 제거, 측정 자세 설명).

③ 측정을 시작한다.

④ 측정 데이터를 확인한다.

⑤ 측정 데이터를 판독한다.

그림 4-13 체지방측정기의 사용절차

(3) 유의사항

① 피검자의 신체에 부착된 목걸이, 반지 등의 금속성 물질을 제거 후 측정한다.

② 식후 2시간 이후에 측정한다.

③ 운동이나 입욕 직후에는 측정을 피한다. 검사하기 전 12시간 동안에는 운동을 금하는 것이 바람직하다.

④ 측정 30분 전에 배뇨, 배변을 하는 것이 바람직하다.

⑤ 측정하기 전 48시간 동안에는 알코올 섭취를 금한다.

⑥ 오른쪽이나 왼쪽을 정해 항상 측정하던 부위를 측정한다.

⑦ 발열 시 측정을 피한다.

⑧ 측정실의 온도는 25℃를 유지한다.

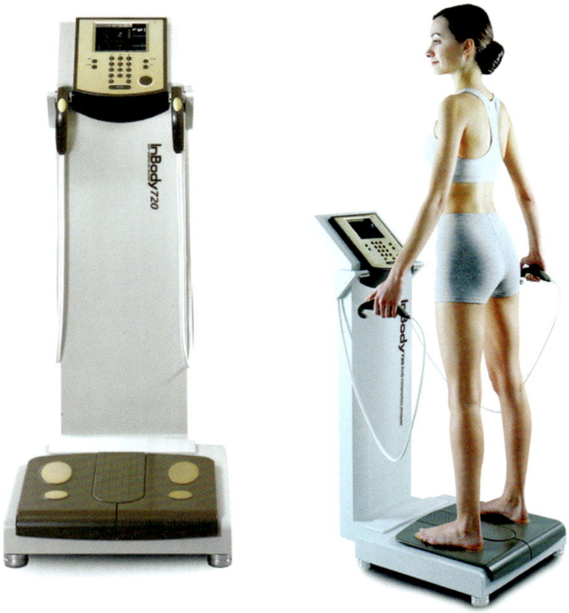

그림 4-14 체지방측정기

7. 피부, 모발 분석기

(1) 특 징

피부 표면을 20배에서 800배 정도 확대하여 피부의 결, 모공의 크기, 각질 유무, 두피와 모발의 상태를 관찰할 수 있는 기기이다. 피부와 두피 상태를 관찰할 경우에는 80배 정도의 배율을 사용하지만, 모발의 큐티클(cuticle) 상태는 200~300배율의 렌즈를 이용하여 관찰한다.

피부 및 두피 상태를 스코프(scope)로 촬영하여 고객이 직접 모니터를 통해 자신의 피부상태를 확인할 수 있어 신뢰감을 준다.

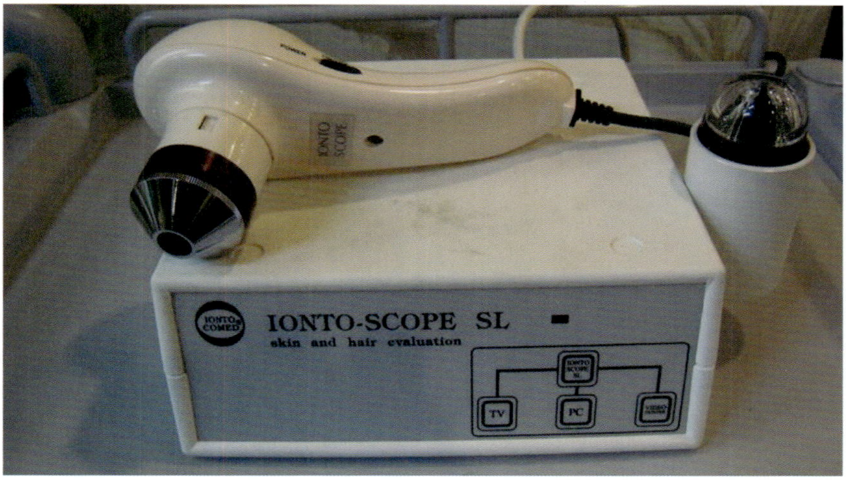

그림 4-15 피부, 두피 진단기

(2) 사용절차

① 기기와 모니터를 연결한다.

② 기기와 모니터의 전원을 켠다.

③ 얼굴 피부 및 두피 등의 관찰 부위에 스코프를 90° 각도로 가볍게 밀착하여 관찰하고 다른 부위로 이동한다.

④ 두피측정 시 고배율 렌즈를 사용한다.

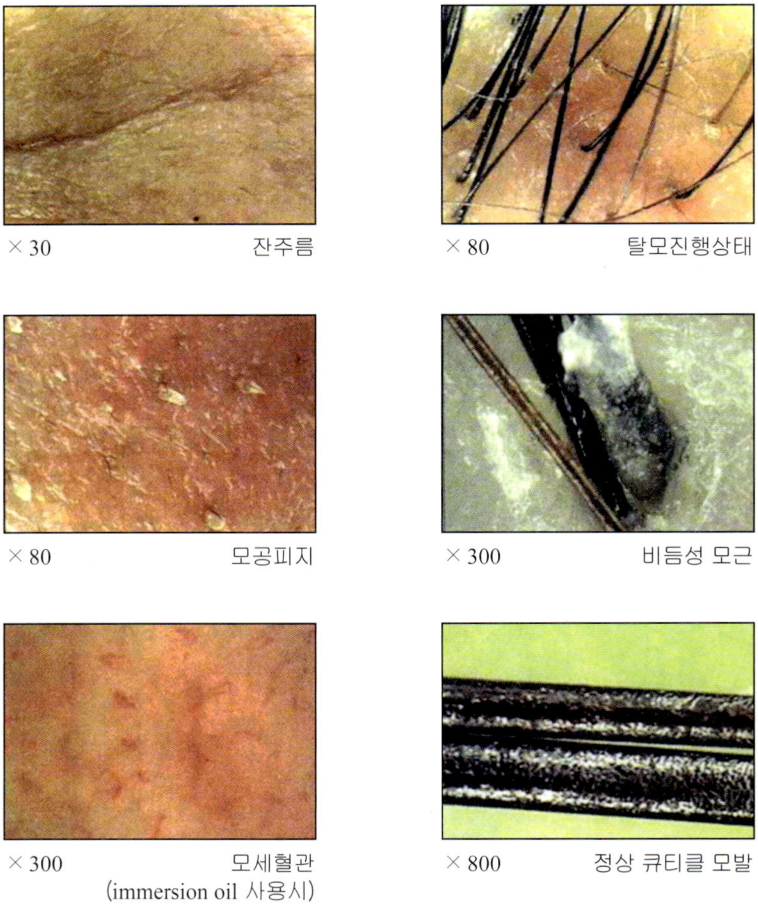

그림 4-16 모발 및 피부측정기를 이용해서 촬영한 모발 및 피부상태

Chapter 5

안면관리에 사용되는 미용기기

Chapter 5
안면관리에 사용되는 미용기기

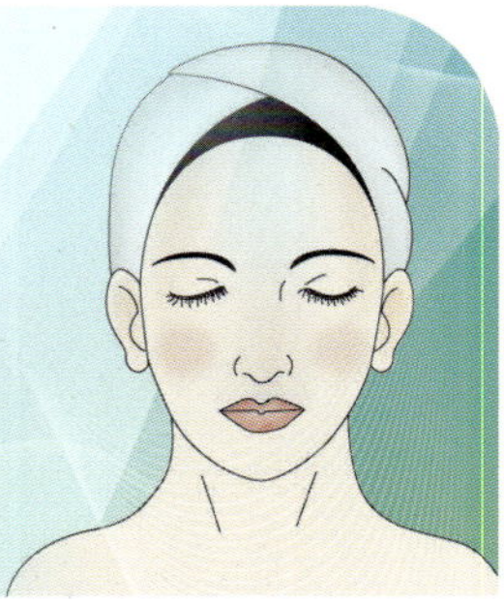

1. 증기 연무기(Vapozone, Vaporizer, Steamer)

스티머(steamer)는 피부미용관리 중에 사용되는 기기 중에서 안면관리 시 가장 많이 사용되는 기기이다.

스티머는 메이크업을 깨끗이 클렌징한 후 딥클렌징 과정에서 사용하면 매우 효과적이다. 효소를 이용한 딥클렌징 시에는 반드시 스팀을 분사해 주어야 적정한 온도가 유지되어 효소를 활발하게 활성화하여 딥클렌징의 효과를 볼 수 있다.

스티머의 종류로는 증기만을 쏘이는 경우와 증기와 오존을 병행하여 사용할 수 있는 두 가지의 유형이 있다.

그림 5-1 스티머

(1) 효 과

① 죽은 표피의 각질층에 수분공급을 하여 각질층을 부드럽게 연화시켜 각질제거를 용이하게 한다.

② 모공을 열어 주어 모공을 막고 있는 피지, 블랙헤드, 메이크업 잔여물, 그 밖의 노폐물을 제거하기 쉽게 한다.

③ 혈관을 확장시켜 혈액순환을 활발하게 하여 마사지의 효과를 증가시킨다.

④ 연화된 과각질은 딥클렌징 시 자연스럽게 탈락되므로 다음 관리 단계에 사용되는 화장품의 활성성분의 흡수효과를 높인다.

⑤ 오존기가 부착된 경우에는 발생기산소의 작용으로 살균효과가 있다.

톡톡 정보

Ozone (O_3) → Oxygen (O_2) + Oxygen atoms (O)

↓

[nascent oxygen (발생기 산소)]

(2) 사용방법

① 물탱크에 적정량의 정제수를 공급한다. 단, 정지선은 넘지 않는다.

② 사용하기 10분 전에 스위치를 켜서 예열한다.

③ 스팀이 나오기 시작하면 오존기를 켜고 약 2~3분 경과한 후 거리는 30~40cm 간격으로 고객의 턱 쪽으로 스팀의 방향을 고정시킨다.

표 5-1 피부 상태에 따른 시술시간

피부상태	사용시간
건성, 노화피부	5분
지성 피부	약 10 ~ 15분
정상피부	6~8분
여드름피부	약 10분
복합성 피부	약 8 ~ 10분

(3) 주의사항

① 증류수 혹은 여과된 정제수를 사용하여야 한다.(water level 점검)

② 물 이외의 이물질(에센셜오일 등)을 첨가하지 않는다.

③ 스팀이 나오는 도중에 차가운 물을 위로부터 공급하지 않는다.

④ 민감한 피부는 스티머를 사용하지 않는다.

⑤ 오존기를 켰을 때는 반드시 젖은 화장솜의 아이패드를 하여 눈을 보호한다.

⑥ 오존기를 켜지 않고 스팀을 할 때도 젖은 아이패드를 하여 눈 주위에 보습 효과를 주도록 한다.

⑦ 스팀이 나온 후 고객의 얼굴에서 약 30~40cm 떨어진 거리에서 고객의 턱 방향으로 스팀의 분사 방향을 고정시키며 오존기를 끈 후에 스티머를 끈다.

(4) 비 적응증

피부감염 시, 모세혈관확장피부, 일광에 손상된 피부, 심한 화농성 피부, 알레르기피부, 상처부위, 민감피부의 경우 무리하게 시행하지 않는다.

2. 진동브러시(Brushing machine, Frimator)

피부의 자극이 적은 천연모인 염소 또는 산양의 털을 사용하여 만든 여러 가지 크기의 브러시를 기기에 연결시켜 회전하는 속도를 조절하여 피부미용관리시 적용하는 기기이다.

진동브러시는 피부 표면의 죽은 각질세포와 노폐물제거를 위해 클렌징과 딥클렌징 과정 중에 사용한다. 또한 진동브러시를 사용하므로 혈액순환을 촉진시켜 영양과 산소를 원활하게 공급하므로 마사지의 효과를 증진시킬 수 있다.

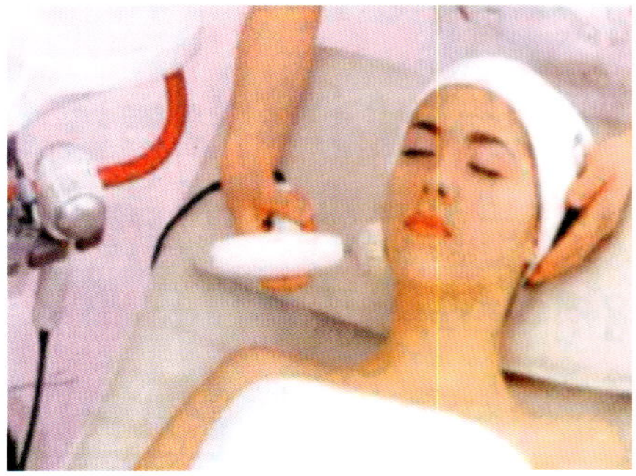

그림 5-2 진동 브러시

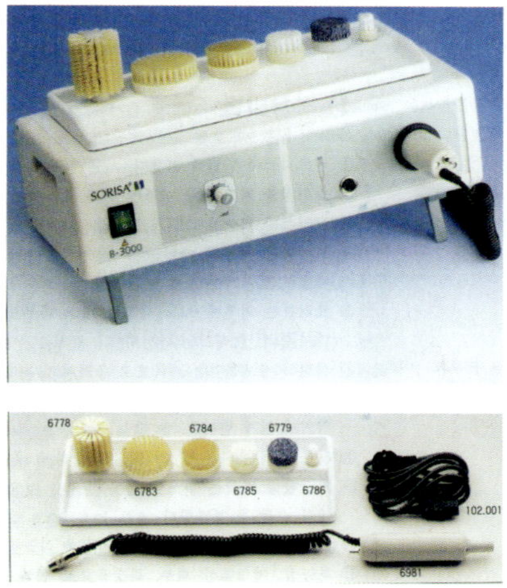

그림 5-3 브러싱 머신

(1) 효 과

① **클렌징효과** : 피부 표면의 모공, 땀구멍, 여드름 상흔 등 피부 깊은 부분까지 섬세하게 클렌징하여 메이크업 잔여물과 먼지 등의 더러움을 없애준다.

② **필링효과** : 묵은 각질을 제거해서 피부색을 맑고 투명하게 해준다.

③ **마사지효과** : 브러시의 회전은 피부에 부드러운 마찰을 주어 혈액순환을 촉진시키고 신진대사를 활성화한다.

(2) 사용방법

〔목 → 턱〕 ⇒ 〔뺨 → 이마〕 ⇒ 〔입술주변 → 코 → 미간 → 눈썹〕 순으로 적용

① 1차 클렌징 후 스티머 혹은 온습포를 이용하여 각질을 연화시킨다.

② 클렌징 로션 또는 엑스폴리에이션 파우더(exfoliation powder)를 따뜻한 물에 잘 개어 팩붓으로 가볍게 펴 바른다.

③ 사용용도에 적합한 브러시를 선택하여 브러시 손잡이에 탁하는 소리가 날 때까지 끼운다.

④ 브러시를 물에 적신 후 여분의 물기를 티슈로 눌러서 제거한다.

⑤ On/Off 스위치를 켠다.

⑥ 브러시의 속도를 조절한 후 관리사 팔목 안쪽에 먼저 적용시켜 본다.

⑦ 브러시는 피부의 자극이 없도록 가볍게 피부 표면에 작용하도록 한다.(약 1~3분 동안 적용)

⑧ 피부 표면의 남은 클렌저와 노폐물을 닦아낸다.

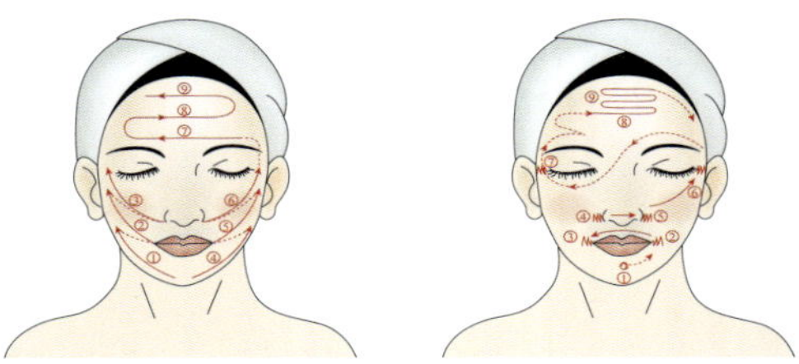

그림 5-4 진동브러시를 이용한 안면관리

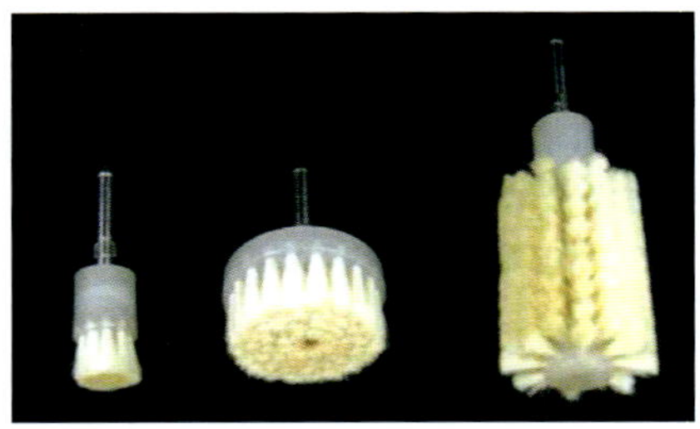

그림 5-5 브러시 종류

(3) 주의사항

① 브러시는 피부에 브러시의 털이 눌리지 않게 힘을 빼고 직각으로 세워 부드럽게 사용한다.

② 목 부분이나 머리카락이 흘러내린 경우 엉키지 않도록 조심한다.

③ 관리 중 사용하고 있는 브러시를 다른 브러시로 교체할 때에는 반드시 스위치를 끄고 난 뒤에 교체 후 다시 스위치를 켜도록 한다.

④ 사용 직후 중성세제 등으로 세척하여 자외선 소독기에서 20분 정도 소독한다.

⑤ 피부유형과 신체부위에 따라 브러시의 강도와 회전속도를 적합하게 조절한다.

표 5-2 브러시 호수에 따른 사용부위

호수	사용부위
1호	눈, 입, 콧망울, 콧망울 라인 등 좁은 부위
2호	이마, 볼, 턱, 목 등 넓고 평평한 부위
3호	목과 팔, 어깨의 굴곡이 있거나 넓은 신체부위

(4) 비 적응증

① 극도로 얇고 예민한 피부, 모세혈관이 확장된 피부
② 심한 여드름피부, 염증 등 피부질환이 있는 경우
③ 일광화상, 알레르기성 피부
④ 면도 직후
⑤ 물리적으로 각질제거를 한 부위

3. 진공흡입기(Vacuum suction and Vacuum patter)

1. 진공흡입기(Vacuum suction)

배큠(Vacuum)은 진공, 석션(Suction)은 '빨아올림', '흡입력' 이라는 뜻으로 진공으로 빨아올리는 공기압이 작용하는 유리컵(ventouse)을 피부에 접촉하여 흡입함으로써 혈관이 확장되어 혈액순환과 림프 순환이 촉진된다.

따라서 림프의 흐름이 빨라지면 더 많은 노폐물이 제거되고 동시에 혈액순환의 촉진으로 인해 신체에 영양과 산소의 공급이 증가되고 노폐물을 신속히 배출하여 기초대사량을 높임과 동시에 피하지방의 분해속도를 증가시키기 때문에 비만은 물론이고 피부관리에도 도움을 준다.

(1) 효 과

① 모공 깊숙이 클렌징한다. 모낭에 쌓여있는 과도한 피지, 노폐물 등을 제거한다.
② 피부의 혈액순환과 림프순환을 촉진시킨다.
③ 체지방 감소와 셀룰라이트 분해를 촉진시킨다.
④ 긴장된 근육의 릴렉싱 마사지 효과를 볼 수 있다.
⑤ 이중턱 관리와 안면주름(wrinkle), 아이백(eye bag), 다크서클(dark circle)의 개선효과를 볼 수 있다.

(2) 사용방법

① 스위치를 켠 후 선택한 벤토즈(ventouse)를 고무 끝에 끼운다.

② 적정 강도를 맞추고 벤토즈의 흡입구멍에 손가락을 댄 후 팔목의 안쪽에 적용해 본다.

③ 벤토즈의 움직임을 원활하게 하기 위해 크림이나 아로마오일을 얇게 펴 바른 후 사용한다. (림프 배농을 위해서는 림프드레니지(Lymph drainage) 제품을, 셀룰라이트 분해를 위해서는 셀룰라이트 제품을 사용하면 관리의 효과를 상승시킬수 있다)

④ 〔(목 → 턱 → 뺨) ⇒ 턱 ⇒ 입 주변 ⇒ 코 ⇒ 눈 주위 ⇒ 이마〕 순으로 적용한다.

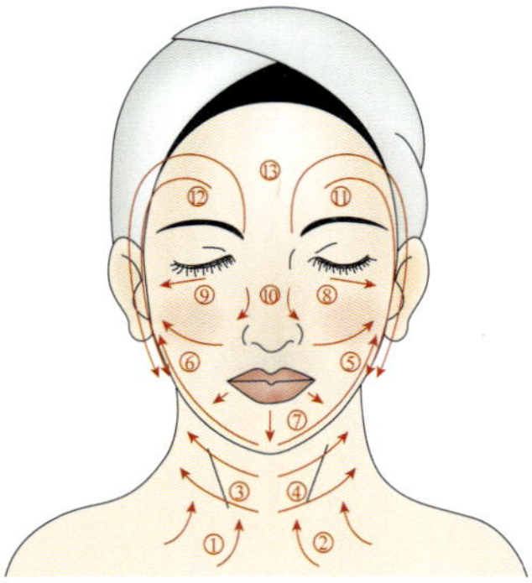

그림 5-6 안면 테크닉

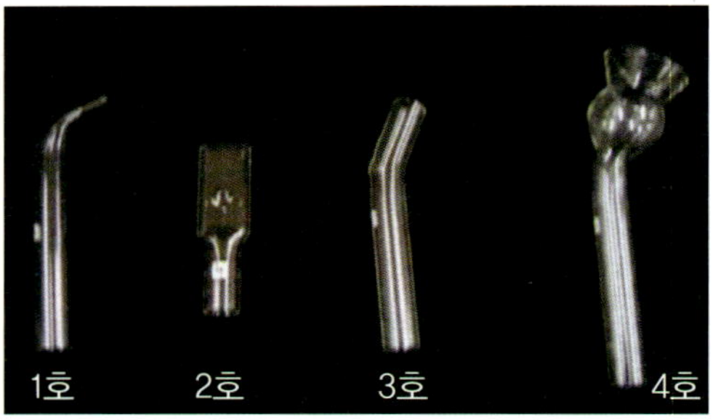

그림 5-7 벤토즈

표 5-3 벤토즈의 종류와 사용부위

벤토즈 종류	사용부위
1호	화농성 여드름의 고름과 피지제거용
2호	잔주름 부위의 마사지와 지성 피부의 피지제거용
3호	눈 주위, 입 주위, 코 부위 등 좁은 부위의 마사지 및 피지제거용
4호	얼굴,가슴,목등의 넓은부위 마사지 또는 림프 마사지용

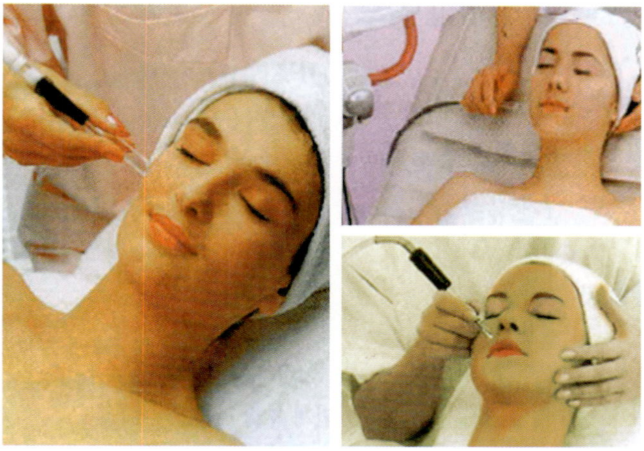

그림 5-8 진공흡입기

(3) 주의사항

① 관리를 시작하기 전에 벤토즈가 깨어지지 않았는지 반드시 확인한다.
② 한 부분을 지나치게 세게 흡입하면 반상출혈의 우려가 있다.
③ 너무 자주 석션할 경우 색소침착이 유발될 수 있다.
④ 벤토즈 안으로 20% 이상 피부를 흡입하지 않도록 한다.
⑤ 농포 관리 시 면포 및 농포 제거 후 반드시 벤토즈를 소독한다.
⑥ 사용 후 미지근한 물에 중성세제를 이용하여 세척한 후 70% 알코올에 20분 정도 담가놓은 뒤 건조시킨 후 자외선 살균기에 보관한다.
⑦ 콜라겐이나 자가지방 이식 후 또는 필러를 실시하였을 때는 관리를 금한다.

(4) 비 적응증

① 모세혈관 확장으로 붉게 자극된 피부
② 농이 보이는 심한 여드름피부
③ 탄력이 심하게 떨어진 피부
④ 멍든 부위
⑤ 베인 상처나 갈라진 부위
⑥ 털이 많은 부위
⑦ 콜라겐 또는 레스틸렌(Restylane) 이식 후, 일광화상 피부

2. 진공 패터기(Vac patter)

일반적으로 진공 패터기(Vac patter)는 석션(suction)기에 부착되어 있는 기기로 패터 스위치를 누르면 기기작동 시 피부흡입방식 및 속도가 석션기와 상이하게 나타난다.

일정한 리듬을 가진 부드러운 흡입방식의 이 기기는 주로 림프마사지 시술을 목적으로 사용한다. 컵 모양의 벤토즈를 이용하여 림프의 흐름을 원활하게 하기 위하여 사용하는 기기로서 피부상태에 따라 흡입력과 속도를 조절하여 사용하며 림프방향에 따라 시술한다. 모든 피부에 효과적이나 특히 노화피부와 여드름피부에 효과가 좋다.

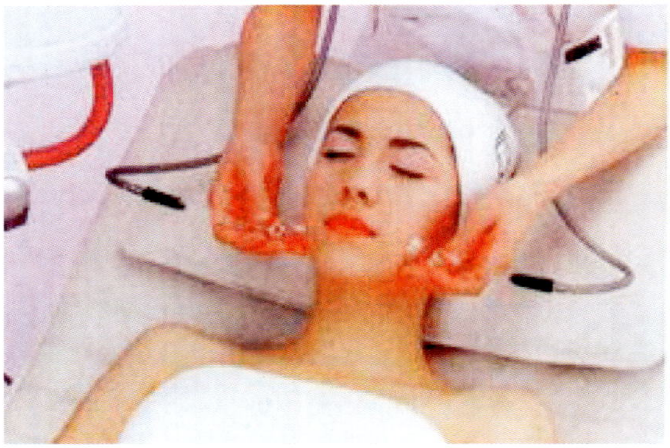

그림 5-9 진공 패터기 (Vac patter)

(1) 효 과

① 컵 모양의 벤토즈를 림프의 흐름에 따라 부드럽게 사용할 경우 림프 순환이 원활하게 이루어져 노폐물 배출을 돕는다.
② 부종현상이 원활하게 제거된다.
③ 셀룰라이트 분해를 용이하게 한다.

(2) 사용방법

① 관리사의 몸에 알맞게 줄을 조절한다.

② 스위치를 켠다.

③ 피부상태에 따른 적당한 강도를 조절하여 피부에 밀착시킨 후 시술한다.

④ 림프절을 따라 5~8분 동안 시술한다.

⑤ 시술 후 벤토즈를 잘 씻은 다음, 70% 알코올에 20분 정도 담근 뒤, 잘 건조하여 자외선 소독기에서 소독한다.

(3) 관리순서

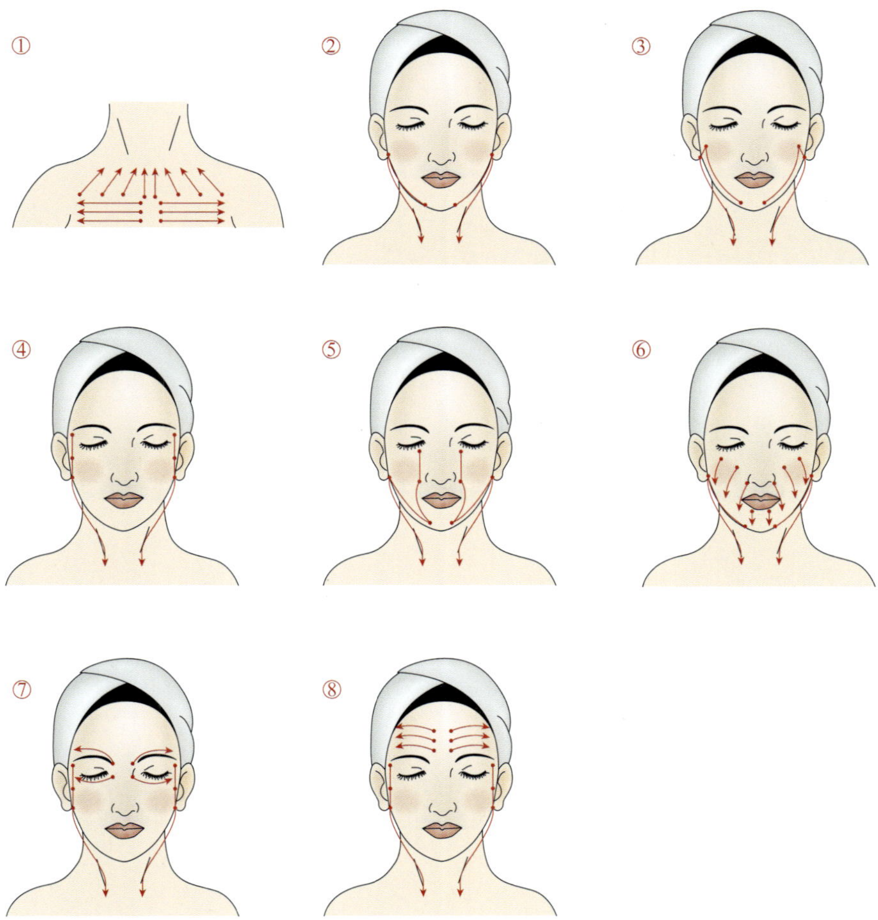

4. 갈바니 기기(Galvanic, Galvanizer, Ionos)

갈바니 관리는 낮은 전압의 직류를 사용하여 모든 피부에 적용할 수 있으며 극성에 따른 효과를 볼 수 있다.

갈바니 전류인 60~80v의 미세한 직류전류(DC)는 60~70% 이상의 수분을 함유하고 있는 피부를 통과할 때 음극과 양극에 의하여 화학적인 작용이 일어난다.

갈바니 기기는 전류가 항상 한 방향으로만 흐르는 직류를 사용하며 한 전극봉은 '–' 극을 가지게 되고 다른 하나는 '+' 극을 띠게 된다.

다른 두 전극이 같은 극은 밀어내고 다른 극을 끌어당기는 특성을 이용하여 피부미용분야에서 이온영동법(iontophoresis)을 실시하여 영양물질의 침투효과를 높여 주며 극성효과로 –극에서 알칼리성 물질이 생성되어 각질제거를 쉽게 해주고 피지를 용해시켜 주는 디스인크러스테이션(desincrustation)을 적용할 수 있는 기계이다.

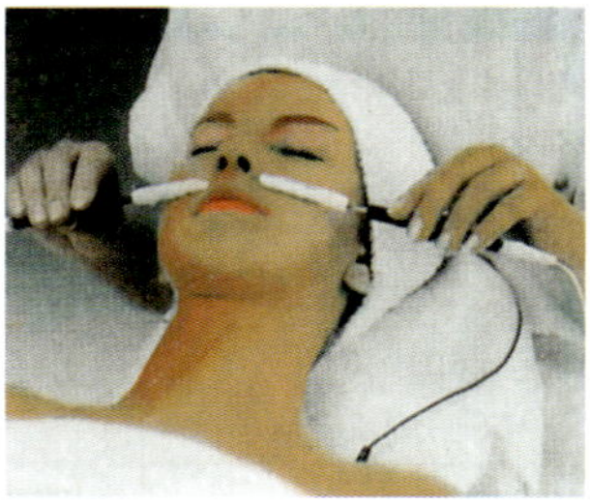
그림 5-10 이온토핀셋

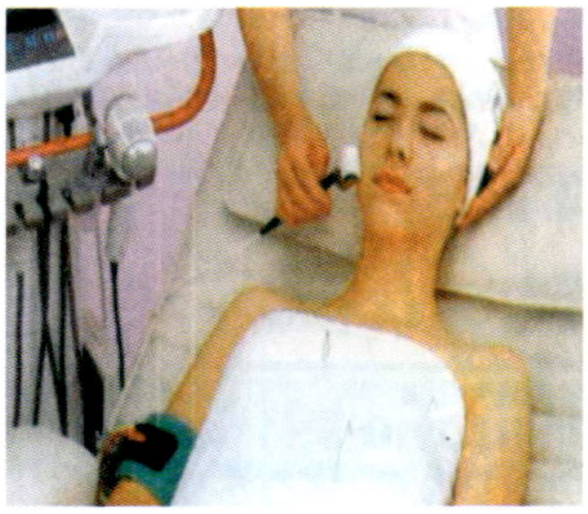
그림 5-11 이온토롤러

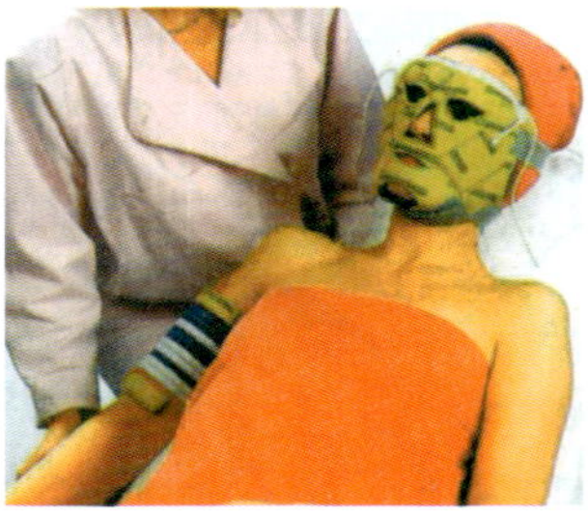
그림 5-12 이온토마스크

1. 극의 효과

(1) 음극봉의 효과

음극은 알칼리성 반응을 하는데 알칼리성 용액을 침투시키고자 할 경우 사용하는 극이다. 신경자극, 혈액공급 증가, 모공의 확장, 피부조직의 연화, 그리고 먼지, 피지, 노폐물 제거를 하기 위해 디스인크러스테이션(desincrustation)을 한다. 피부를 활성화하여 주므로 건성과 노화 및 지친 피부에 사용하면 효과적이다.

(2) 양극봉의 효과

양극은 산성반응을 하는데, 산성 용액을 침투시키고자 할 경우에 사용하는 극으로 주로 진정작용이 있고 신경안정, 혈액공급 저하, 모공 수축, 피부조직의 수축 및 피부 탄력을 부여한다.

지성 및 여드름피부의 염증완화와 수렴작용을 위한 마무리 단계에 사용하면 효과적이다.

2. 적용

(1) 이온토포레시스(이온영동법, 이온도입법)

이온토포레시스(iontophoresis)는 이온영동법 또는 이온도입법이라고도 하며 이온을 이용하여 피부에 침투하기 어려운 수용성 제품의 유효성분을 피부 깊숙이 침투시켜 주는 방법이다. 자극이 적고 일정한 전기적 흐름을 유지하는 직류를 이용하여 분자가 생체막을 통과하도록 약한 전류를 짧은 시간 내에 피부에 흐르게 하여 이온화된 물질을 피부에 침투시키는 방법이다.

1) 효과

① 피부에 유효한 성분을 침투시킨다.

② 피부조직에 보습력을 증가시킨다.

③ 색소침착예방과 미백의 효과를 볼 수 있다.

④ 피부 재생력이 향상된다.

2) 사용방법

① 롤러 부분에 솜(Cotton)을 끼워 정제수를 적신 후 가볍게 짜 놓는다. (금속 핀셋을 사용하는 경우에는 물에 젖은 솜으로 금속부분이 잘 가려지게 싸 놓는다.)

② 물에 적신 패드를 고객의 몸에 부착시킨다. 패드 대신에 막대형 전극봉을 사용할 경우 전극봉을 커버로 싸서 고객이 손에 쥐고 있도록 하고 판형 전극봉을 사용할 경우 상완 부위에 고정시킨다.
③ (+),(−)극을 맞춘다. (+),(−)교환스위치는 기기에 표시되어 있으므로 사용하는 활성용액의 극성에 맞추어 교환한다.
④ 고객의 피부타입에 따른 앰플을 젖은 화장솜에 싸서 딴 후 얼굴에 잘 펴 바른다.
⑤ 스위치를 on으로 하고 전류의 강도를 서서히 조절한다.
⑥ 이온도입법을 실시한다.

3) 사용 시 주의사항

① 침투물질의 제품 특성과 지침서를 반드시 확인하고 지침서에 기록된 내용대로 극과 시간을 따라야 한다.
② 금속부분이 노출되지 않도록 솜(cotton)으로 완전히 감싼다.
③ (+),(−)극성 선택은 스위치를 on으로 하기 전에 해야 한다(관리 중에 극성이나 관리부위를 변경하는 경우 전류의 세기를 0으로 하고 다른 극성 또는 다음 부위로 이동한 다음에 다시 전류를 증가시킨다.
④ 관리 중에는 전극봉을 피부 표면에서 절대로 떨어지지 않도록 주의한다(전극봉이 떨어지는 순간 스파킹 현상으로 화상과 쇼크가 생길 우려가 있다).
⑤ 관리가 끝나면 강도를 천천히 내리고 전극봉이 얼굴에 닿아있는 상태에서 스위치를 끈다.

4) 비 적응증

① 피부염, 찰과상, 일광화상, 화상을 입은 경우
② 전기에 과민반응하는 자
③ 인공심장기, 신장기 착용자
④ 당뇨병, 간질, 고혈압
⑤ 심한 모세혈관 확장피부
⑥ 심한 여드름
⑦ 임산부
⑧ 금속이식 수술자

(2) 디스인크러스테이션

디스인크러스테이션(desincrustation)은, 음극에서 발생하는 알칼리를 이용하여 피지 용해, 과각질 제거와 모공 속의 노폐물을 제거하는 세정관리이다. 디스인크러스테이션 전용제품을 사용하면 효과를 증가시킬 수 있다. 주로 복합성 피부의 T-zone · 지성 · 여드름피부 등 과다한 피지분비로 피부가 불결한 경우 6~8분 동안 사용한다. 앰플이 없을 경우 500mL정도의 증류수에 중탄산나트륨염(가정용 베이킹소다 한 스푼 1TS, 15mL)을 희석하여 사용할 수 있다. 적용 방법은 이온토프레시스와 동일하나 전극봉은 음극으로 7분 정도 실시 후 양극으로 전극을 바꾸어 2~3분 실시하여 모공을 수축시킨다.

3. 색소침착부위 표백(bleaching)

(−)극은 고객이 손에 쥐게 하고 오렌지를 반으로 잘라 (+)극에 끼운다. 기기를 켜고 오렌지로 색소침착이 되어 있는 부위를 가볍게 두드린다.

고객이 따끔거림을 느끼면 전류의 양이 충분히 강하기 때문에 약 5~7분 동안 색소침착부위를 오렌지로 문지른다. 이 시술을 할 때 레몬은 피부에 산성이 너무 강하게 작용하기 때문에 사용하지 않는다.

5. 냉온마사지 기기(Hot and Cool Massager System)

마사지 전에 온열을 사용하여 혈액순환과 신진대사를 촉진하고 피부의 흡수력을 상승시킴에 따라, 제품의 유효성분이 피부 깊이 침투되도록 한다. 저온을 사용하는 경우 모공과 혈관이 수축되어 피부의 탄력이 높아진다.

여드름 압출 후 사용할 때는 진정효과를 볼 수 있으며, 메이크업을 하기 전에 관리하면 화장이 오래 지속되므로 저온은 보통 마지막 관리 단계에서 사용하면 좋다.

고온과 저온을 교대로 사용할 경우에는 혈액순환을 통해 신진대사를 높이며 근육 수축과 이완운동은 근육을 강화시켜 탄력이 증가된다.

(1) 효과

① 핫 앤드 쿨(Hot and Cool) : 모세혈관을 수축 · 이완시켜 혈관을 튼튼하게 한다.

② 핫 펠티에(Hot Peltier) : 크림, 에센스의 친화성을 높여 피부 깊숙이 침투시킨다.

③ 쿨 펠티에(Cool Peltier) : 피부의 화끈거림을 진정시키며 모공을 수축시킨다.

냉온 마사지 기기는 고온법, 저온법 그리고 고온 및 저온교대법 등 세 가지로 사용할 수 있다.

마사지 전에 온열을 사용하여 혈액순환과 신진대사를 촉진하고 피부의 흡수력을 상승시킴에 따라, 제품의 유효성분이 피부 깊이 침투되도록 한다. 저온을 사용하는 경우 모공과 혈관이 수축되어 피부의 탄력이 높아진다. 여드름 압출 후 사용할 때는 진정효과를 볼 수 있으며 메이크업을 하기 전에 관리하면 화장이 오래 지속되므로 저온은 보통 마지막 관리 단계에서 사용하면 좋다. 고온과 저온을 교대로 사용할 경우에는 혈액순환을 통해 신진대사를 높이며 근육수축과 이완운동은 근육을 강화시켜 탄력이 증가된다.

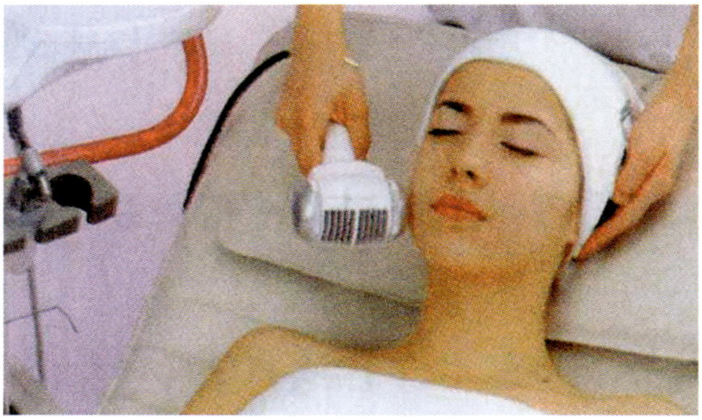

그림 5-13 냉온 마사지 기기

(2) 사용방법

① 피부상태에 따라 고온, 저온 또는 고온, 저온을 교대로 사용할 것인지 체크하며 사용적정온도가 되기까지 약 3분 정도 걸리는 점을 감안한다.

② 온도를 확인한 후 고객의 피부에 접촉시키되, 온도는 14~40℃ 범위 내에서 2초 이상 한 곳에 머물지 않도록 주의한다.

③ 피부 타입에 따라 아로마오일, 에센스, 앰플을 선택한 후 피부에 바른다.
④ 선택 스위치를 켜고 관리하고자 하는 피부부위에 마사지하듯이 기구를 굴리면서 시술한다.
⑤ 시술 후 스위치를 끈다.
⑥ 사용 후 세정제로 닦고 소독용 알코올로 적신 면으로 닦아준다.

(3) 주의사항

온법 적용 후 냉법을 시행한다.

(4) 비 적응증

① 인공심장기 · 신장기 착용자
② 임산부의 경우 얼굴에만, 관리
③ 염증부위

6. 진공분무기

진공분무기(Vacuum Spray)는 스킨토너, 아스트린젠트, 미네랄워터, 아로마오일등을 용기에 넣어 작동시켜 얼굴에 분무하면 피부에 자극없이 산뜻해지는 효과가 있다. 여드름 압출 후의 모공세척이나 클렌징 후 토너 사용이 필요한 모든 경우에 사용할 수 있다.

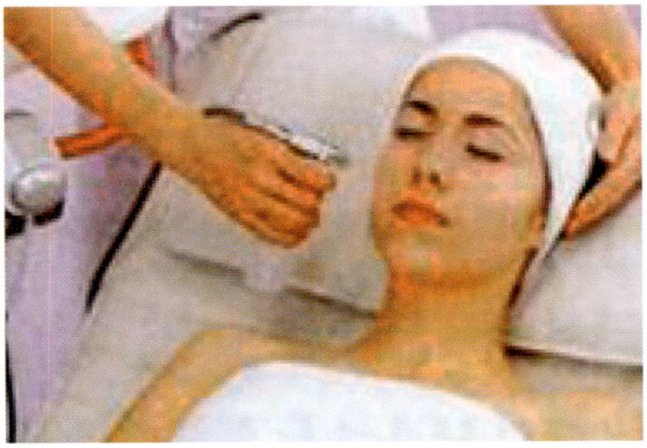

그림 5-14 분무기

(1) 효 과

① 신경종말을 자극하여 세포의 신진대사를 활성화한다.
② 산성막의 빠른 회복을 돕는다.
③ 피부표면 세정 효과가 있다.
④ 피부에 청량감과 상쾌감을 준다.

(2) 사용방법

① 스프레이 용기에 피부 타입에 맞는 화장수를 넣는다. 경우에 따라 정제수를 희석하여 사용해도 된다. 희석하는 경우 정제수와 스킨토너의 비율은 2:1로 하여 용기의 2/3을 채운다.
② 스프레이 용기에 튜브를 끼운다.
③ 스프레이 용기를 똑바로 세워서 사용하며, 용기의 핀 볼을 누르면 분무가 되고, 적당한 분무량을 위해서 노즐의 끝부분을 조절해서 사용한다.
④ 고객의 얼굴 부위에서 30~40cm 떨어진 곳에서 분무한다.
⑤ 분무 시 고객의 눈을 감게 하거나 화장솜으로 아이패드를 하기도 하며 한쪽 손으로 고객의 눈부위를 가볍게 가려 주기도 한다.
⑥ 분무를 한 후 피부를 가볍게 손으로 두드려서 흡수시킨다.
⑦ 사용 후 반드시 용기에서 튜브를 빼놓는다.
⑧ 튜브가 더러운 경우 깨끗이 씻어 마른 다음에 사용한다.

(3) 주의사항

① 여드름 추출이나 석션 관리 후 수직으로 세워서 사용한다.
② 팩이나 마스크 후 눈, 코, 입에 흡입되지 않도록 주의한다.
③ 클렌징 후 소독하여 보관한다.

(4) 사용시 주의사항

① 분무시 액체가 코, 입, 눈에 들어가지 않도록 조심한다.
② 분무를 원하지 않는 가슴과 어깨에는 수건이나 티슈로 가려 준다.
③ 스프레이를 항상 수직으로 세워 손을 펴 손가락 벌린 사이로 고객의 얼굴로부터 30cm 떨어진 거리에서 가볍게 분사한다.

7. 초음파기기(Ultrasound System)

1. 원 리

초음파란 진동주파수가 20,000Hz 이상의 진동음으로서 인간의 감각으로는 감지가 어려워서 귀로 들을 수 없는 불가청 진동음파이다.

물체가 앞 뒤로 아주 빠른 속도로 움직일 때 진동이 생기고 그 진동이 공기 분자 사이로 울려 퍼져서 우리의 귀에 들리는데 이러한 것을 음파(sound wave)라고 한다. 이러한 음파 중 매우 빠른 음파를 초음파라고 하며 초음파는 공기에서보다 액체나 고체 내에서 쉽게 전달된다.

초음파는 인체 내에 주입되었을 때 에너지 형태로 변환된다.

초음파의 진동은 분자 간의 마찰에 의해 열을 발생시키고 피부온도를 약 1℃ 정도 올려줌으로써 혈액순환과 신진대사 기능을 촉진시키는 온열작용을 한다. 초음파의 의한 에너지는 피부의 섬유아세포의 활성화를 가져오고 결국 콜라겐과 엘라스틴의 생성을 증가시켜 피부의 탄력을 증가시키는가 하면 여드름으로 인한 흉터를 완화시키는 효과가 있다.

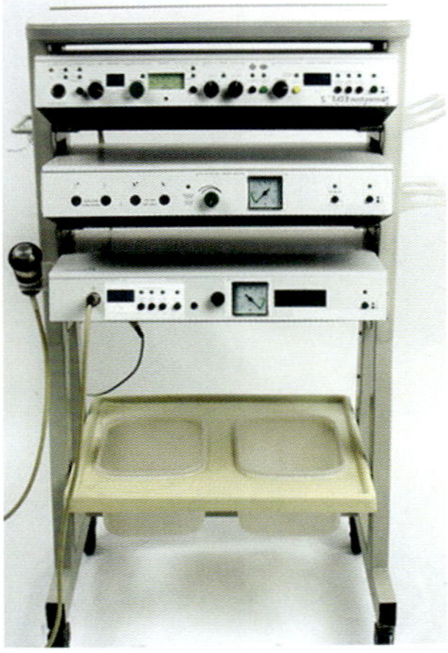

그림 5-15 초음파기

2. 효 과

(1) 온열작용

진동에 의한 마찰열은 피부온도를 1℃ 정도 상승시켜 피부 속까지 침투하여 혈액과 림프의 흐름을 원활하게 하고 신진대사를 촉진시키며 셀룰라이트 분해효과를 얻을 수 있다.

(2) 지방분해효과

초음파의 진동작용으로 지방을 연소시키고, 지방을 분해하는 효과가 있다. 특히 복부비만에 효과가 있다. 초음파를 복부에 가할 때 지방은 분해되어 지방산이 되어 혈액을 통해 근육으로 가서 에너지원으로 사용되지만 그냥 축적되는 양이 훨씬 많다. 초음파의 온열작용과 진동작용으로 인해 지방은 분해되기 쉬운 상태로 되고, 혈액의 순환이 촉진되기 때문에 혈액을 통해 지방산 배출이 원활해진다. 운동을 하여 에너지를 소비하게 되면 지방산 배출이 촉진된다.

(3) 마사지 효과

초음파는 1초에 수만 번의 미세한 진동으로 피하조직을 마이크로 단위로 자극하여 경직된 근육을 이완시키는 마사지 효과를 얻을 수 있다.

(4) 세정작용

발포작용으로 환원작용, 이온화작용, 유화작용 등이 발생해 모공 깊숙한 곳의 노폐물을 제거해 피부가 맑고 윤기있게 된다.

(5) 재생작용

약한 진동수의 초음파는 세포의 DNA합성을 원활하게 하므로 세포재생효과가 있다. 또한 강한 진동수의 초음파는 진피 내에 섬유아세포를 활성화하여 주므로 콜라겐과 엘라스틴의 합성이 촉진된다.

톡톡정보

미용기기의 안면(Face)사용효능

- 피부노화방지
- 과각질화 방지
- 리프팅 효과
- 얼굴축소 효과

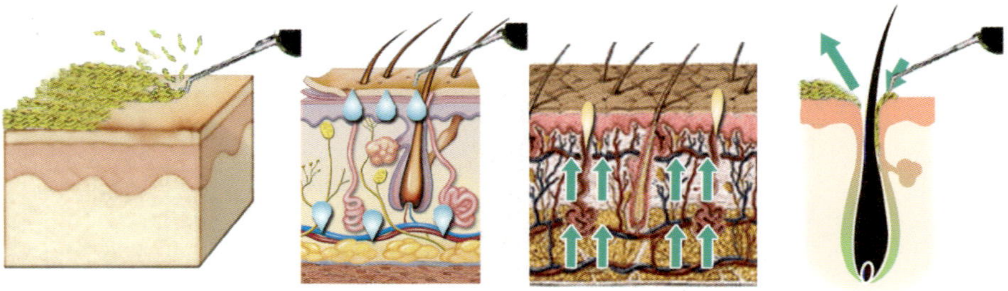

그림 5-16 초음파 기기의 활용

3. 사용방법

(1) 스킨 스크러버(Skin Scruber)

1초 동안에 28,000회의 초음파에너지에 의해 세정수가 모공 속에 피지와 불순물을 제거한다. 초음파는 강력한 에너지에 의해 세정작용과 더불어 피부재생과 주름살을 관리하는 리프팅 효과도 볼 수 있다.

1) 효과

① 스케일링 효과(피부박피효과)로 투명한 피부가 된다.
② 여드름 제거효과가 있다.
③ 프로브의 납작한 면으로 비타민 C나 고농축 영양 앰플의 침투가 용이하다.
④ 리프팅 효과를 볼 수 있다.

그림 5-17 스킨 스크러버

2) 시술방법

① 클렌저를 이용하여 얼굴을 깨끗하게 클렌징한다.

② 스케일링 관리시 시술부위에 미네랄워터 또는 화장수를 바른다. 리프팅 관리시 초음파 겔을 고르게 바른다.

③ 모드를 선택하여 관리 프로그램을 선택하여 누른다.

④ 스타트 키를 누른다.

⑤ 스케일링 관리시 프로브(probe)를 피부표면과 45℃ 정도의 각도로 하여 근육방향으로 아래에서 위, 안쪽에서 바깥쪽으로 10분 정도 적용시킨다. 리프팅 관리시 프로브의 평편한 면으로 근육방향 10분 정도 관리한다

⑥ 기기의 세기는 피부의 상태에 맞춰 설정한다.

⑦ 관리가 종료되면 소독용 알코올 솜으로 소독 후 자외선 소독기에 보관한다.

(2) 초음파 리프팅기(Lifting)

그림 5-18 초음파를 이용한 리프팅 관리

1) 효과

초음파는 음향에너지로서 조직 속 분자의 진동을 일으켜 열과 역학적 에너지를생산하게 되는데 이때 음파의 진동에 따라 온열효과를 볼 수 있다. 더불어 온도가 1℃ 올라가는 **온열효과**로 인해 혈액순환과 림프순환이 촉진되고 신진대사가 활발해짐으로써 영양공급과 산소공급이 증가되며 노폐물 배출 또한 증가된다.

초음파에 의해 자극을 받은 진피 내의 **섬유아세포**는 활성화되어 콜라겐과 **엘라스틴**의 합성을 촉진시켜 **리프팅효과**를 볼 수 있다.

시술의 예) 깊은주름 관리(wrinkle deep)-관리시간은 15분(주파수 : 3MHz /관리횟수 : 10~15회)

2) 시술방법

① 클렌저를 이용하여 얼굴을 깨끗하게 클렌징한다.

② 시술부위에 미네랄워터 또는 화장수를 바른다.

③ 초음파 겔을 고르게 바른다.

④ 모드에서 관리 프로그램을 선택하여 누른다.

⑤ 스타트 키를 누른다.

⑥ 헤드 부분은 피부와 수직이 되게 하고 원을 그리듯 시술한다

⑦ 관리가 종료되면 소독용 알코올 솜으로 소독 후 자외선 소독기에 보관한다.

그림 5-19 초음파 안면관리 순서

3) 얼굴 리프팅 관리방법

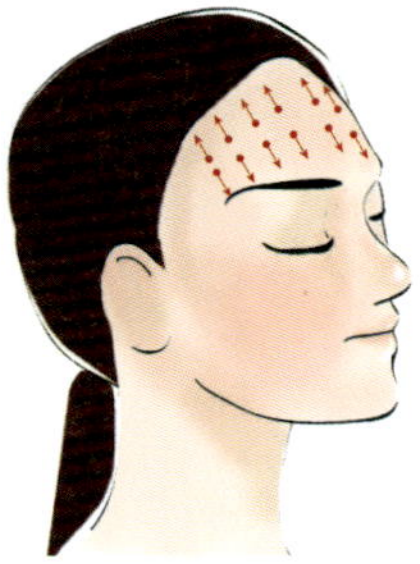

① 전두근 관리

이마의 중앙부에서 시작하여 두 개의 면봉이 반대 방향으로 가도록 한다. 정지점에 도달하면 5초 동안 정지한다.

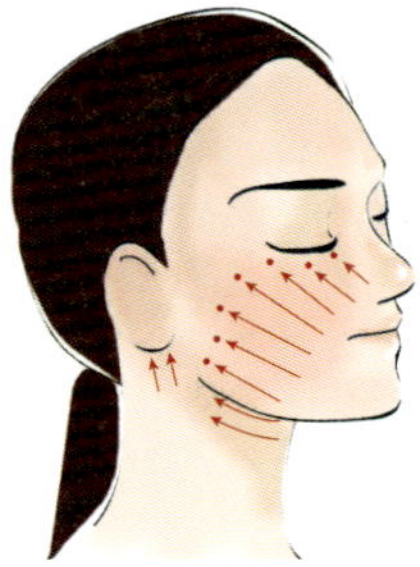

② 관골근과 협근 관리

목 부위부터 시작하여 위로 올라가면서 관리한다. 약간 눌러 주어 정지점에 도달하면 5초 동안 정지한다.

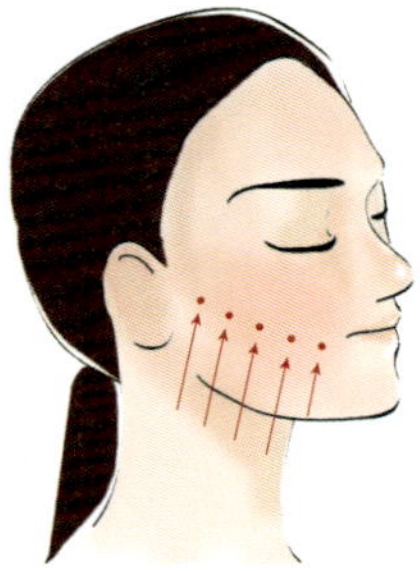

③ 교근관리

고정점의 면봉을 광대뼈 하단에 두고 다른 하나의 면봉을 턱 아래에서 시작하여 정지점에서 5초 동안 정지한다.

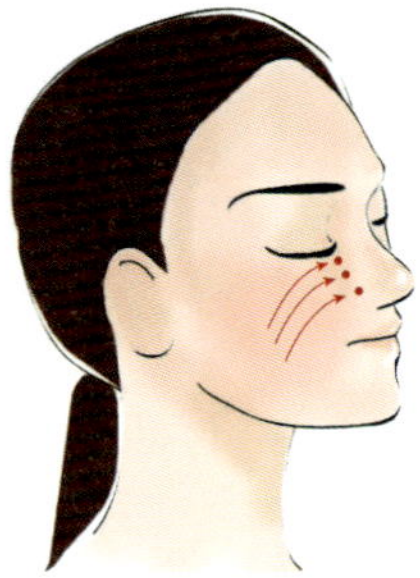

④ 협골근, 상순 거근 관리

면봉 하나를 고정점에 두고 다른 하나를 화살표 방향으로 누르면서 이동하여 정지점에서 5초 동안 정지한다.

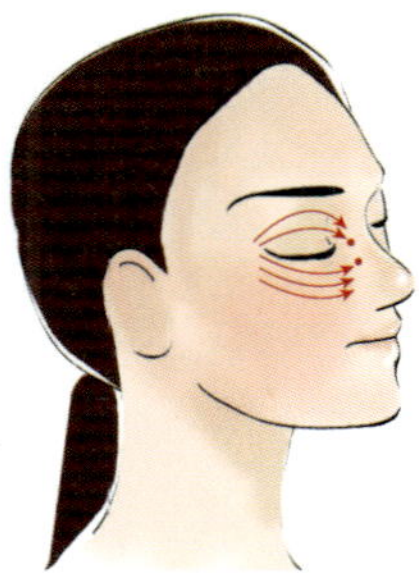

⑤ 안륜근 관리

한 쪽 면봉을 고정점에 두고 약간 누르면서 부드럽게 마사지해 준다. 정지점에서 5초 동안 정지한다.

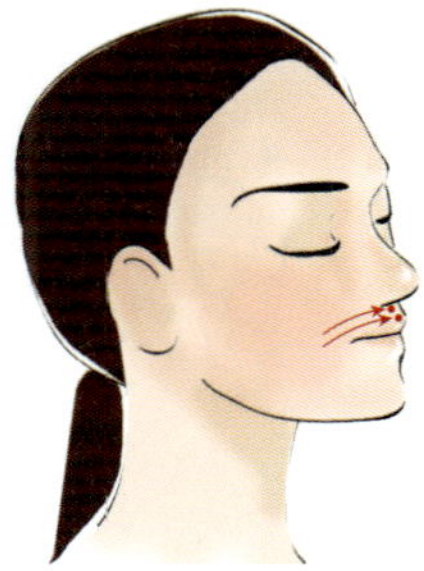

⑥ 주름근 관리

한 쪽 면봉을 고정점에 두고 다른 하나를 화살표 방향으로 누르면서 이동하여 정지점에서 두 개의 면봉 사이에 피부를 잡아주는 기분으로 접어서 5초 동안 정지한다.

4. 주의사항

① 너무 빠르거나 느리지 않게 적용시킨다.

② 한 부위에 5초 이상 머무르지 않고 계속 이동해야 한다.

③ 눈가와 갑상연골 가까이는 사용을 금한다.

④ 민감한 부위는 시술시간을 단축시킨다.

⑤ 전극형 헤드와 피부가 밀착되도록 전용 겔을 충분히 도포하여 전류가 잘 통하게 한다.

⑥ 전극형 헤드는 사용한 후 티슈나 헝겊으로 잘 닦고 소독용 알코올 솜으로 소독한 뒤, 습기가 없고 직사광선이 없는 장소에 보관한다.

5. 비 적응증

① 접촉성 피부염 또는 알레르기 피부

② 피부에 상처가 있거나 여드름이 심한 피부

③ 임산부

④ 간질이나 혈전증이 있는 사람

⑤ 악성 종양 성형수술 1개월 이내

⑥ 인공심장기, 신장기 착용자 또는 신체에 금속을 삽입한 자

8. 고주파기기(High Freguency System)

고주파는 주파수가 약 10만 헤르쯔(Hz) 이상의 높은 진동률의 테슬라(tesla) 전류를 말하며 인체의 고주파 전류를 통전시킬 때 진동폭이 매우 짧기 때문에 근육수축을 유발하지는 않지만 피부를 통과할 때에 열 효과를 낸다. 고주파 전류의 원리는 전류를 형성시켜 파장을 만들어 일종의 진동 에너지인 단파를 발생시킨다.

고주파를 이용한 고주파기는 얼굴과 전신에 모두 적용할 수 있다. 즉, 직접적용과 간접적용의 두 가지의 방법이 있다. 이 두 가지 방법은 각각 다른 효과를 나타내므로 관리하고자 하는 목적에 따라 선택하여 사용하도록 한다.

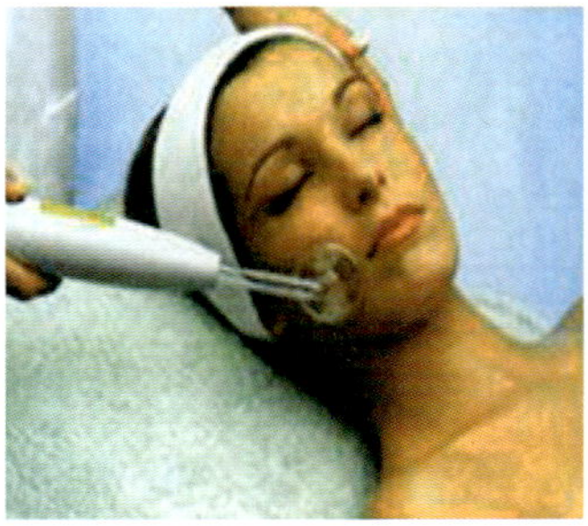

그림 5-20 고주파 직접법

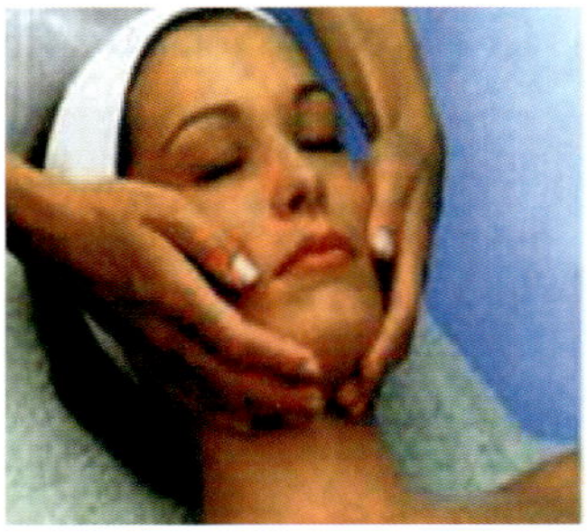

그림 5-21 고주파 간접법

1. 직접 적용방식

(1) 원리

각기 다른 목적을 위해 만들어진 다양한 모양의 전극봉들이 있다. 이것들은 끝에 금속이 연결되어 있는 유리봉으로 되어 있는데 유리봉 내에는 매우 적은 양의 공기나 네온 및 수은 등이 들어 있다. 전극봉을 홀더에 끼우면 전극봉의 끝에 있는 금속은 홀더의 금속과 맞닿게 되어 전극봉 속의 공기와 가스가 이온화되어 전류가 튜브를 통해 근육으로 흩어져서 흐르게 된다. 이 전극봉은 공기가 들어 있으면 자색, 네온은 오렌지색, 수은은 푸른자색, 아르곤은 보랏빛을 띤다.

직접적용 방식은 자극건조효과가 있기 때문에 지성이나 여드름피부에 특히 적합하나 건성이나 노화 피부에 사용해도 좋다.(단, 시술시간은 건성은 2~3분, 정상~복합성 5분, 지성은 7분 정도)

유리전극봉을 피부에 서서히 마찰시키는 경찰법으로 관리하는데 이때 전류가 전극을 통과해서 피부에 전달되게 된다. 근육 내에 생긴 온열효과는 고객에게 좋은 효과를 주며 스파킹(sparking)을 일으키면 살균효과도 있다.

(2) 효 과

① **지성과 복합성 피부** : 지성 부위를 관리하기 위해 사용하며 지성 부위의 상태를 호전시켜 준다.

② **스파킹 효과** : 스파킹으로 염증 부위의 살균효과로 여드름과 농포가 있는 피부에 효과적이다.

③ **건성과 노화피부** : 피부에 피지분비를 늘리기 위해 관리하며 4~5분만을 관리해서 온열효과를 높여 준다.

④ **열의 발생** : 고주파 전류는 근육 내에 열을 발생하게 하는데 전극봉 및 표피 바로 아래의 근육에 열이 가장 많이 발생한다.

⑤ **신진대사율의 증가** : 고주파에 의해 발생한 열은 모세혈관을 확장시켜 혈류를 빠르게 하여 산소와 영양공급을 증가시켜 주며 노폐물의 배설을 촉진시킨다.

⑥ **신경 진정효과** : 미열은 신경종말을 진정시키는 효과가 있어 편안한 느낌을 준다.

⑦ **피지선의 활동증가** : 온열은 피지선의 활동을 증가시켜 피지의 분비를 증가시켜 건조한 피부에 윤기를 증가시킨다.

⑧ **살균효과**

전극을 피부에서 떼었을 때 피부와 전극 사이에 스파크가 일어난다. 이때 공기 중의 산소가 이온화되고 오존이 형성되어 살균작용이 일어나 박테리아를 없애 염증형 여드름을 관리할 수 있다.

> [주의]
>
> 피부와 전극봉 사이가 너무 넓거나 스파크가 오랫동안 지속되면 근육을 상하게 할 수도 있다. 피부와 전극봉 사이의 적당한 간격은 7mm 정도이다.)

(3) 사용방법

① 클렌징 후에 무알코올 토너를 바른 후 약간의 크림을 바른다.
② 마른 거즈를 얹거나 거즈로 유리전극을 감싸서 직접 사용할 수 있다.
③ 세기가 '0'에 있는지를 확인한다.
④ 시술부위에 전극봉을 얹은 후에 세기를 서서히 올린다.
⑤ 시술부위에 서클 동작으로 진행하되, 마른 거즈와 피부 사이에 약간의 간격을 둔다.
⑥ 마른 거즈와 피부 사이의 간격이 너무 넓으면 강한 전류가 흐르기 때문에 거즈를 고르게 펴 놓는다.
⑦ 고객과의 커뮤니케이션에 따라 강도를 조절한다. 시술시간은 피부 타입에 따라 다르며 순서는 턱, 볼, 이마 순서로 한다.
⑧ 시술 후 피부에서 떼기 전에 세기를 '0'으로 한 다음에 뗀다.
⑨ 관리 후 전극봉은 미온의 비눗물로 잘 닦은 뒤 소독용 알코올 솜으로 닦고 자외선 소독기에 넣어 보관하도록 한다.

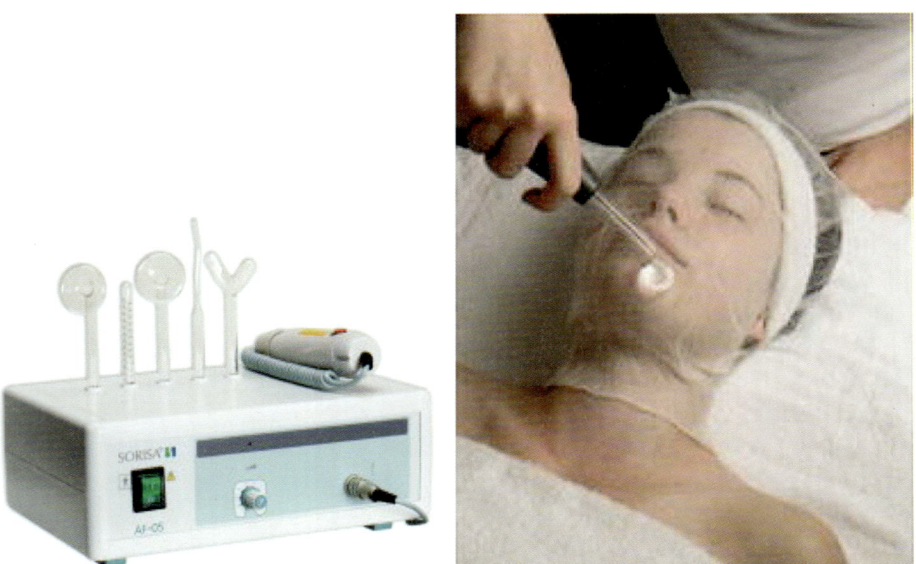

그림 5-22 고주파 기기

2. 간접 적용방식

(1) 원리

간접적용에 사용되는 전극봉은 홀더에 꼭 맞도록 금속과 유리로 만들어져 있다. 시술 시 고객이 한손에는 전극봉을, 다른 한손에는 홀더를 잡는데 전류가 홀더, 즉 새츄레이터(saturator)를 잡은 고객의 손으로 흐르게 되고 피부관리사가 이때 고객을 마사지하게 되면 전류는 관리사의 손가락을 통해 빠져나가게 된다. 그러므로 이 관리에서는 피부관리사가 회로의 일부분이 된다.

피부관리사의 한쪽 손은 고객의 얼굴에 반드시 접촉되어 있어야 한다. 고객의 얼굴에서 두 손 모두 떨어지게 되면 고객의 얼굴과 피부관리사의 손에 스파크가 일어 고객이 불쾌감을 느끼게 된다.

건성 피부에 사용하며 고객의 한 손에 탈쿰 파우더를 바르고 전극봉과 홀더를 잡도록 한다. 전류는 전극봉을 통해 고객에게 흐르게 되는데 이때 피부관리사가 고객의 얼굴을 가볍게 누르듯이 경찰법을 실시하면 자극이 활성화되면서 전류는 고객의 얼굴에서 관리사의 손을 통해 흘러 들어가게 된다. 이때 관리사는 회로의 한 부분이 되며 온열과 긴장이완 효과를 준다.

(2) 효 과

① 혈액순환을 촉진시켜 영양 및 산소공급 증가와 노폐물 배출이 촉진되어 노화와 건성피부의 상태를 개선시킨다.
② 온열과 메뉴얼 테크닉(경찰법, efflourage)의 작용으로 감각신경종말에 진정효과를 준다.
③ 근육의 긴장완화에 도움을 준다.
④ 영양 크림의 흡수력을 증가시킨다.

(3) 사용 시 주의사항

① 몸에 지닌 모든 금속을 제거한다.
② 고객에게 기기에 대한 설명을 한다.
③ 유리봉 교체 시 스위치는 끈 상태에서 한다.

④ 유리전극에 알코올이 함유된 제품을 닿게 하면 화상을 입을 수 있으므로 알코올이 함유된 토너는 사용하지 않는다.
⑤ 유리전극에 유분이 묻으면 작동이 되지 않으므로 깨끗이 닦은 후 사용한다.
⑥ 고객의 얼굴에서 피부관리사의 한쪽 손은 반드시 접촉되어 있어야 한다.
⑦ 간접관리시간은 10~20분 정도, 일주일에 2회 정도 적용한다.

(4) 비 적응증

① 임산부, 인공심장기, 인공신장기 착용자, 인체 내 금속 착용자
② 심한 모세혈관 피부, 동맥경화, 심장병, 고혈압, 저혈압, 간질

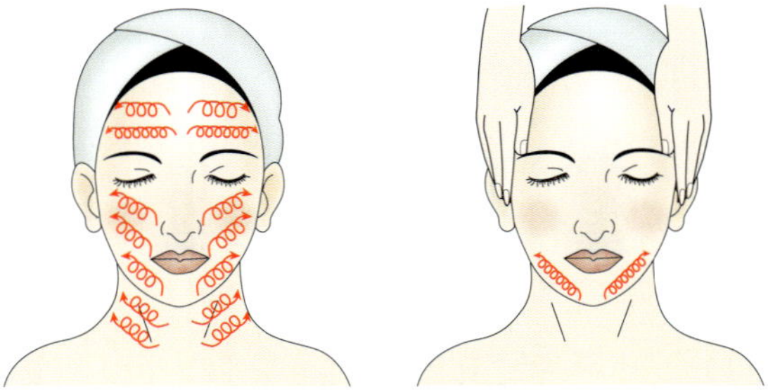

그림 5-23 고주파직접법(왼쪽)과 간접법(오른쪽) 관리 테크닉

3. 유리전극의 종류

① 버섯형 전극 (mushroom electrode)

가장 많이 쓰이는 모양의 유리전극으로 피부와 접촉되면 가벼운 압력이 발생한다. 크림이나 깨끗한 거즈를 덮은 후 얼굴과 전신부위에 사용한다.

② 롤러형 전극 (roller electorde)

직접 피부에 접촉시키지 않고 유리전극과 피부 사이에 거즈를 올린 상태에서 열을 가하여 피부를 자극하며 얼굴과 전신에 관리 시 사용한다.

③ 빗모양 전극 (comb electrode)

두피를 관리할 때 사용한다. 1분~1분 30초 동안 사용하며 비듬제거에도 효과가 있다.

④ 말굽형 전극

목부위나 어깨부위에 사용한다. 전극을 들어 올리거나 놓을 때마다 고객의 목 부위를 관리사의 집게손가락으로 살짝 눌러주어 충격을 방지한다.

⑤ 스파킹 전극봉

모공수축과 살균효과가 있어 여드름을 짠 뒤에 사용한다.

⑥ 새츄레이터 (saturator electrode)

간접법관리에 사용하는 전극으로 전극봉 내부에 금속이 스프링 모양으로 들어 있다.

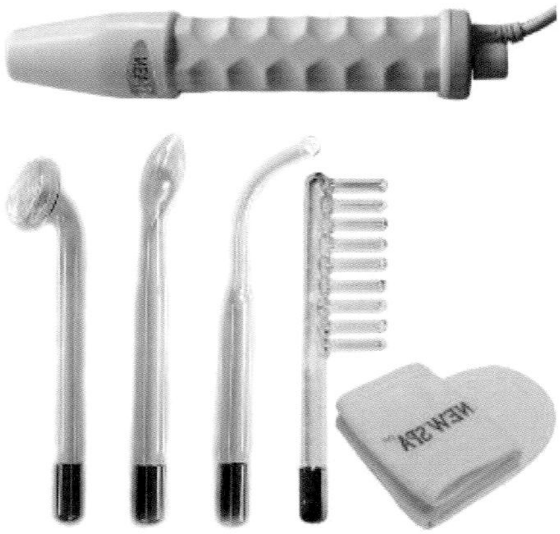

그림 5-24 유리전극의 종류

9. RF기기(Radio Freguency System)

1. 원 리

고주파 전류는 인체조직을 통전할 때 진동 폭이 매우 짧기 때문에 이온운동이 거의 일어나지 않으며 전기 화학적 반응, 즉 전기분해 현상이 없다.

고주파 전류가 인체 내에 통전되면 조직에서 열이 발생하게 된다. 이를 심부열이라고 한다. 이는 전기에너지가 가해지게 되면 전류의 방향이 바뀔 때마다 조직을 구성하는 분자들이 진동하면서 서로 마찰하게 되어 회전운동, 뒤틀림현상, 충돌작용에 의해 생체열을 발생시키기 때문이다.

다른 전류형태와는 달리, 감각신경 또는 운동신경을 자극하지 않는 고주파 전류는 인체 내의 불편함이나 근수축을 일으키지 않으면서 신체조직 안의 특정부위를 가열할 수 있다.

생체에너지로 변환된 고주파에너지는 조직의 온도를 상승시켜 세포의 기능을 증진시키고 혈류량을 증가시키는 등의 역할을 한다.

2. 효 과

(1) 조직온도 상승 및 세포기능 증진

고주파 전류는 열에너지로 전환됨에 따라 혈관이 확장되고 혈류량이 증가된다. 혈류량의 증가는 혈액순환을 촉진시켜 산소와 영양공급이 원활해지며 독소배출 또한 원활해짐으로써 세포기능이 증진된다.

(2) 섬유성 고유조직의 신장력 증가

조직온도가 상승함에 따라 결합 조직의 점성이나 탄력성과 같은 물리적 성질이 변화되어 섬유조직의 신장력이 증가한다.

3. 고주파를 통한 스킨트리트먼트 적용

(1) 고주파가 피부에 미치는 영향

고주파를 피부에 적용할 때 피부의 온도 증가는 혈액순환이 현저하게 증가하게 하고 세포 재생을 촉진시켜 주므로 진피층을 건강하게 해준다.

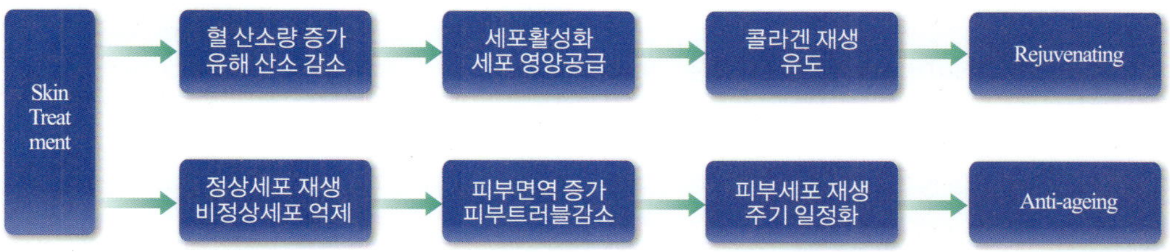

그림 5-25 고주파를 이용한 관리효과

(2) 고주파와 피부적용 분야

① 얼굴 축소

뭉친 근육을 풀어주며 지방을 분해하고 노폐물 배출을 통해 얼굴을 축소시켜 준다.

② 여드름 생성 억제

생체열에너지의 상승효과로 피지선을 정상화시켜 피지 분비를 조절하고 살균작용과 함께 피부면역력을 증가시켜 여드름 생성을 억제시켜 준다.

③ 미백작용

세포를 활성화하고 멜라닌 색소를 분해시킨다.

④ 리프팅 효과

콜라겐 생성 및 탄력 강화를 통한 리프팅 효과가 있다.

⑤ 노화의 지연

인체에 유해한 유해산소(free readical)의 제거 및 영양과 산소공급의 증가로 노화를 지연시켜 준다.

⑥ 두피관리

세포활성화 및 산소량 증가로 인해 모모세포가 활성화되어 탈모방지와 발모 및 두피개선에 관여한다.

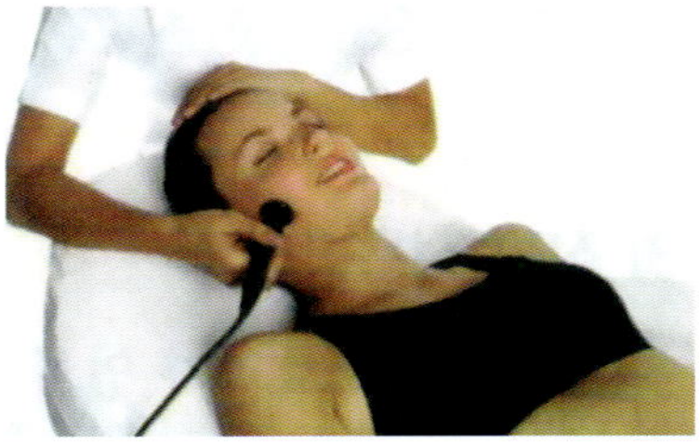

그림 5-26 고주파 기기 및 관리장면

4. 사용방법

① 고객의 피부에 플레이트를 밀착시킨다.
② 고주파 전용제품을 바른다.(예, 림프순환제품, 안티셀룰라이트, 탄력 크림)
③ 일렉트로 도자를 관리부위에 따라 적당한 것으로 홀더에 끼운다.
④ 세기가 '0' 에 있는지를 확인한다.
⑤ 출력을 조절하여 관리한다.
⑥ 관리시간은 1회에 10~15분(Face)으로 한다.
⑦ 관리온도는 40~42℃ 정도(약간 뜨거운 정도)로 한다.
⑧ 시술 후 도자는 강도를 '0' 으로 맞춘 다음에 뗀다.

5. 사용 시 주의사항

① 일렉트로 도자와 플레이트 접촉을 금한다.
② 전기장판 위에서 사용을 금한다.
③ 금속 물체(고객과 관리자의 모든 액세서리)의 착용을 금한다.
④ 관리 시 고객의 몸에 플레이트가 반드시 접촉되어야 한다.

6. 비적응성

① 인체에 금속물질을 삽입한 경우
② 임산부 또는 상처나 수술 등으로 출혈이 있는 경우
③ 고혈압환자, 급성염증, 갑상선 비대증
④ 인공심장기, 인공신장기 착용자

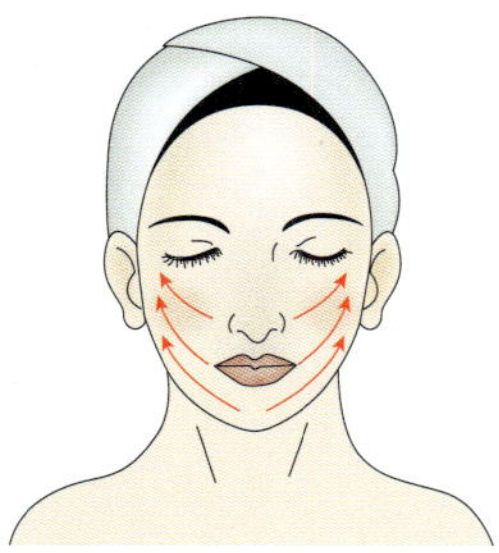
① 3등분하여 쓸어 준다.

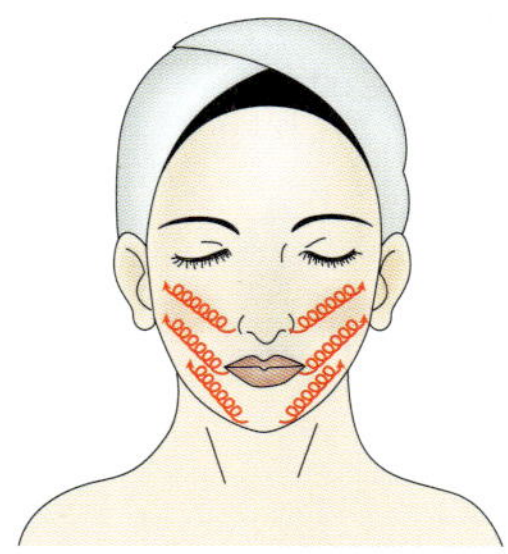
② 원을 그려주며 3등분 관리한다.

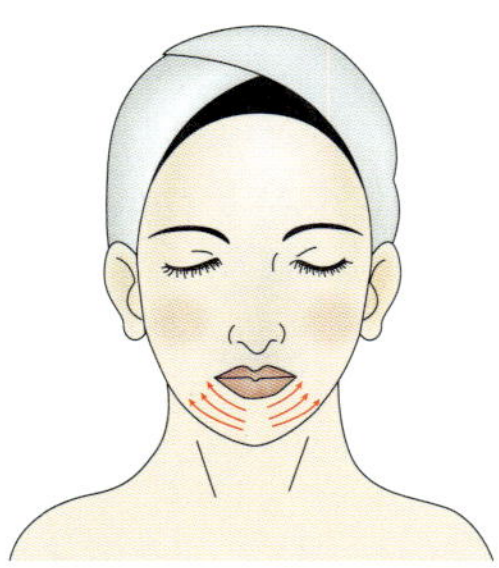
③ 턱에서 사선을 그려주며 올려 준다.

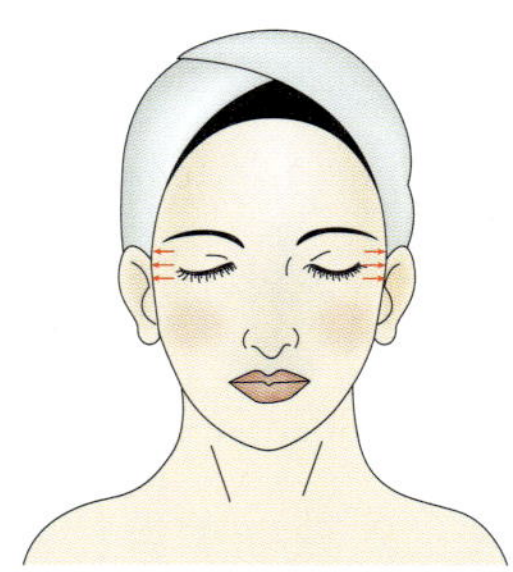
④ 눈꼬리 쪽을 끌어올린다.

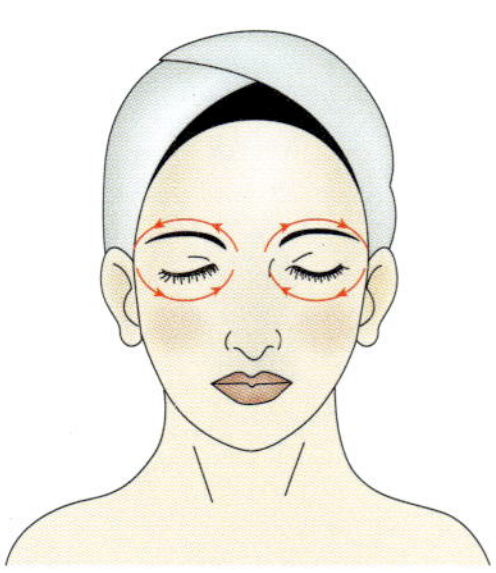
⑤ 눈 밑을 돌면서 지압한다.

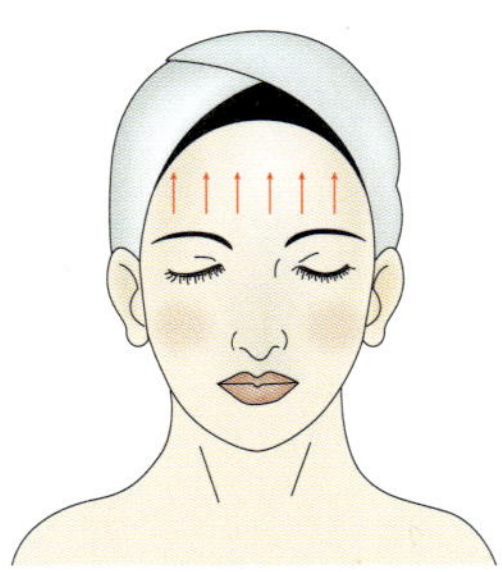
⑥ 이마를 쓸어 준다.

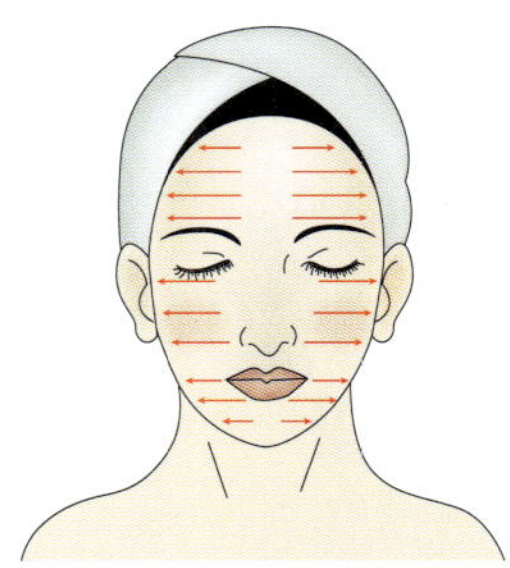
⑦ 얼굴 전체를 안에서 밖으로 쓸어내린다.

그림 5-27 고주파기를 이용한 얼굴관리

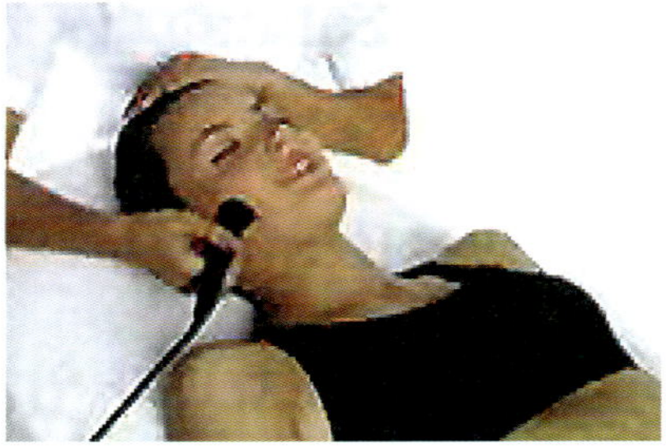

그림 5-28 고주파를 이용한 리프팅

10. 저주파 기기(Low frequency System)

1. 원 리

저주파는 주파수가 1~1,000Hz 이하의 주파범위를 말한다.

패러딕(faradic) 전류를 이용하여 근육의 수축과 이완을 반복하면서 셀룰라이트와 지방 분해와 연소를 촉진시킬 수 있는 원리이며 등장성 운동(isotonic)을 기본으로 한 운동원리이기도 하다.

1~100Hz 이하의 전류를 사용하는 저주파 전류는 근육의 수축과 비틀림을 통한 에너지 발산뿐만 아니라 체액과 노폐물의 순환을 촉진하여 인체 내의 불필요한 독소배출을 도와주므로 탄력증진과 셀룰라이트 분해 효과를 얻을 수 있다. 얼굴에 작은 크기의 안면용 봉을 사용하여 이중턱 관리 또는 잔주름 관리를 할 수 있으며 안면근육강화를 시켜 리프팅효과를 볼 수 있다.

시술의 예) 시술시간 10분, 사용주파수 1Hz

2. 효 과

① 근육의 수축 · 이완과 함께 비틀리는 효과(twist)에 의해 에너지를 발산하는 동시에 조직의 체액과 노폐물 배출을 쉽게 하므로 체내 독성이 줄어든다.

② 넓거나 좁은 특정부위를 쉽게 선택하여 관리가 가능하여 전신이나 얼굴관리를 할 수 있다.(얼굴 : 리프팅, 이중턱관리, 얼굴축소)

③ 근육수축운동으로 인해 피부탄력증진 효과를 볼 수 있다.

④ 짧은 시간 내에 효과적으로 근육운동을 할 수 있다.

⑤ 셀룰라이트와 지방분해를 촉진시켜 슬리밍효과를 유도한다.

⑥ 세포간 체액의 흐름을 원활하게 하여 부종을 완화시킬 수 있다.

⑦ 활발한 혈액순환과 림프순환을 통해 독소가 배출되므로 맑고 깨끗한 피부로 개선될 수 있다.

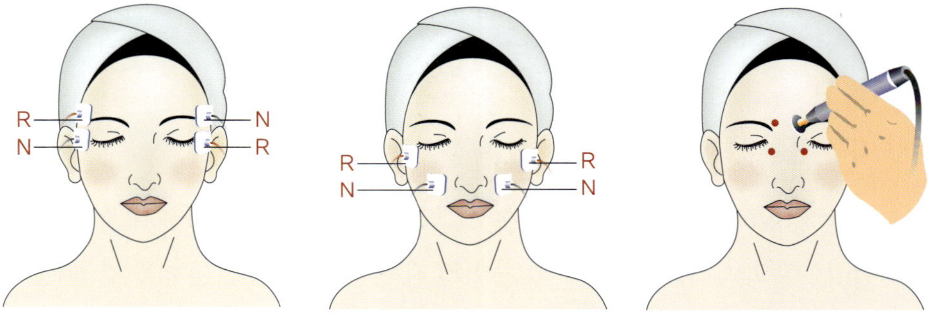

그림 5-29 이중턱 관리, 안면근육강화, 주름 관리, 탄력강화

3. 사용 시 주의사항

① 1주일에 3회 정도(너무 자주하는 것은 신장에 무리를 줄 수 있다)

② 전신과 얼굴, 관리 목적에 따라 관리시간을 달리한다.

③ 고객과의 커뮤니케이션을 통해 강도와 시간을 조절한다.

4. 비 적응증

① 인공심박기, 인공신장기 착용자

② 체내에 금속 삽입물을 가진 자

③ 임산부나 임신 가능성이 있는 자

④ 피부질환이나 상처가 있는 자

⑤ 20세 미만 성장 미발육자

⑥ 심장병 또는 신장병을 앓고 있거나 병력을 가지고 있는 사람
⑦ 신체 허약자

11. 중주파 기기 (Middle freqency System)

1. 원 리

중주파는 1,000~10,000Hz 사이의 전류를 말하며 피부의 저항력을 가장 적게 받아 신체의 안정감을 주는 파장이다. 중주파는 높은 주파수로 자극하여 피부저항이 낮아서 저주파에서 느끼는 통증이나 불쾌감이 없이 특정부위뿐만 아니라 넓은 부위의 심부까지 부드럽게 관리할 수 있는 장점을 지닌다.

또한 두 개 또는 그 이상의 서로 다른 중주파를 인체의 동일지점에서 교차시켰을 때에 간섭현상으로 새로운 1~500Hz 사이의 저주파가 발생하는데 이를 간섭전류라고 한다. 주로 고객관리는 간섭전류에 의해 이루어진다.

중주파 전류를 이용한 피부미용기기는 저주파 전류가 감각신경을 지나치게 자극하여 통증을 유발하는 단점과는 달리 경피를 거의 자극하지 않고 부드럽게 심부조직까지 전류를 통과할 수 있는 장점으로 인해 좀 더 편안한 관리를 받을 수 있다. 중주파 전류의 근육탄력강화와 부종완화를 통해 리프팅의 효과를 볼 수 있는 것이다.

2. 특 징

① 4,000~4,100Hz, 4,000~4,150Hz의 중주파 파장을 주로 사용한다.
② 피부의 저항이 거의 없다.
③ 전신과 얼굴 전체에 관리가 가능하다(얼굴 : 이중턱 관리, 리프팅 관리, 얼굴축소관리 가능)
④ 통증 없이 부드럽게 근육을 자극해 준다.

3. 효 과

① 근육자극으로 근육운동을 촉진하여 탄력 강화
② 근육운동으로 지방분해 효과
③ 근육세포를 자극하여 림프와 혈액순환 촉진
④ 림프 배농으로 부종 완화
⑤ 부분 비만 관리가능
⑥ 체형관리

4. 비 적응증

① 정맥류환자
② 감염에 의한 질환(단순포진, 급성 대상포진)
③ 임산부나 임신가능환자
④ 인공 심박기, 신장기 착용자
⑤ 피부질환이나 상처가 있는 자
⑥ 체내에 금속 삽입물을 가진 자
⑦ 신체 허약자

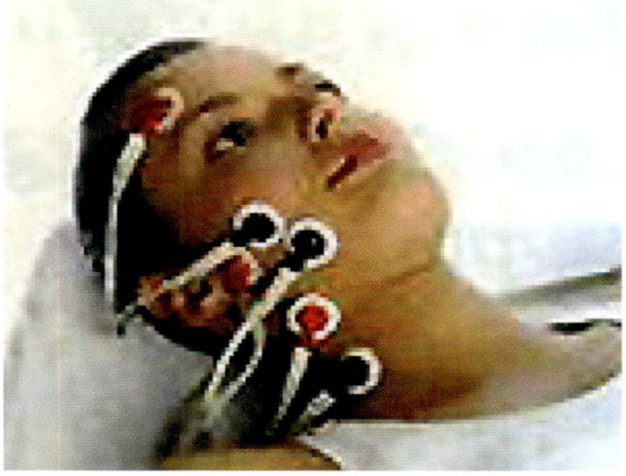

그림 5-30 중주파 전류를 이용한 리프팅 관리

표 5-4 기기를 이용한 피부관리

관리단계	기기의 사용	
클렌징 단계 (Cleansing)	클렌징(cleansing)	스티머(Steamer)
	피부분석	확대경, 우드램프
	딥클렌징/Extraction	브러시(Brush) 석션(Suction)
	엑스포리에이션(exfo)	Desincrustation
영양침투단계 (Nutrition Peneturation)	앰플(ampoule) 투입	Galvanizer
	마사지	석션(Suction) 적외선기 고주파기(H.F.) 백 패터(Vac patter)
	마스크 혹은 팩	적외선기 등
보호단계	화장수(Toner)	백 스프레이(Vac spray)
	크림(Cream)	
	마무리(홈케어에 대한 조언)	

Chapter 6

전신관리에 사용되는 미용기기

Chapter 6 전신관리에 사용되는 미용기기

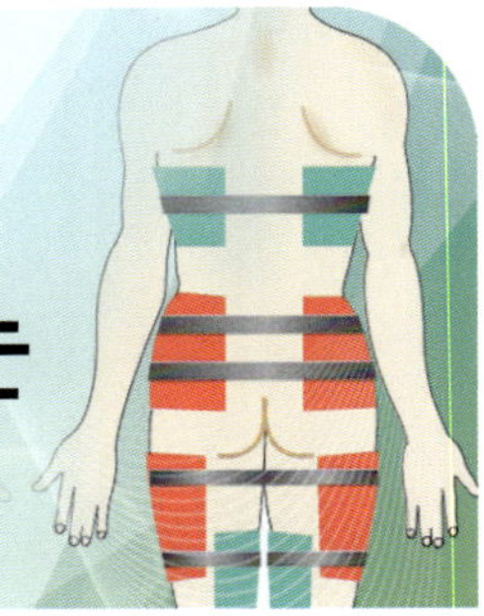

1. 저주파기기(Low frequency current)

저주파기는 1~1000Hz 이하의 저주파 전류로 근육에 반복적으로 전기자극을 가함으로써 근육의 수축 · 이완의 운동효과를 통하여 셀룰라이트와 지방분해를 촉진시키는 원리를 이용한 것이다.

1. 원 리

모든 자연계나 문명의 이기들이 전기의 영향을 받고 있으며 자연의 일부인 우리의 몸도 전기의 영향을 받고 있다. 인체 내에는 미세한 전기현상이 있는데 이것을 생체전기(bioelectricity)라고 한다. 생체전기는 인체가 느끼지 못할 정도로 미약하지만 인체가 정상적인 기능을 하기 위해서는 반드시 필요하다.

생체전기는 출생시에는 5~6V 정도이며 노화가 진행되면 2.5V 이하로 떨어진다.

생체전기가 줄어들거나 이상작용을 하면 질병이 오거나 심지어 사망에 이르기도 한다. 이러한 생체전기는 컨디션을 조정하거나 근육이나 내장의 신경조절 및 혈액순환과 신진대사의 촉진을 유발한다. 몸에 이상이 생기면 생체전기의 양과 질의 변화가 일어나서 상태가 나빠진 부위의 신경전류가 난조현상을 보이게 된다.

인체에 저주파 전류를 통전시키면 전기적인 파동이 운동신경을 자극하여 근육의 수축을 유발한다. 뇌로부터 전달되어 운동신경이 자극을 받는 것과 같이 기기에 의해 생성된 전기신호가 운동신경을 자극하여 근육의 수축을 유도한다.

이때 생체전류의 변화상태의 성질을 역으로 이용하여 인체에 저주파 전류를 인위적으로 가했을 때 마비된 근육의 수축운동을 시키거나 흥분된 신경을 진정시켜 통증을 제거하며, 피로를 풀어줌은 물론이고 자율신경을 자극하여 우리 인체에 필요한 호르몬과 효소의 분비를 활발하게 촉진시켜 신체의 본래기능을 찾는 것이다.

저주파기는 근육을 운동시키며 신경을 진정시키고 혈행을 촉진시켜 급성 및 만성 통증등의 완화 · 회복을 도와주는가 하면 근육의 수축 · 이완의 반복되는 운동효과는 에너지를 발산시키므로 셀룰라이트와 지방분해에 작용하므로 슬리밍효과를 얻을 수 있는 것이다

2. 특 징

① 근육의 수축과 이완을 통해 에너지를 발산시키는 이소토닉(Isotonic) 운동을 기본원리로 개발된 기기이다.

② 기기의 자극으로 근육이 수축될 때 근육 주위의 지방이 에너지화되어 많은 칼로리를 소모하게 된다.

③ 혈액순환과 림프 순환의 흐름이 원할해지므로 축적된 조직의 체액과 노폐물의 배출을 촉진시킨다.

3. 효 과

① 단시간 내에 최대한의 운동효과로 인해 빠른 비만관리 효과를 볼 수 있다.

② 신경자극으로 근육을 강화한다.

③ 혈액순환 촉진과 노폐물 제거 촉진으로 대사작용이 활발하게 일어난다.

④ 근육에 탄력을 증진시켜 주므로 처진근육의 탄력을 증가시킨다.

⑤ 슬리밍 효과와 퍼밍 효과가 있다.

4. 효과적인 관리방법

① 처음 관리를 시작하기 전 전기자극으로 고객이 긴장하지 않도록 전기자극에 대한 안전성에 대해 충분히 설명하여 최대한 편안한 마음으로 관리를 받을 수 있도록 배려한다.

② 전기 자극을 통한 운동효과에 대하여 잘 설명한 후 전극의 강도와 세기를 처음에는 낮은 상태에서 적응한 후에 차츰 강도와 관리시간을 높임으로써 효율적인 관리를 하도록 한다.

③ 근육에 정확하게 자극을 보내므로 근육에 효율적인 효과를 얻기 위해 근육의 운동점(기시점, 정지점)에 도자를 정확히 부착하도록 한다.

④ 관리 전,후 30분 동안 식사를 하지 않는 공복상태가 더 효과적이다.

⑤ 집중관리 시에도 격일관리를 기본으로 한다. (매일 할 경우에는 활발한 독소배출로 인해 신장에 무리를 줄 수 있기 때문이다)

⑥ 비만관리와 림프 관리를 병행하지 않는다.

⑦ 전신비만일 경우 신체의 정면과 뒷면을 동시에 하지 않는다. 고객이 원하는 부위 또는 비만이 가장 심한 부위부터 관리한다.

⑧ 관리부위를 자주 바꾸는 것보다 한 부위에 10회 정도 관리해야 만족스런 효과를 볼 수 있기 때문에 한 부위의 만족스런 효과를 본 뒤에 다른 부위로 이동한다.

⑨ 전류가 흐르는 도자에는 극성이 있는데 하나는 음이 되고 하나는 양이 된다. 〔기기에 따로 표시가 되어 있다. 예)+,−/빨강,파랑〕

⑩ 음전극의 도자가 더 큰 반응을 주므로 더 관리하는 근육에서 움직임이 적은 곳에 부착해야 한다.

5. 비 적응증

- 인공심장기, 인공신장기 착용자
- 피부질환이나 상처부위
- 간질, 정신질환자
- 당뇨, 고혈압, 저혈압, 색전증, 정맥류, 혈전증, 암환자
- 뼈골절 및 근육의 손상부위
- 만 20세 미만의 성장미발육자
- 체내에 금속삽입물을 가진 자
- 임산부나 임신의 가능성이 있는 사람은 안면관리만 실시
- 루프사용자는 복부관리는 금한다.
- 신장약을 복용하고 있는 자
- 신체허약자
- 배가 부른 상태
- 출산하고 나서 첫 생리 후 관리가 가능하나 모유수유 시 가슴관리는 삼간다.

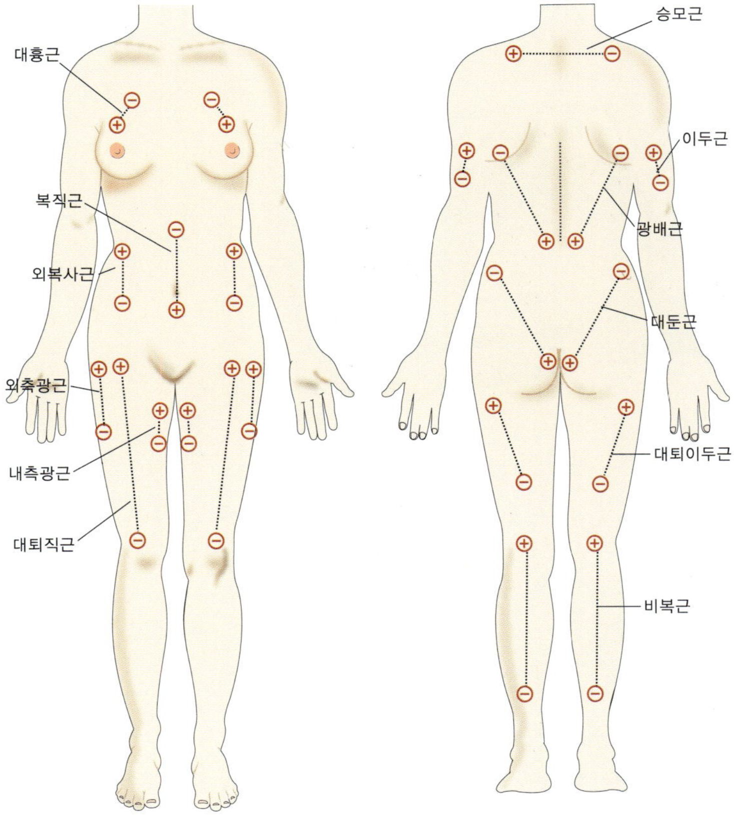

그림 6-1 저주파기 사용시 패딩 방법

6. 저주파기 관리의 실제

(1) 트랜젼

1) 기기의 작용원리

트랜젼(Transion)의 기본원리는 E.M.S(Electric Muscle Stimulation : 전기근육자극)로 패러딕(faradic) 전류를 이용하여 에너지를 발산시켜 근육운동을 수행하게 하는 저주파기이며, 사다리꼴 모양의 주파형태를 이용하여 수직근육운동과 비틀림근육운동을 병행한다. 근육이 수축과 이완을 통해 운동에너지가 발산되는 등장성(isotonic) 운동을 원리로 한다.

기기의 전기자극이 말초신경계를 자극하여 근육의 수축운동과 비틀림운동(twist)에 의해 최대한의 에너지를 생성 · 발산하게 하고, 조직의 체액과 노폐물의 순환을 촉진하여 인체 내의 불필요한 수분과 노폐물이 순환계를 통하여 신장으로 배출되는 기능을 증진시켜 준다.

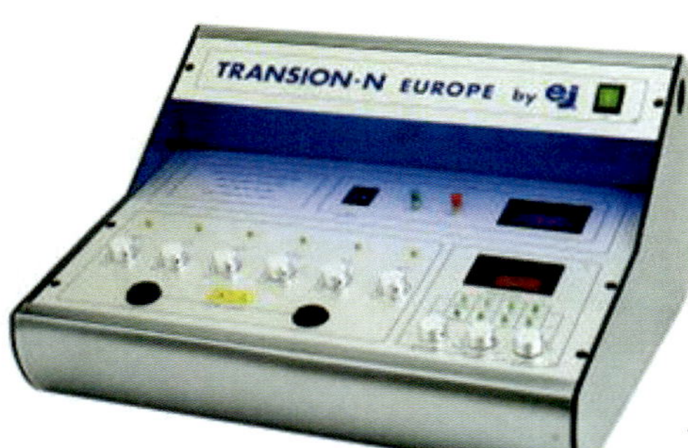

그림 6-2 트랜젼

고객마다 비만의 원인이 다르므로 관리 전 충분한 상담을 통하여 비만의 원인을 파악하여야 한다. 상담 시 고려해야 할 사항으로는 다음과 같은 점들이 있다.

① 고객의 체중 과잉량
② 고객의 식단
③ 고객의 전반적인 신체적 특성
④ 고객의 과거 및 현재의 건강상태
⑤ 생활 습관, 재정 능력, 미용 문제 등
⑥ 림프 순환에 문제가 있는 고객은 림프 순환관리를 먼저 하도록 한다.

⑦ 선천성 비만의 경우 의사와 상의하여 호르몬 치료를 먼저 하도록 한다.

⑧ 후천성 비만의 경우 식이요법을 병행하도록 한다.

2) 트랜젼 관리

① 관리에 사용되는 주파수는 400Hz 또는 600Hz로 고객에게 필요한 관리효과에 따라 선택한다.

- 600Hz : 주로 출산 후 탄력을 잃어버린 고객이나, 중년주부들의 탄력이 저하된 부위의 탄력을 높이기 위해 비만관리와 병행할 때 사용된다.
- 400Hz : 슬리밍을 더 필요로 하는 경우에 사용된다.
- 80% : 슬리밍 효과, 20% : 퍼밍 효과(alternate, 알터니트－교차배열)
- 70% : 슬리밍 효과, 30% : 퍼밍 효과(mirror, 미러－대칭배열)
- 50% : 슬리밍 효과, 50% : 퍼밍 효과(mirror, 미러－대칭배열)

② 관리 전에 고객의 치수를 기록해 두고, 고객이 편안한 마음으로 관리를 받을 수 있도록 기기의 작동원리와 관리에 관해 잘 설명해 주어야 한다.

③ 전신 비만과 과체중인 고객은 식이요법을 병행하여야 한다.

④ 작동 전에 모든 스위치가 꺼져 있는지를 확인하고, 전류의 흐름을 조절하기 위해 고객의 근육 움직임을 주시하면서 다이얼을 서서히 돌린다. 한 스위치라도 켜져 있으면 기기가 작동하지 않는다.

⑤ 관리가 끝나면 스위치를 끄고 스펀지를 제거한다.

⑥ 관리는 동일한 부위에 10회 이상 실시하여야 하며, 프로그램이 끝나기 전에 다른 부위로 관리를 자주 옮기는 것은 좋지 않다. 따라서 전신비만일 경우 가장 심각한 부위부터 관리를 진행하도록 한다.

⑦ 피부조직에 탄력이 없는 고객에게는 먼저 600Hz로 관리한 후 400Hz로 관리한다.

⑧ 관리의 효과는 근육이 적절히 자극받고 수축해야만 나타난다.

⑨ 관리는 1주일에 두세 번은 받도록 권장한다. 항상 관리 후에는 하루나 이틀 정도의 휴식시간을 가지도록 한다.

⑩ 체형을 바꾸기 위해서는 전기 자극법과 동시에 다른 보조 상품들을 함께 사용하는 것이 효율적이다.

⑪ 관리부위별 패딩 방법

- 정면 슬리밍 퍼밍관리 : 힙, 허벅지
- 정면 슬리밍 퍼밍관리 : 복부
- 뒷면 슬리밍 퍼밍관리 : 둔부, 허벅지
- 가슴 퍼밍관리

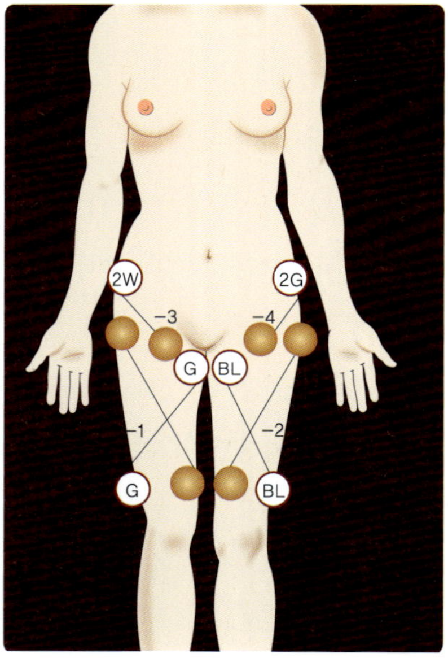

정면 슬리밍 퍼밍관리 – 힙, 허벅지
- 벨트 : 긴 것 1개, 짧은 것 4개
- 스펀지 : 작은 것 12개
- 레이아웃 : 대칭형(미러)–보강배열
- 채널 : 4개
- 주파수 : 400헤르쯔 (70%슬리밍–30%퍼밍)
  600헤르쯔 (50%슬리밍–50%퍼밍)

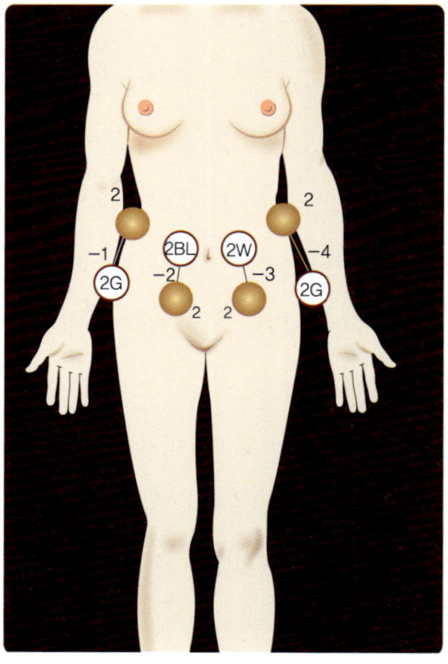

정면 슬리밍 퍼밍관리 – 복부
- 벨트 : 긴 것 2개
- 스펀지 : 작은 것 8개
- 레이아웃 : 대칭형(미러)–보강배열
- 채널 : 4개
- 주파수 : 400헤르쯔 (70%슬리밍–30%퍼밍)
  600헤르쯔 (50%슬리밍–50%퍼밍)

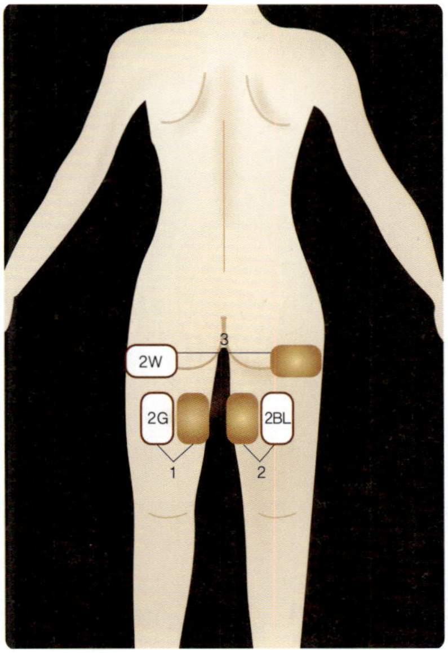

- 벨트 : 긴 것 1개, 짧은 것 4개
- 스펀지 : 큰 것 6개
- 레이아웃 : 대칭형(미러)-보강배열
- 채널 : 3개
- 주파수 : 400헤르쯔 (70%슬리밍-30%퍼밍)
  600헤르쯔 (50%슬리밍-50%퍼밍)

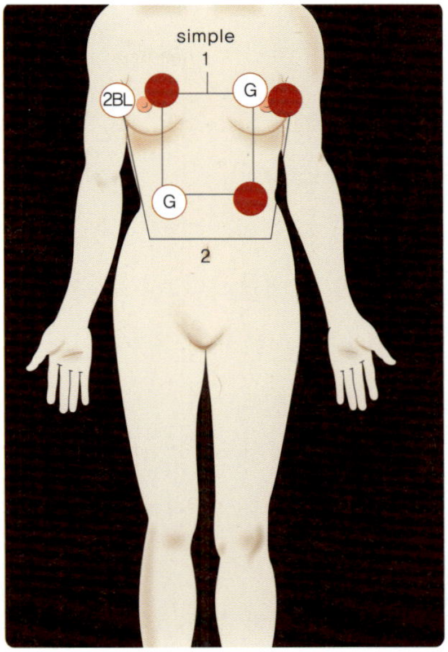

- 벨트 : 긴 것 2개
- 스펀지 : 작은 것 6개
- 레이아웃 : 교차형(알터니드)
- 채널 : 2개
- 주파수 : 600헤르쯔 (50%슬리밍-60%퍼밍)

3) 금기사항

① 인공 심장기 또는 인공 신장기를 사용하고 있는 사람

② 관리 부위나 주변 부위의 체내에 금속 삽입물과 실리콘, 기타 삽입물이 있는 사람

③ 임산부나 임신의 가능성이 있는 사람(안면에는 무방함)

④ 루프사용자는 복부관리를 금한다.

⑤ 피부질환이나 상처가 있는 사람

⑥ 심장병을 앓았거나 심장병 환자

⑦ 신장병 환자나 신장약을 복용하는 사람

⑧ 자궁 내 물혹이나 자궁근종이 있는 사람

⑨ 신체가 허약한 사람과 만 20세 미만의 성장 미발육자

⑩ 출산 후 첫 생리 후에 관리가 가능하나 모유수유 시 가슴은 삼간다.

4) 트랜젼 관리 시 주의사항

① 근육의 기시점과 정지점을 정확히 잡아 주어야 적절한 근육의 수축을 유도할 수 있다.

② 림프순환에 문제가 있는 경우 무리하게 관리를 진행하지 않으며, 림프관리와 절대로 동일한 날에 실시해서는 안 된다.

③ 림프순환에 문제가 있는 경우에는 이 문제를 먼저 해결하고 비만 관리를 해야 한다.

④ 트랜젼 관리 후의 노폐물과 림프의 독소는 신장을 통해 배출되므로 매일 사용할 경우 신장에 무리가 되고 부종이 생길 수 있으므로 격일제로 관리한다.

⑤ 스펀지에 물을 너무 많이 적시지 않고, 증류수는 이온화되지 않으므로 따뜻한 수돗물을 사용한다.

⑥ 관리 전 최소한 30분은 식사를 하지 않는 것이 좋고, 혈중 지방의 농도를 최대한 연소시킬 수 있도록 공복 시 관리를 실시하는 것이 가장 효과적이다.

⑦ 고객에게 액세서리를 전부 제거하도록 한다.

⑧ 관리 전에 고객의 치수를 기록한다.

⑨ 관리 전에 전기자극으로 고객이 긴장하지 않도록 기기의 안정성에 관하여 충분히 설명하고 고객이 편안하게 관리를 받을 수 있도록 최대한 배려해야 한다.

5) 기기의 작동법

① 깨끗이 세탁된 스펀지를 따뜻한 물에 적신다.

② 적신 스펀지에 금속판을 끼워 놓는다.

③ 두 겹의 스펀지 부분이 신체에 접촉되게 장치하여야 한다.

④ 각 스펀지를 고무밴드로 잘 고정시켜 준다. 고무밴드는 작동 시에 스펀지가 움직이지 않게 고정시켜 준다.

⑤ 전원의 상태가 220V인지 확인한다.

⑥ 작동 전에 모든 스위치가 꺼져있는 상태인지를 확인하여야 한다.

⑦ 전압계의 6개의 손잡이가 모두 '0' 을 가리키고 있는지를 확인한다.

⑧ 맨 왼편의 1번선부터 6번선까지 차례로 집게를 프로그램에 맞추어 판에 연결시킨다.

⑨ ON-OFF버튼을 누른다.

⑩ 관리시간의 타이머를 17분으로 맞춰 놓는다.

⑪ 주파수를 400헤르쯔 또는 600헤르쯔 중 고객의 상태에 맞게 선택한다. 일반적인 근육조직을 지니고 있는 고객에게는 400헤르쯔를 사용하며, 탄력이 많이 떨어졌거나 나이가 많은 고객에게는 600헤르쯔를 사용한다.

⑫ 프리퀀시 퍼즈(Frequency pause) 손잡이를 중간 위치에 맞추어 놓는다. 이것은 근육운동시간의 1.5배에 해당하는 휴식시간을 주기 위한 것으로 이 배합은 슬리밍과 퍼밍의 관리에 모두 가장 적절한 조건이다.

⑬ 녹색의 스타트버튼을 눌러 관리를 시작한다.

⑭ 전류흐름을 조절하기 위해 손잡이를 조심스럽게 천천히 돌려 고객의 근육움직임을 주시하면서 원하는 근육수축에 이르게 한다. 너무 빨리 올리면 경고음이 울리게 되며 고객이 통증을 느낄 수도 있다.

⑮ 조절손잡이는 한 번에 두 개씩 돌려 준다. 관리 도중 항상 함께 조절해야 한다. 대개 근육 수축을 적절히 조절하는데 소요시간은 2~3분 정도이다. 관리를 받는 고객들은 관리부위에 따라 사람마다 다른 반응을 보인다. 전선이 연결된 부위를 확인하고 손잡이를 돌려 가면서 각각의 작동을 증감시켜 마지막으로 근육수축이 명확히 확인되고 통증이 없고 기분이 쾌적해야 한다. 근육의 움직임을 잘 관찰하여 스스로 똑같은 효과를 가져올 수 있도록 한다.

[주의] 손잡이 위쪽의 전등은 기기의 on-off를 가리킨다.
불빛은 10볼트 이하의 자극에서는 작동하지 않는다.

⑯ 17분의 관리가 끝나면 기기는 자동적으로 꺼지게 된다.

⑰ 작동이 꺼지면 먼저 on-off스위치를 내려 준다.

⑱ 조절손잡이를 돌려 스위치를 모두 '0'의 상태로 돌린다.

⑲ 집게 위쪽의 버튼을 눌러 스펀지에서 떼어 놓는다.

⑳ 수건과 스펀지 및 고무벨트를 제거한다.

㉑ 연결전선을 잘 정리하여 가지런히 놓는다.

㉒ 비만관리가 끝난 후 스펀지는 깨끗이 비눗물로 세척한다.

㉓ 사용 후 스펀지는 정기적으로 30분 이상 자외선 살균을 해주어야 한다.

㉔ 고무밴드는 소독용 알코올 솜으로 닦은 후에 파우더를 발라 줌으로써 서로 엉키지 않게 한다.

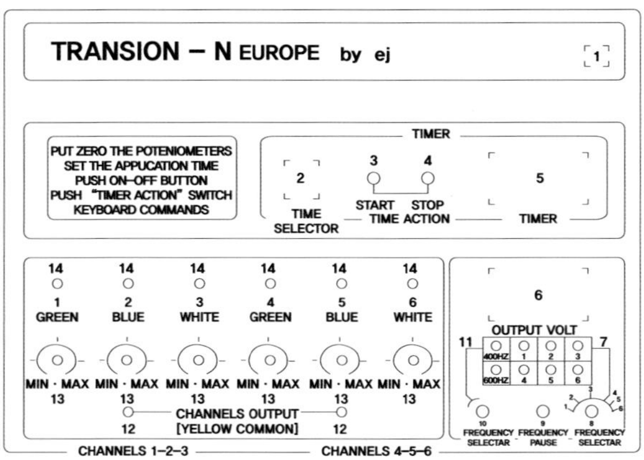

그림 6-3 트랜젼 단면도

1. on-off스위치 : 기기를 켜는 스위치
2. Time selector : 작동시간을 세팅하는 스위치
3. Timer Action – START : 트랜젼 작동 시작 버튼
4. Timer Action – STOP : 트랜젼 작동 정지 버튼
5. TIMER : 작동시간을 알려주는 표시
6. OUTPUT VOLT : 주파의 세기를 나타내주는 표시
7. Warning Light : 8번의 스위치를 돌릴 때 나타나는 표시
8. Channel selector : 각 채널의 세기와 작동을 알고자 사용하는 스위치
9. Frequency Pause : 항상 중간에 위치하며 1 : 2의 비율로 자극이 가해짐과 휴식시간을 세팅하는 버튼
10. Frequency selector : 헤르쯔의 크기를 결정하는 버튼
11. Indicator Lights : 10번의 버튼작동 시 버튼의 세팅을 알려주는 표시
12. Channel Output : 각 채널을 연결하는 단자
13. Knobs : 각 채널의 세기를 조정하는 스위치
14. Indiacator Light : 트랜젼 작동 시 주파가 전달되고 있는지를 알려주는 표시

(2) Twins S.E.S

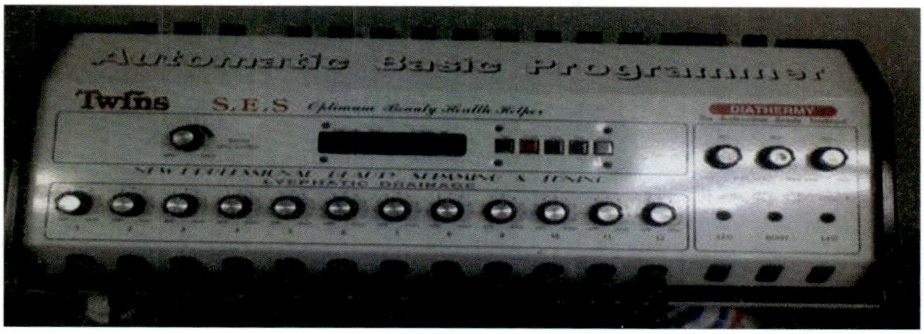

그림 6-4 EMS

1) 기기의 작용원리

Twins S.E.S의 기본원리는 E.M.S(Electric Muscle Stimulation)으로 근육운동을 일으키는 저주파기이다.

EMS(Electric Muscle Stimulation)는 신진대사를 촉진시켜 체내에 쌓인 독소와 과다한 노폐물을 체외로 배출시켜 신체의 건강을 유지시켜 주며, 체중을 감소시키고 근육을 탄력있게 하며 지방, 셀룰라이트를 제거하는 데 가장 효과적인 방법이다.

운동요법에는 두 가지가 있다.

첫 번째는 태어나면서 갖추게 되는 자연방식인데, 뇌부가 중추신경계통에 신호를 보내어 다시 개별적인 근육운동을 제어하는 신경섬유에 전달하는 것이다.

두 번째는 뇌부의 의지대로 제어하는 것이 아니라 특수한 TENS(Transcutaneous electrical nerve stimulation, 피부관통신경자극기)로 피하 말초신경을 자극하여 신경섬유가 동작전위를 만들어 내도록 하는 것이다. 이것은 근육을 자극하여 수축운동을 하는 자연방식과 똑같다. 이 방식은 근육을 자극하여 운동을 시키므로 두 방식 모두 반드시 신진대사를 거쳐야 한다.

신진대사는 근육이 수축할 때 필요한 산소와 포도당을 공급하고, 수축한 뒤에 이완할 때 신진대사 후 생기는 이상화탄소와 수분을 배출시킨다.

이러한 운동방식은 모두 체내 에너지 소모를 필요로 한다. 그러므로 체내의 에너지를 대량으로 소모시키기 때문에 체중이 감소하고 몸매가 매끈해진다.

2) 사용방법

① Twins S.E.S기에 전원을 연결한다.
② 모든 스위치가 OFF위치에 있는지를 확인한다. 안전장치로 Twins S.E.S기는 한 개의 스위치라도 ON에 있으면 작동하지 않는다.
③ Twins S.E.S기 뒤쪽에 ON스위치를 켜면 표시판이 나타난다.
④ 관리시간을 설정한다(15, 30, 45, 60분).
⑤ 자동 또는 수동을 선택할 수 있다.
⑥ 투열 랩에 연결된 다이얼로 전류를 고객이 참아낼 수 있는 정도로 조절한다.
⑦ 패드에 연결된 모든 다이얼을 조절한다.
⑧ 모든 다이얼을 켜게 되면 고객에게 투열 랩의 온도가 적절한지 물어보고 원하는 만큼 조절해 준다.
⑨ 고객에 따라 조금씩 관리강도를 높인다.
⑩ 고객에게 조절하기를 원하는 것이 있는지 정기적으로 확인한다.

표 6-1 기기의 기능

조 절		기 능
파워스위치	A	기계를 켜고 끄는 스위치 기계가 켜지면 불이 켜진다.
관리시간조절 스위치	B	관리하기 전에 15분, 30분, 45분, 60분 중에 시간을 선택한다.
퓨즈	C	급격한 전류변화 방지
ON/OFF 스위치	D	빨강색 버튼, 기계의 작동을 시작하고 끝낸다.
모드 스위치	E	수동과 자동모드를 결정한다.
자극 스위치	F	수동상태에서 자극의 강도를 조절한다.
속도 스위치	G	수동상태에서 가가의 진동의 속도를 조절한다.
시간 표시	H	분과 초 단위로 남은 관리시간을 보여준다.
상태 표시	I	기계의 현재 작동상황을 보여준다.
마스터 콘트롤 다이얼	J	모든 EMS패드와 투열랩에 20%까지 동일한 강도를 줄 수 있다.
투열 랩 조절 다이얼	K	3개의 다이얼은 각각 조절 가능하며 몸에 열의 강도를 조절해 준다.
EMS 강도 조절 다이얼	L	10개의 다이얼은 각각의 패드에 강도조절을 할 수 있다.

2. 중주파 기기(Middle frequency system)

1. 원 리

중주파는 1,000Hz~10,000Hz 사이의 전류를 말하며 피부의 저항력을 가장 적게 받아 신체의 안정감을 주는 파장이다. 중주파는 높은 주파수로 자극하여 피부저항이 낮으므로 저주파에서 느끼는 통증이나 불쾌감이 없어 특정부위나 넓은 부위 및 심부까지 부드럽게 관리할 수 있는 장점을 지닌다. 많이 사용되고 있는 주파수는 4,000~4,100Hz, 4,000Hz~4,150Hz이다.

서로 다른 중주파전류를 인체의 동일지점 또는 일련의 지점에서 교차통전시켰을 때 간섭현상으로 새로운 저주파전류가 발생하는데 이를 간섭전류(interferential current, IFC)라 하며 간섭전류효과로는 운동신경 및 근육을 자극하여 근수축을 일으켜 수축과 이완을 거듭한다. 또한 자율신경계를 자극하여 교감신경의 활성 억제로 국소부위에 혈류량이 증가함에 따라 부종 및 염증산물의 흡수작용이 촉진된다.

2. 효 과

① 동통완화/제어의 효과가 있다.
② 운동신경 및 근육을 직접 자극하여 근수축 · 이완의 작용으로 운동효과가 있다.
③ 세포간 체액의 흐름을 원활히 하므로 부종을 완화시키며 셀룰라이트와 지방분해효과가 있다.
④ 혈류량 증가로 혈관이 확장됨에 따라 신진대사와 순환이 활발해지므로 산소 · 영양 · 항체 등의 공급이 원활해지며, 세포분열이 촉진되어 피부재생의 효과가 있다.
⑤ 근수축과 이완의 반복을 통한 근육강화 효과로 인해 근육과 피부의 탄력이 증진될 수 있다.
⑥ 특정한 부위 또는 넓은 부위의 관리가 가능하다.

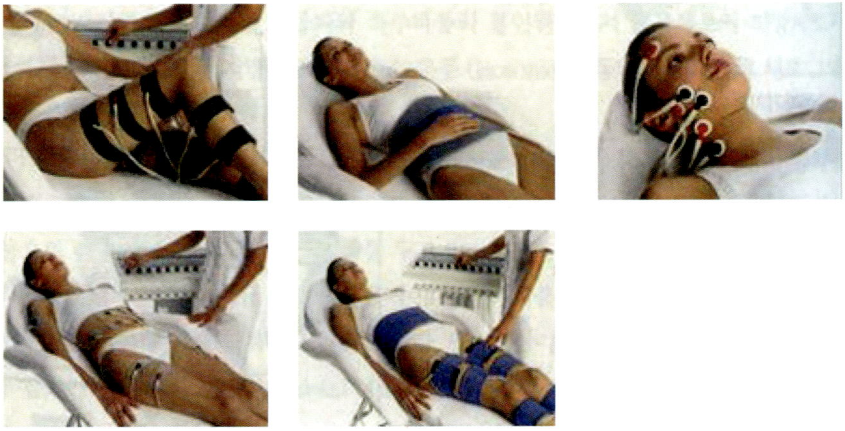

그림 6-5 중주파 기기 관리장면

3. 사용방법 및 주의사항

① 사전에 고객의 금속류(액세서리)를 제거한다.
② 관리하고자 하는 부위를 클렌징한다.
③ 시술부위에 적합한 액세서리를 택한다.
④ 비스코스커버 이용 시 물을 충분히 적신다. 단, 탄산고무도자로 직접 피부에 사용할 시에는 전용 겔을 발라 준다.
⑤ 근육의 기시점과 정지점에 +, −극의 도자를 대고 밴드를 감는다.
⑥ 시술 전 고객에게 기기의 관리느낌에 대하여 설명한다.
⑦ 전기의 강도를 서서히 올리고 서서히 줄임으로써 고객의 전기적 충격을 방지한다.
⑧ 비스코스커버와 고무패드는 흐르는 물에 세척한 후 자외선 소독기에 넣어 소독한다.
⑨ 관리 전, 후 30분은 식사를 하지 않는다.
⑩ 피부에 유분이 있거나 패드가 밀착되어 있지 않으면 전류가 흐르지 않아 근수축의 효과가 일어나지 않는다.

4. 비 적응증

① 인공심장박동기, 인공신장기 착용자
② 피부질환이나 상처부위
③ 간질, 정신질환자
④ 당뇨, 고혈압, 저혈압, 암환자
⑤ 임산부, 뼈골절 또는 근육손상부위
⑥ 출산 직후(50일 전), 복부시술금지(제왕절개)

5. 중주파기 관리의 실제

(1) 노블레스 스팀(Nobless stim)

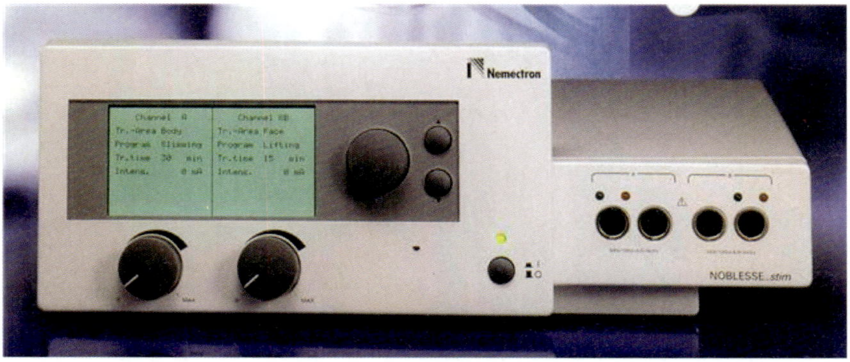

그림 6-6 노블레스 스팀

1) 노블레스 스팀 원리

노블레스 스팀에 전원을 연결하고 메인스위치를 켜면 기기는 자동으로 자가진단을 하고 사용자의 설정에 따라 중앙처리장치(CPU)에서 각종 입력 값을 연산하고 제어하여 설정된 상태를 표시하고 그 상태를 출력으로 보내줄 수 있도록 프로그램화되어 있다.

마이콤스위치 입력부의 상태를 감시하여 세기 및 모드를 조절하며, 발진부를 동작시키고 발진된 출력은 직류로 생성한다.

생성된 전류의 세기 및 모드에 따라서 펄스의 크기와 파형의 간격을 제어하여 패드로 흐르게 된다.

2) 노블레스 스팀의 특성

① 특허전류인 AMF(Amplitude Modulated Frequency) – 증폭변조중주파장의 사용으로 비만 치료 효과를 극대화한다.
② 두 개의 채널을 가지고 있어 동시에 두 명의 관리가 가능하다. 또한 각각의 채널은 개별적으로 작동되기 때문에 서로 다른 프로그램의 사용이 가능하다.
③ 4가지 언어로 사용이 가능하게 되어 있어 원하는 언어로 사용할 수 있다.
④ 각각의 채널에 대한 디스플레이가 분리되어 있어 상태확인이 용이하다.
⑤ 지속적으로 오류를 체크해 주기 때문에 오류발생 시 기기가 경고음을 들려주어 안전의 효율을 높인다.

3) 사용방법

① 사용 전 준비

- 사용 전에 비스커스 커버를 흐르는 물에 씻어내도록 한다.
- 패드에 케이블을 연결한 후 기계의 후면에 있는 소켓에 연결한다.
- 기계를 작동시키기 전에 회전식 강도 조절기를 '0' 에 맞춰 둔다.
- 메인스위치를 누르면 기계는 작동을 시작한다. 기계가 작동을 시작할 때 메인스위치 위에 연두색 불이 들어오며, 잠깐 동안 소리신호가 나타나고 화면에 '웰컴'(welcome) 문구가 나타난다.

② 프로그램 선택

- 채널A 또는 B 선택–rotary entry knob를 돌려서 원하는 채널을 선택한다.
- 선택부위(body or face) 설정– "pointer downwards" 키를 작동시켜 "트리트먼트 에어리어"(treatment area)에서 포인터를 설정한다. 그런 다음 rotary entry knob을 회전시켜서 보디 또는 페이스를 선택한다.

- "pointer downwards"로 프로그램을 설정하고, rotary entry key로 프로그램 중에서 선택한다.

③ 강도설정

- "pointer downwards" 키를 이용하여 강도를 설정한다.
- 선택된 채널에 대해 로터리 인텐시티 노브(rotary intensity knob)를 제로에서부터 시계방향으로 원하는 강도까지 설정한다. 기계의 강도는 디스플레이(display)에 표시된다.
- 전류가 산출 소켓에 부합하는 경우 LED 등이 녹색으로 점등된다. 또한 산출전압이 적어도 10v인 경우에는 노란색 LED 등이 점등된다.
- 만약 전류강도가 10^2mA값을 초과하는 경우 영향받는 두 전류회로의 강도가 서서히 감소되고, 더블 펄스 톤(double pulse tone)이 작동한다. 이 톤을 정지시키기 위해서는 rotary intensity knob를 '0'로 상태로 돌린다.

④ 작동의 시작

각각의 채널의 처치는 rotary intensity knob를 제로상태에서 회전시킴으로써 시작된다.

⑤ 사용의 종료

사용시간이 종료되면 각각의 채널강도는 서서히 감소되고, 10sound pulse가 작동된다. 이 사운드 펄스는 각각의 강도조절기를 재설정하면 종료된다.

4) 기기효능 - 보디 케어 프로그램, 스킨 케어 프로그램

- cellulite
- purify (lymphatic draimage)
- slimming
- active (Vitalization)
- body styling
- Relacation

효능
- 셀룰라이트 제거
- 체지방 분해
- 결합조직의 퍼밍효과
- 혈류와 임파수송촉진
- 피부조직개선

- lifting
- Eyes
- Chin
- Wrinkle
- Decollete

효능
- 안면근육 문제해결 (lifting, eyes, chin)
- 결합조직의 퍼밍효과
- 혈류와 임파수송촉진
- 피부조직개선

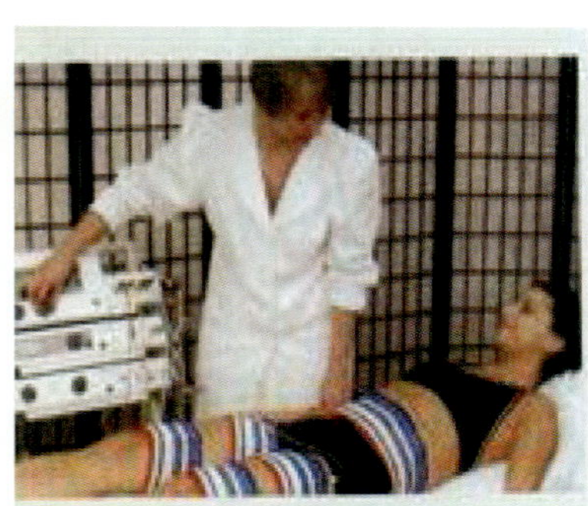

표 6-2 노블레스 스팀 주파수별 효과

주파수	효 과
10Hz	10Hz -혈액, 림프 순환 강화
20Hz	20Hz-백색근육 자극, 근육강화 및 수축
50Hz	50Hz-근육긴장
150~200Hz 400Hz~ 4,000Hz	150~200Hz-근육이완 400Hz~3Sec(수축)/1Sec(이완) 4000Hz-혈액순환, 림프 순환 촉진, 신진대사촉진, 세포의 기능향상

5) 프로그램(체형, 안면)

① 셀룰라이트

관리목적 : 결합조직 퍼밍, 피부조직개선, 셀룰라이트 제거

관리시간 : 30분(15×2회)

관리시간	1 2 3 4 5 6 7	8 9 10	11 12 13 14 15
주파수	1~5Hz	4,000Hz	10~20Hz + S4000

- 1~5Hz-7분 : 지방분해, 근육 토닝 , 혈관확장
  4000Hz-3분 : 혈액과 림프순환 촉진, 세포의 기능 향상
  10~20Hz-5분 : 근육강화, 혈관수축

② 림프 드레니지 관리목적 : 신진대사작용 촉진, 혈액과 림프 순환 촉진, 확산작용 촉진

관리시간 : 30분(10×3회)

관리시간	1 2 3 4 5	6 7	8 9 10
주파수	10~30Hz	4,000Hz	100Hz

- 10~30Hz-5분 : 근육강화(머슬럼프, muscle lump)
  4,000Hz-2분 : 혈액과 림프순환 촉진, 세포기능 향상
  10~2Hz-3분 : 근육강화, 혈관수축

③ 슬리밍(Slimming)

관리목적 : 체지방분해, 근육운동, 결합조직 퍼밍, 림프순환촉진

관리시간 : 30분(10×3회)

관리시간	1 2 3 4 5 6 7 8	9 10
주파수	1~5Hz	100Hz

• 1~5Hz – 8분 : 지방분해촉진, 근육의 긴장력 증가, 혈관확장
10~30Hz– 2분 : 근육강화, 혈관수축

④ 보디 스타일링(Body styling)

관리목적 : 근육활성화, 혈액과 림프순환 촉진, 신진대사 활성화

관리시간 : 30분(15×2회)

관리시간	1 2 3 4 5	6 7 8 9 10	11 12 13 14 15
주파수	1~5Hz	4,000Hz	100Hz

• 10~50Hz – 5분 : 근육진정관리
20~50Hz – 5분 : 근육강화, 혈관수축
150~200Hz – 5분 : 근육이완, 혈관확장

⑤ 액티브(Active)

관리목적 : 탄력활성화, 혈액과 림프순환 촉진, 신진대사 활성화

관리시간 : 30분(10×3회)

관리시간	1 2 3 4 5	6 7 8 9 10
주파수	1~5Hz	150Hz

• 1~5Hz–5분 : 적색섬유강화 – 혈관확장
150Hz–5분 : 근육이완, 혈관확장

⑥ 릴렉스(Relax)

관리목적 : 혈액과 림프순환 촉진, 근육이완

관리시간 : 30분(15×2회)

관리시간	1 2 3 4 5	6 7 8 9 10 11 12	13 14 15
주파수	1~5Hz + S4000	90~100Hz + S4000	100Hz

• 1~5Hz−5분 : 근육진정관리
90~110Hz−7분 : 근육이완, 혈관수축
4000Hz−3분 : 혈액과 림프순환 촉진, 신진대사 활성화, 세포기능 향상

⑦ 탄력관리

관리목적 : 결합조직을 강화시켜 탄력있게 함(셀룰라이트 겔을 이용하여 복부, 허벅지 관리)

관리시간 : 10분

관리시간	1 2 3 4 5 6 7 8 9 10
주파수	4,000Hz

⑧ 리프팅(Lifting)

관리목적 : 근육운동, 신진대사활성화, 혈액과 림프순환 촉진, 피부조직 향상 및 탄력증가

관리시간 : 15분

관리시간	1 2 3 4 5	6 7 8 9 10 11 12	13 14 15
주파수	1~5Hz + S4000	90~100Hz + S4000	100Hz

• 3~5Hz−5분 : 근육토닝, 혈관확장
100Hz−7분 : 근육이완
4,000Hz−3분 : 혈액과 림프순환 촉진, 신진대사 활성화, 세포기능 증대

⑨ 아이윙클(Eye Wrinkle)

관리목적 : 근육강화, 신진대사 활성화, 세포기능 활성화

관리시간 : 15분

관리시간	1 2 3 4 5	6 7 8 9 10	11 12 13 14 15
주파수	3~5Hz	4,000Hz	100Hz

• 05~2Hz−8분 : 근육의 긴장성 강화, 혈관확장
10~20Hz−4분 : 근육강화, 혈관확장
100Hz−3분 : 근육이완, 혈관확장, 신진대사활성화

⑩ 이중턱 관리

관리목적 : 근육의 긴장성 강화, 신진대사활성화, 혈액과 림프순환 촉진, 피부 탄력증가, 지방분해

관리시간 : 15분

관리시간	1 2 3 4 5 6 7 8	9 10 11 12	13 14 15
주파수	1~3Hz	20Hz + 4,000Hz	100~150Hz

· 1~3Hz-8분 : 근육 운동, 혈관확장, 지방분해
  2Hz~4,000Hz-5분 : 근육강화
  100~150Hz-2분 : 근육이완, 신진대사활성화

⑪ 윙클(Wrinkle)관리

관리목적 : 신진대사활성화, 피부 조직 향상

관리시간 : 15분

관리시간	1 2	3 4 5 6 7 8 9 10 11 12	13 14 15
주파수	1~5Hz	20~50Hz + S4000Hz	100Hz

· 1~5Hz 혈액과 림프순환 촉진, 혈관확장/혈관수축
  20~50Hz-10분 : 근육강화, 혈관확장
  100Hz-2분 : 근육이완, 신진대사 활성화, 혈관확장

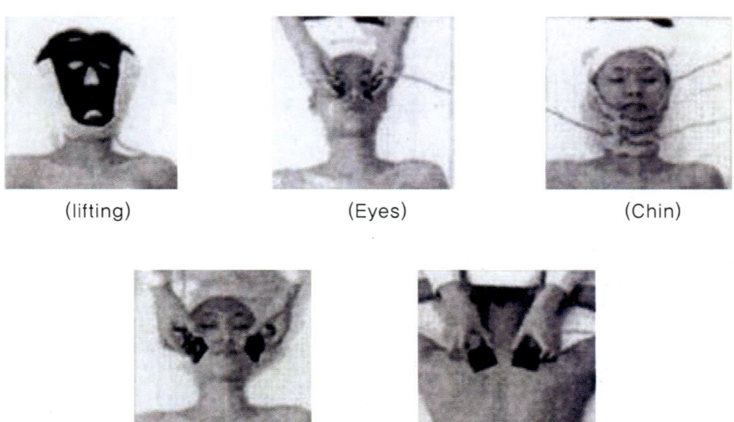

(lifting) (Eyes) (Chin)

(Wrinkle) (Decollete)

그림 6-7 얼굴(face)관리 프로그램 패드 부착요령

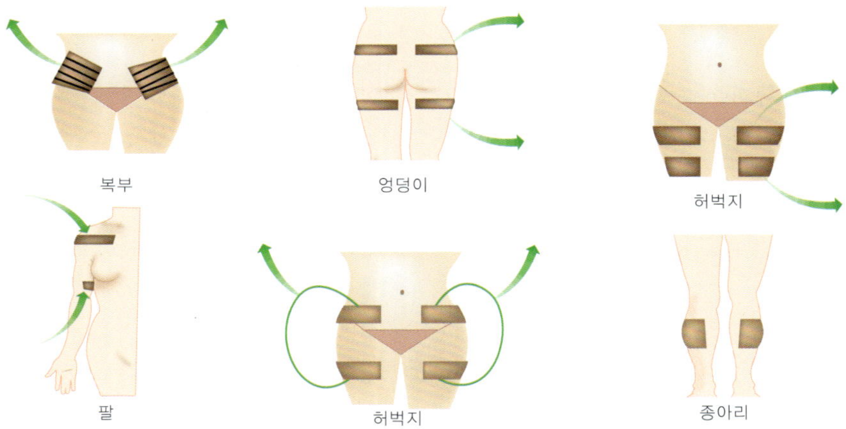

그림 6-8 체형(body)관리 프로그램 패드 부착요령

6) 비 적응증

- 정맥류
- 혈전증
- 인공심장기, 신장기 착용자
- 고열이 있는 경우
- 급성염증, 국소적 염증이 있는 경우
- 단순포진, 대상포진
- 고주파기와 동시에 사용 시 도자 아랫부분에서 전기 화상을 입을 수 있으니 병행사용은 금한다.

(2) 슬림라인(Slim line)

그림 6-9 슬림라인

1) 슬림라인의 원리

슬림라인(Slim line)은 비만관리의 필수조건인 근육의 운동과 인체의 혈액순환 증가, 신진대사 증가, 림프순환 증가 등의 효과를 볼 수 있는 운동요법을 기초로 비만의 원인을 관리하는 기기이다. 이미 축적된 지방세포를 감소시킴과 동시에 피부의 탄력을 증대시켜 비만의 가장 중요한 문제인 체형관리를 하는 기기이다.

최근 들어서 새로운 운동요법이 소개되고 있는 가운데 슬림라인은 유산소운동과 동시에 부분적인 근육의 수축, 이완작용으로 지방분해를 효율적으로 관리하기 위한 다양한 형태의 패드가 있다. 면역력이 약해지기 쉬운 인체부위를 강도에 따라 2단계로 분류한 전류를 이용하여 관리하며, 전류의 강도가 분류되어 초기 관리 시와 마지막 관리 시의 강도를 쉽게 조절할 수 있다.

근육운동에 가장 적합한 주파수인 중주파 모드는 각종 파형과 주파수에 따라 달리 작용할 수 있다. 그러므로 각 개인의 피부형태와 비만 정도에 따라 다르게 제어를 해야만 한다.

슬림라인은 각 프로그램의 효과적인 기능에 맞추어져 있는 오토 기능으로 조작이 간편하다.

전기를 이용한 관리의 경우는 시술자는 물론이고 고객이 전기에 대한 불안을 갖기 마련이며 또한 전기에 관한 민감도나 컨디션에 따라 다르게 느낄 수 있다. 경험해 보지 못한 고객은 그 불안 정도가 더욱 가중될 것이고 경험자라 할지라도 기존의 저주파 형태의 파형이 고객에게 익숙해져 있기 때문인 것이다.

슬림라인(Slim line)은 체형의 균형을 잡아 주는 슬리밍 관리와 피부의 탄력을 증대하는 퍼밍관리, 근육의 통증을 관리하는 릴렉스 관리, 얼굴 및 보디라인의 노화를 관리하는 리프팅 관리를 가능케 한다. 인체에 항상 도사리고 있는 비만의 원인을 운동요법으로 예방하고 관리하며 노화된 세포의 재생력을 증대시켜 주는 효과가 있다.

2) 사용방법

① 스타트/스톱(START/STOP)스위치

스타트/스톱스위치를 누르면, 최초 노멀램프가 점등되며, 스타트/스톱스위치를 한 번 더 누르면, 소프트 램프가 점등된다.

노멀모드(Normal Mode)－일반적으로 사용하는 모드로 일반적인 관리 시 사용한다.

소프트모드－노멀모드의 전류가 강하다고 느낄 때 사용하는 모드로, 노멀모드의 출력보다 다소 약한 출력으로 세팅되어 있다.

작동 시 출력조절레벨이 OFF로 되어 있을 때만 시작이(ZERO START) 가능하므로 반드시 레벨 OFF를 확인하고 사용한다. 레벨이 ON이 되어 있을 경우 ⑥ 타임(TIME)모드에 @Error lamp가 점멸하며, 오작동음이 수회 작동한다.

② 출력조절 레벨 및 동작 램프

출력 레벨은 시술자의 상태에 따라 알맞게 조절할 수 있으며, 레벨의 출력조절상태에 따라 동작 램프도 강,약으로 점등한다.

③ 임펄스모드 스위치

주파수가 펄스로 발생되는 모드로 최소 0.6초에서 최대 24초까지 조절하여 사용할 수 있다. 중주파 주파수 변환 시간 : 0.6초－1.0초－2.0초－3.0초－5.6초－7.2초－15초－24초순

④ 인터벌 모드 스위치

중주파수가 쉬어 가는 모드로 최소 0.8초에서 최대 50초까지 알맞게 조절하여 사용할 수 있다.

중주파 주파수 변환시간 : 0.8초－1.2초－2.4초－3.6초－7.2초－9.1초－20초－50초순)

⑤ 프로그램 선택 스위치

7종류의 프로그램이 내장되어 있어 고객의 상태에 따라 선택하여 사용할 수 있다.

· PRG1-퍼밍 기능 (15분 자동 세팅)
· PRG2-슬리밍 기능 (20분 자동 세팅)
· PRG3-퍼밍+슬리밍 기능 (35분 자동 세팅)
· PRG4-3.5KHZ연속기능 (20분 자동 세팅)
· PRG5-펄스 기능 (20분 자동 세팅)
· PRG6-메시지 기능 (20분 자동 세팅)
· PRG7-롤링 기능 (20분 자동 세팅)

⑥ 시간조절 스위치

작동 시 최초 20분이 세팅되어 있으며, 최대 60분까지 조절하여 사용할 수 있다. 프로그램 모드의 PRG1, PRG2, PRG3모드는 시간이 자동설정되어 있으므로 임펄스와 인터벌 기능 및 시간의 조절이 불가능하다. 그러나 PRG4부터 PRG7까지는 임펄스 · 인터벌 기능의 사용이 가능하고 시간도 알맞게 조절하여 사용할 수 있다.

3) 효 과

① P1퍼밍 (탄력관리)

정기적인 운동이 이루어지지 않아 탄력이 떨어진 근육을 탄력있게 하여 늘어진 부분을 탄력있게 가꾸어 준다.

② P2슬리밍(지방분해)

근육의 수축과 이완을 조절하여 체내의 지방을 분해시키고 신진대사를 촉진시킴으로써 분해된 지방을 노폐물로 배출시킨다.

③ P3슬리밍+피밍(지방분해+탄력)

슬리밍과 퍼밍모드를 조합하여 자동으로 세팅된다.

④ P4연속모드(근육운동)

3,500Hz의 연속적인 파형으로 근육을 운동시켜 미세하고 약한 근육을 발달시킴으로써 근육통이나 근육으로 인한 질환을 치료하여 준다.

⑤ P5펄스(pulse) 기능(림프 배농)

림프의 순환을 원활하게 해주며 이로 인한 독소배출효과가 증진된다.

⑥ P6릴렉싱(relaxing, 마사지)

등관리 및 어깨부분의 근육을 강화시켜 체형의 선을 살려주는 작용과 함께 근육을 부드러운 작용으로 마사지를 해준다.

⑦ P7롤링(rolling, 독소배출)

장기간의 운동부족으로 인해 처진피부의 근육을 강화시켜 탄탄한 몸을 만들어 주며, 동시에 림프순환을 촉진시켜 독소를 배출시켜 준다.

(3) 중주파 C Ⅱ

1) C II 의 원리

2가지의 중주파를 발생시키는 피부미용기기이다. 그 중 하나는 4,000Hz의 중주파를 발생시키며, 또 하나는 4,000Hz에서 4,100Hz의 중주파중 용도에 알맞게 선택된 주파수나 4,000Hz에서 4,100Hz의 사이를 15초 간격으로 자동으로 변화하는 중주파를 발생시킨다.

2) 사용방법

① 사용할 부위를 선택하여 고객을 편안히 눕힌다.

② 시작 전 일렉트로드를 따뜻한 물에 적셔 놓는다.

③ 코드를 꽂은 후 원하는 주파수에 맞춰 놓고, 강도 스위치는 아주 미약한 전원으로 "ON" 해 놓는다.

④ 침대에 관리할 부위 밑에 고정대(elastic bandage)를 미리 배치해 놓는다.

⑤ 항상 2개의 일렉트로드가 같이 되어 있으며 탄력붕대(고정대)로 잘 감은 후 고객이 느낄 정도로 강도 스위치를 올린다.

⑥ 시간을 알려줄 타이머를 원하는 시간에 맞춰 놓는다(처음에는 20분).

–100Hz : 10분으로 혈액순환, 근육이완

–3Hz : 15~20분으로 지방분해

– 20Hz : 처음 10분으로 근육강화를 시작하여 차차 늘린다. 근육강화 관리는 전부 1시간을 넘지 않도록 한다.

⑦ 크기에 따라 얼굴, 어깨, 배 대퇴부,팔에 사용한다.

⑧ 0~5Hz : 얼굴부위, 0~25Hz : 몸 부위

⑨ 2일에 1회 관리하면 몸의 부피부터 줄어들어 몸매에 균형이 잡히고, 그 후에 몸무게도 줄어든다. 1~3개월 경과 시 효과가 현저하게 나타난다.

3) 기기효능

① 2, 3, 4Hz

- 근육자극활성화 효과
- 근육운동 증가 효과

② 100Hz

- 근육이완효과
- 혈액순환효과
- 교감신경자극효과

③ 0~100Hz : 신진대사 촉진효과

- 20Hz : 근육강화효과
- 3Hz : 지방분해효과

3. 고주파 기기(RF기기 : Radio frequency System)

1. 원 리

고주파 전류는 100,000Hz 이상의 주파수를 발생하는 교류전류를 말하며, 인체조직 통전기간이 0.001ms 정도로 매우 짧기 때문에 감각신경이나 운동신경을 자극하지 않아 시술 시의 불편함이나 근육수축을 일으키지 않으면서 신체조직 안의 특정부위를 가열할 수 있다.

고주파를 사용하는 열치료를 **심부투열치료**(diathermy)라 한다. 어원은 dia (through) + them (heat)의 합성어로 열을 피부를 통하여 신체조직속으로 투과시킨다는 의미로 흔히 심부투열 또는 **심부가열**(deep heating)이라고 한다.

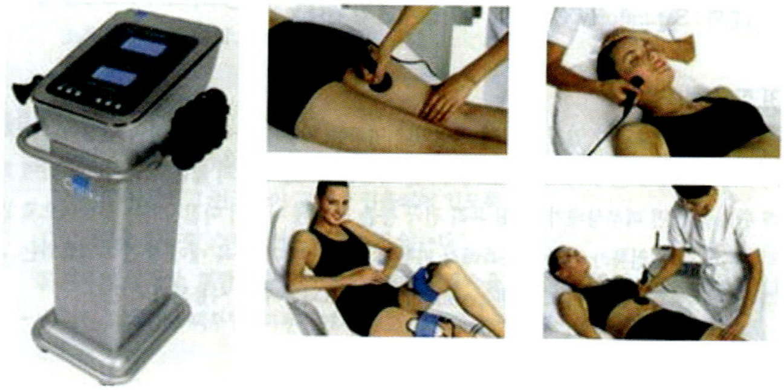

그림 6-10 고주파 기기 및 관리장면

2. 특 징

① 심부투열효과와 조직 내 열발생 효과
② 혈관확장으로 혈류량 증가
③ 국소 온도 상승으로 신진대사율 증가
④ 세포 내 화학반응으로 세포의 산소비율 증가

3. 심부발열의 원리

생체조직에 높은 전기에너지가 가해지면 조직을 구성하는 분자들이 진동하면서 서로 마찰되어 생체 안에서 열에너지로 전화하는데 이를 **심부열**이라고 한다. 이러한 전환열은 생체에서만 발생하므로 '생체열' 이라고도 한다. 고주파에너지가 조직에서 생체열에너지로 전환됨에 따라 조직의 온도가 상승하고 세포의 기능이 촉진된다.

4. 효 과

1) 온열효과로 혈액순환 촉진과 피지선 활동증가

심부조직의 온도가 올라가면 혈관의 확장으로 인해 혈류량이 증가하고 혈액 및 림프순환이 촉진된다. 피지선의 기능을 활성화하여 피지분비를 촉진시켜 건성 · 노화피부를 윤택하게 해준다.

2) 결체조직을 강화시켜 피부의 탄력을 회복시키고 세포의 재생력이 좋아진다.

3) 신경 진정효과로 근육통증 완화(통증진정작용)

근육의 무리한 사용으로 근 골격계의 조직손상, 염증, 통증등이 있을 때 결합조직의 온도가 상승됨에 따라 결합조직의 신장력이 증가되어 근골격계의 통증을 완화시켜 준다.

4) 발한효과로 지방분해(셀룰라이트 분해) 촉진

피하조직에서 생체열이 많이 발생하여 지방이 분해가 일어나며 용해된 지방은 땀샘이나 소변을 통해 배출된다.

5) 인체의 노폐물 배출효과와 온열작용으로 체내 신진대사 활동이 증가되어 정체된 노폐물 배출이 잘 된다.

6) 인체 내분비선의 분비기능을 증진시킨다.

5. 사용 시 주의사항

① 금속물질을 착용하지 않는다.

② 인공심장기와 인공신장기 착용자는 관리를 금한다.

③ 출혈부위와 진통제 사용 직후 관리를 금한다.

④ 방사선 치료 중(피부감각, 열감각저하) 관리를 금한다.

⑤ 임산부와 생리 중인 사람의 복부는 관리를 금한다.

⑥ 피부질환과 악성 종양이 있는 부위는 삼간다.

⑦ 혈압이 비정상인 사람(고혈압환자)은 관리를 금한다.

⑧ 혈전성, 정맥염인 사람은 관리를 금한다.

6. 고주파기기 관리의 실제

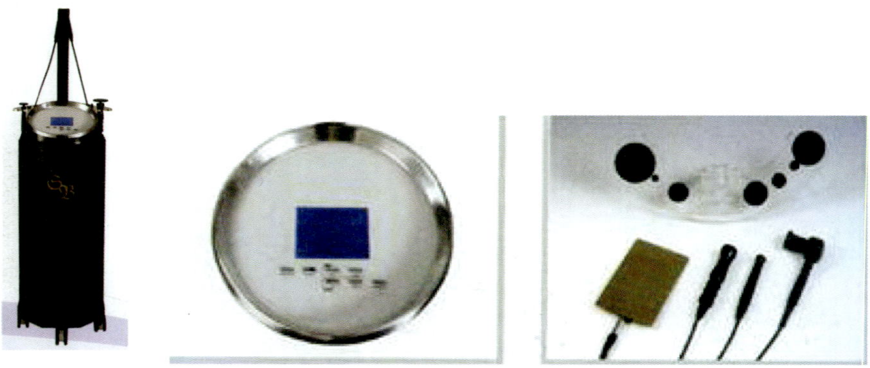

그림 6-11 고주파 기기

(1) 신비SB-1000

1) 원리

첨단 LCD화면으로 관리상태를 표시하는 디지털방식으로 보다 효율적으로 관리할 수 있다. 인체조직의 기능향상과 저항력, 치유력을 높여주고, 비만몸매의 소유자에게 지방의 자연 연소촉진으로 체력의 활성화, 혈액림프액의 순환을 촉진시켜 주며, 내장기능의 정상화 및 각 세포의 활성화에 도움을 주는 시스템이다.

2) 작동순서

① 고객의 피부에 플레이트 밀착

② 전원 ON(버튼을 누를 때 마다 ON, OFF)

③ 페이스[Face(LIFT)]와 보디[Body(SELL)] 선택

④ 일렉트로드(Electrode)를 선택하여 핸드피스(Handpiece)에 끼움

⑤ 관리부위에 전용 크림 도포

⑥ 출력조절하여 관리

3) FACE관리

① 주요효과

- 피부재생
- 리프팅(Lifting) 관리
- 여드름 관리
- 눈가 특별관리 · 다크서클(Dark circle) 관리
- 림프드레니지(Lymph drainage)
- 입술 관리

② 주의사항

- 얼굴, 목관리 시 머리방향으로 올리면 머리쪽으로 혈류량이 급격히 많아져서 위험할 수 있으니, 관리는 반드시 아래로 내려준다.
- 안면부종이 있는 경우, 부종은 체액이 정체하여 일어나는 현상이므로 부종부위를 관리하면 부종은 더욱 심해진다. 이 때는 귀, 목 및 액와의 림프절을 먼저 관리하여 림프순환을 원활하게 하여 주는 것이 효과적이다.
- 높은 열로 하지 말고, 적당히 낮은 열로 관리한다.
- 림프순환관리는 기본이므로, 크림을 녹이면서 자연스럽게 시행해 준다.

③ 관리 테크닉

- 얼굴관리는 항상 얼굴 좌,우면을 기준으로 중심선을 긋고 중심에서 안면림프 포인트쪽으로 관리한다.
- 림프흐름의 역방향으로 관리하면 림프의 역류로 얼굴이 붓는다.
- 세세한 부위(코, 각진 부위, 눈자위 등)는 작은 일렉트로드로 마무리 관리를 한다.

- 일렉트로드에 가하는 관리자의 누르는 압력은 강하게 해서는 안 된다.
- 높은 열보다는 적당히 낮은 열(편안함을 느끼는 온도)로 부드럽게 천천히 일렉트로드를 회전한다.
- 중심에서 바깥쪽으로 일렉트로드를 이동시킬 때는 천천히 나선형을 그리며하되, 다시 돌아올때는 빠르게 직선거리로 돌아온다.
- 일렉트로드를 잡지 않은 손은 가볍게 고객의 얼굴이나 관리부위에 완전 밀착하여 그 위치에서 부드럽게 일렉트로드의 이동방향과 같이 마사지하듯 동시에 움직여 준다. 이때 손바닥에 느껴지는 열의 감도가 미지근한 정도 이면 고객은 편안함을 느끼는 온도이다.
- 관리 후 찬물에 의한 세안이나 선풍기, 에어컨 등 찬바람과 접촉을 절대 금한다.

4) 전신, 부분비만 관리

① 관리방법

- 관리 전 뜨거운 물로 샤워를 한 후 관리하면 훨씬 빠른 효과를 기대할 수 있다.
- 편안한 상태로 수면을 취한 후 더운물 샤워나 뜨거운 수건을 이용하여 크림을 닦아낸다.
- 관리가 끝난 후 미온수를 충분히 마신다.
- 관리가 끝난 후 절대 찬물 샤워나 찬 공기에 신체가 노출되어서는 안 된다.

② 관리 테크닉

- 림프관리

  심장과 가까운 위치에서 시작 → 먼쪽으로
  얼굴 : 뒷머리 → 목 → 안면
  전신 : 목 → 겨드랑이 → 손 → 서혜부 → 무릎 뒤 → 발바닥
  상체 : 목 → 겨드랑이 → 등 → 팔 → 손바닥

- 지방분해 : 강한 자극과 압력으로 견딜 수 있는 최대온도로 관리하면 효과적이다.
- 경혈점 자극 : 경혈점 부위는 일렉트로드를 고정시켜 몇 초 동안 자극한다.
- 탄력관리 : 근육방향으로 부드럽게 자극하여 준다.

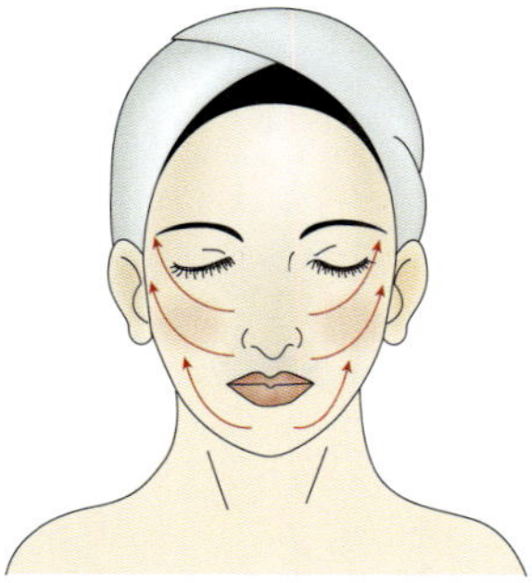

① 3등분하여 쓸어 준다.

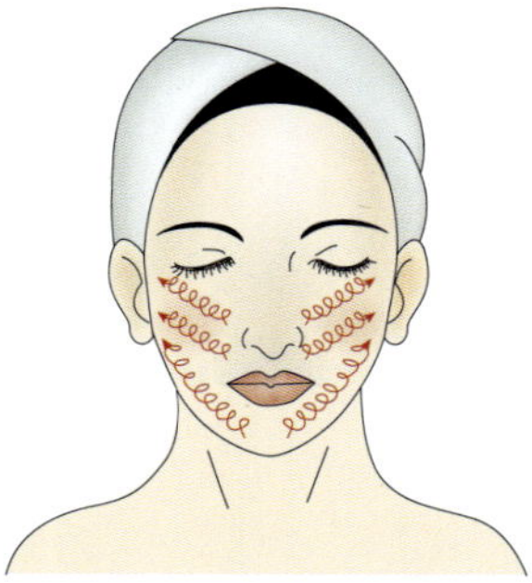

② 원을 그려 주며 3등분 관리한다.

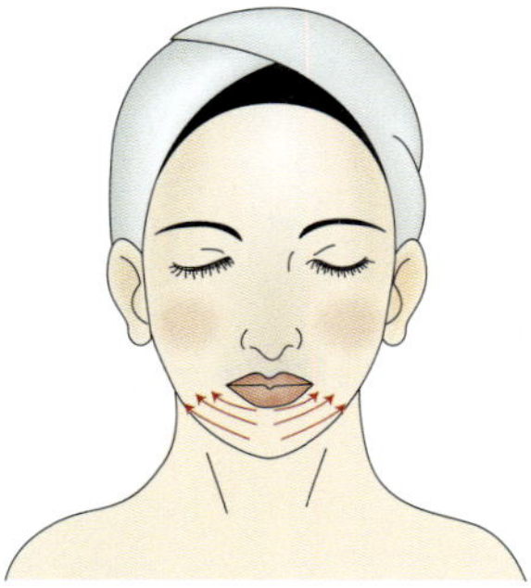

③ 턱에서 사선을 그려 주며 올려 준다.

④ 눈꼬리 쪽을 끌어올린다.

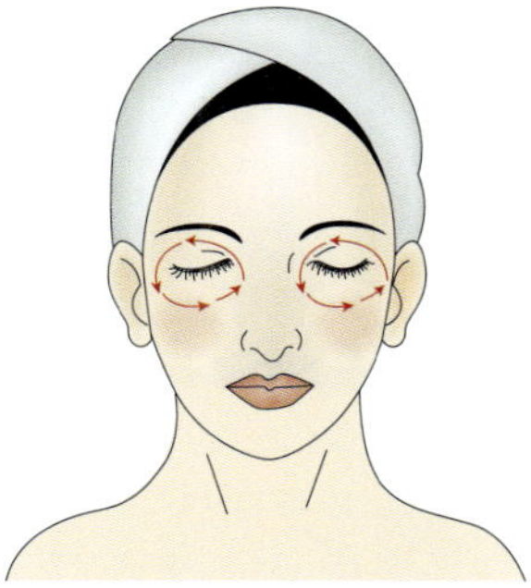

⑤ 눈 밑을 돌면서 지압한다.

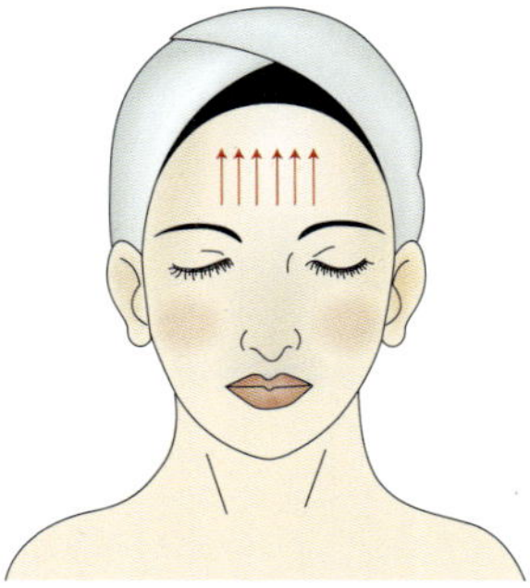

⑥ 이마를 쓸어 준다.

⑦ 얼굴전체를 안에서 밖으로 쓸어내린다.

그림 6-12 얼굴 관리

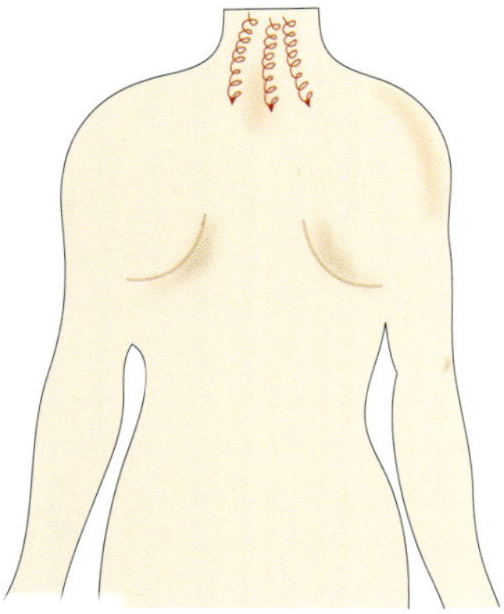

① 경추를 풀어 준다.

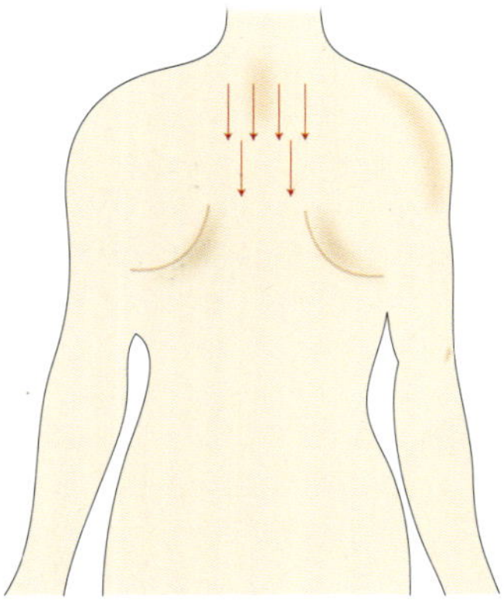

② 대추 자리를 풀어 준다.

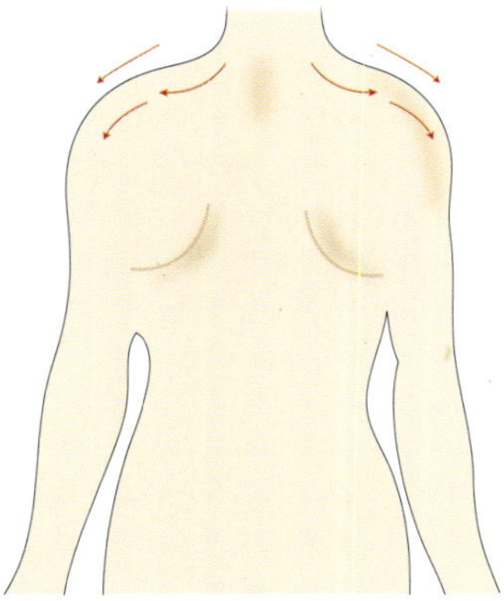

③ 승모근에서 어깨 라인을 풀어 준다.

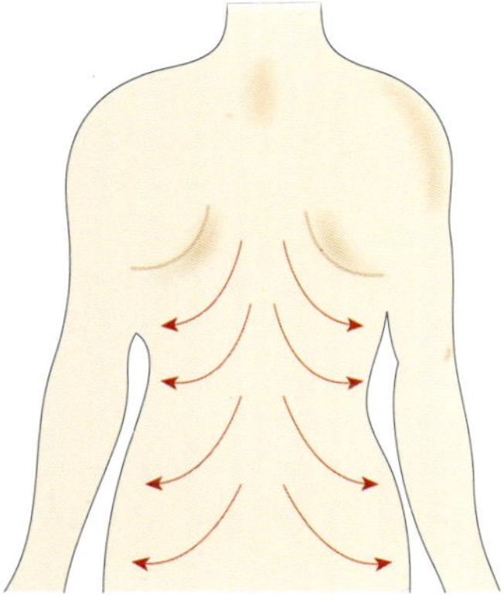

④ 척추를 중심으로 사선으로 쓸어 내린다.

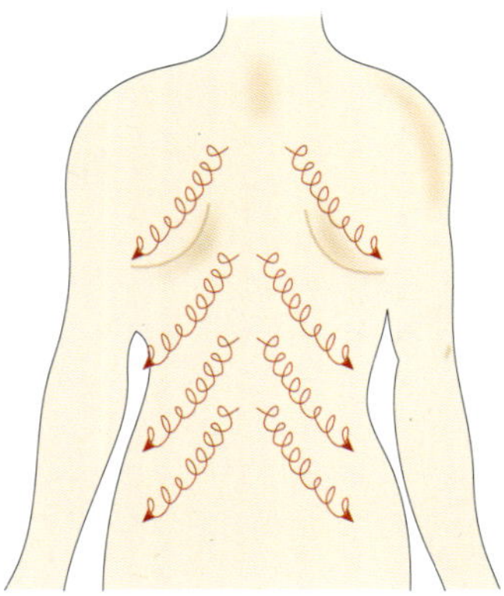

⑤ 방광 1선에서 옆구리를 향해 나선형으로 쓸어 준다.

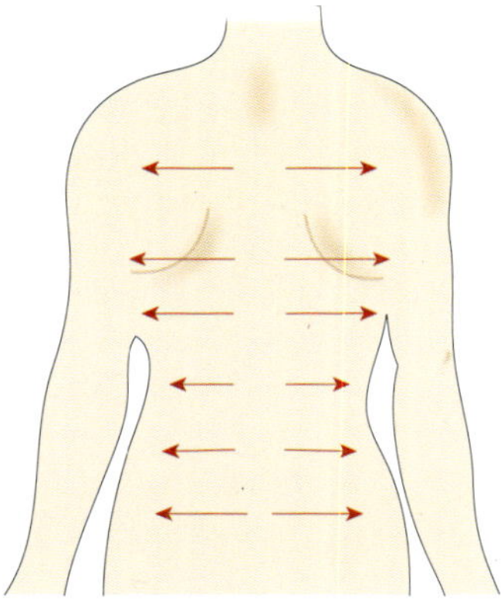

⑥ 양쪽으로 자극하여 옆구리로 빼준다.

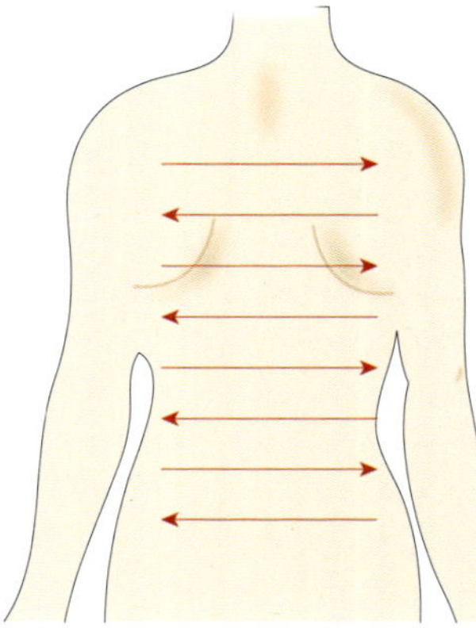

⑦ 등 전체를 지그재그로 쓸어 준다.

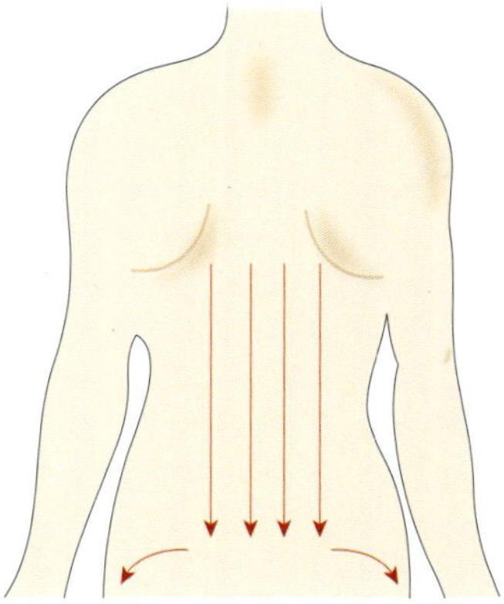

⑧ 방광 1, 2선을 풀어 준다.

그림 6-13 등 관리

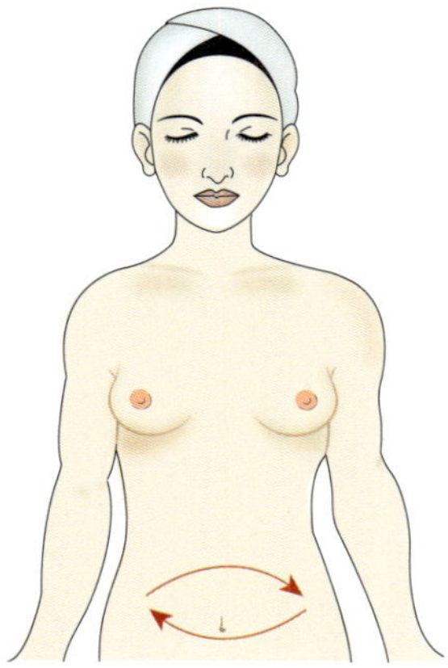

① 시계방향으로 돌려 준다. (천천히)

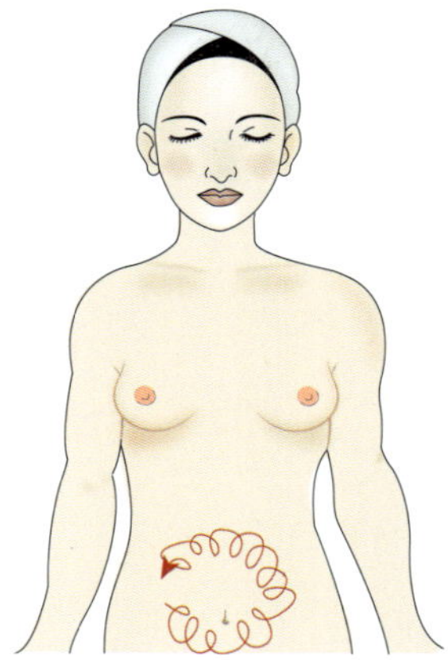

② 시계 방향으로 원을 그려 준다.

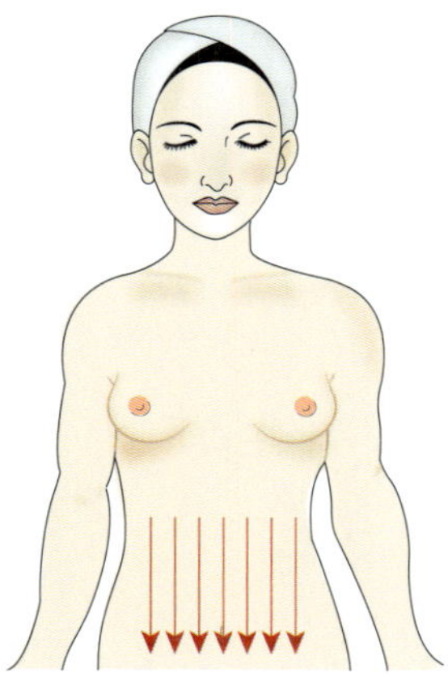

③ 임맥부터 차례로 풀어 준다.

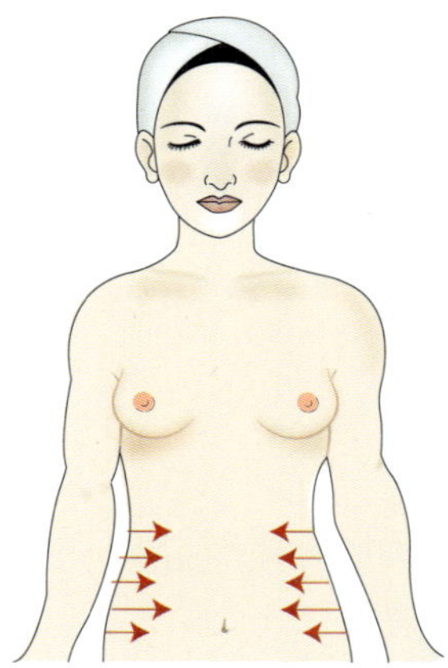

④ 옆구리를 집중적으로 관리해 준다.

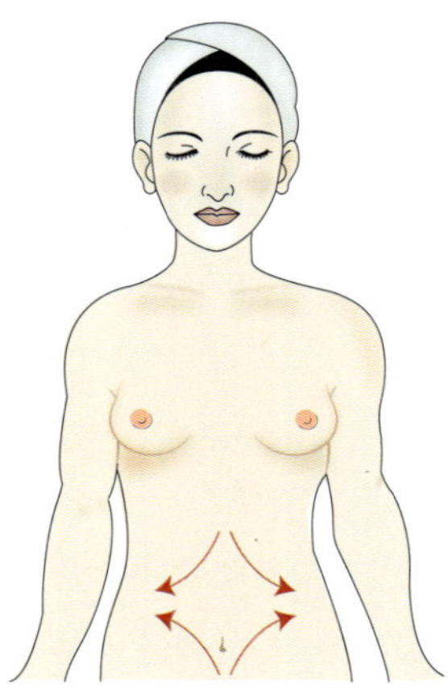

⑤ 다이아몬드 형으로 그려 준다.

그림 6-14 복부관리

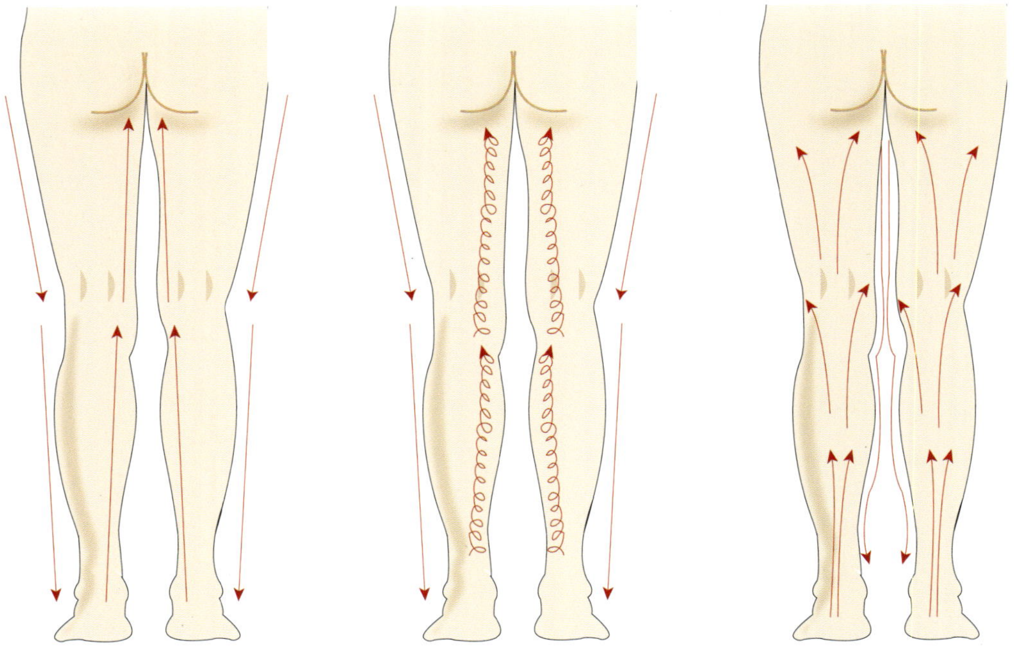

① 음경락 쪽으로 올려준 후, 담경락 쪽으로 내려준다.

② 원을 그리면서 음경락부터 양경락으로 빼준다.

③ 종아리와 대퇴부를 훑은 후, 허벅지 안쪽을 빼준다.

그림 6-15 하체관리

(2) 인디바 생체전류의 관리 원리 및 이해

생체전류를 이용한 온열형 트리트먼트(Electro Magnetic Hyperthermia System)인 인디바(INDIBA)는 스페인 물리학자 호세칼벳에 의해 개발된 RF(Radio Frequency) 치료기로 인체에 0.4~0.5MHz의 전류를 조직에 통전시켜, 조직을 구성하고 있는 세포조직의 발열을 유도하여 프리라디칼을 제거하고 세포활동을 촉진하여 신진대사와 면역력을 증대하여 인체에 셀룰라이트, 탈모의 치료, 기초대사의 촉진, 자율신경활성화, 호르몬균형을 조정하는 기기이다.

① CET (Capacitive Electric system)의 원리

용량성 전류 통전법(Capccitive Electric system)에 의하여 절연된 금속자극을 이용하여 인체조직에 밀착시켜 이동하면서 전류를 공급하여 체온을 높여 주는 방법이다.

② RET(Resistive Electric system)의 원리

저항성 전류통전법(Resistive Electric Transfer)에 의하여 절연되지 않은 금속전극을 이용하여 시술부위를 관리할 때 심부 깊은곳까지 침투하므로 생체에너지가 생성된다. 경직된 근육을 이완시키며 엘라스틴과 콜라겐 섬유의 생성을 촉진시켜 주는 효과가 있다.

(3) 인디바의 관리 효과 및 트리트먼트

1) 피부관리

① 발열요법과 피부관리

발열요법은 피부에 적용할 때 관리부위의 온도증가는 혈액순환을 증가시켜 주고 세포 재생효과가 있으며, 피부의 중심인 진피층을 건강하게 해준다. 또한 신진대사 기능을 증가시켜 주며 공해로부터 오염된 피부의 노폐물의 배출을 촉진시키고 산소공급을 충분하게 한다.

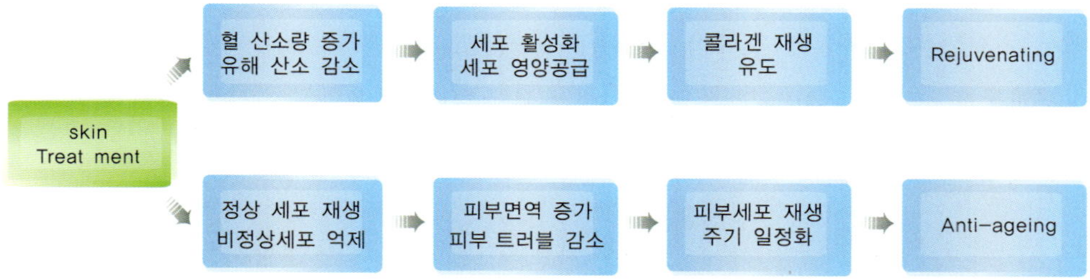

그림 6-16 피부에 적용하는 발열요법

② 발열요법과 피부적용분야

- 얼굴축소 : 발열요법 적용 시 지방연소와 노폐물 배출, 얼굴 축소효과
- 여드름 : 발열요법 적용 시 피지분비 조절, 박테리아 살균, 피부 면역력 증가
- 미백 : 발열요법 적용 시 피부 속의 세포를 활성화해서 자연적인 피부세포의 교환주기를 정상화하여 각질축적을 방지하며 림프순환을 활성화하여 얼굴색이 맑아짐
- 리프팅 : 발열요법 적용 시 콜라겐 생성 및 탄력 강화

• 노화지연 : 발열요법 적용 시 인체에 유해한 프리라디칼의 제거 및 충분한 영양과 산소공급으로 노화지연

③ 피부 트리트먼트 기간

1주일에 2~3회 간격으로 10~15회 관리한다. 기간이 다른 이유는 개인마다 개인차가 있는 것은 감안하여 관찰하기 때문이다.

2) 전신관리

① 발열요법과 전신

발열요법을 이용한 시스템은 피하지방을 분해하는 방법으로 40~42℃에서는 피하지방이 용해된다는 점을 이용한 것이다.

피하지방이 너무 많이 쌓이면 주위조직이 압박을 받으면서 그 부위의 체액과 노폐물을 밖으로 운반하는 혈관과 림프관이 수축되어 체액과 노폐물이 잘 빠져나가지 못하고 쌓이며, 그 결과 다시 조직들이 압박을 받는 악순환이 되풀이되면서 지방 과잉으로 되어 간다.

발열요법은 이러한 셀룰라이트나 유착되어 있는 지방덩어리들을 40~42℃ 사이에서 용해함은 물론이고 혈관과 림프관을 확장, 노폐물이 밖으로 배출되도록 하며 대사활동을 높임으로써 효과적으로 지방을 연소하여 체중을 줄이는 것이다.

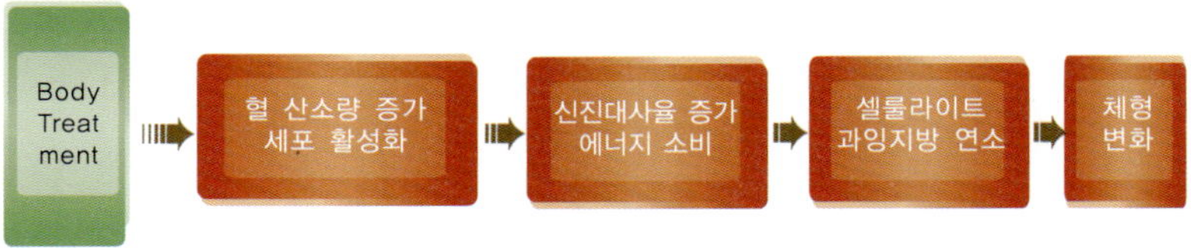

그림 6-17 전신 발열요법

② 발열요법과 전신관리

• 슬리밍 : 발열요법 적용 시 세포 활성화로 인한 대사율 증가로 유착되어 있는 지방 연소 및 셀룰라이트를 제거한다.

• 지방흡입 후 정상화 : 발열요법 적용 시 세포 재생력과 면역력 증가로 상처회복 촉진과 경직된 조직을 정상화한다.

• 비만통증 개선 : 발열요법 적용 시 순환장애로 인한 통증이 완화된다.

- **전신 노화 방지** : 발열요법 적용 시 몸 전체 세포의 성장을 촉진한다.
- **튼살 재생** : 발열요법 적용 시 튼살을 재생시키고 가슴의 탄력을 증가시킨다.

③ 전신관리기간

1주일에 2~3회 간격으로 10~15회 트리트먼트 한다. 시술시간은 부위별로 40~90분 정도 소요된다. 트리트먼트 기간은 개인적인 차이가 있다.

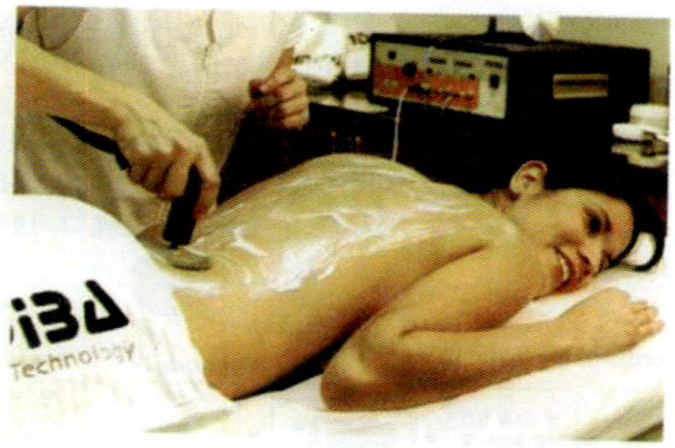

그림 6-18 전신 발열요법 관리모습

3) 두피관리

① 발열요법과 두피

발열요법은 두피관리와 발모 촉진을 위한 기기로, 두피에 전류를 통전하여 세포를 활성화하여 두피를 건강하게 하고 발모를 촉진시키는 시스템이다.

전기에너지가 세포 내로 전달되면 세포 자신부터 발열현상이 일어나고 노폐물을 분해하고 배출시키며 모모세포를 활성화한다. 헤어드라이어의 열은 두피를 뜨겁게 하지만, 발열요법은 안으로부터 따뜻하게 해주기 때문에, 그 작용하는 방법에 있어 큰 차이가 난다.

② 발열요법과 두피 관리

- **탈모방지** : 발열요법 적용 시 스트레스 해소, 모기질세포의 활성화
- **발모촉진** : 발열요법 적용 시 두피에 영양 및 혈액 공급 촉진, 모기질세포를 활성화하여 발모 촉진

- **모발이식 후 케어** : 발열요법 적용 시 상처 치유, 모근성장 촉진
- **문제성 두피 개선** : 발열요법 적용 시 두피의 신진대사를 활성화하여 손상 모발, 지루성 두피염, 비듬 관리에도 효과적이다.

③ 두피관리기간

1주일에 2~3회 간격으로 20회 이상 관리를 해야 한다. 관리기간은 개인적인 차이가 있다. 시술시간은 40분 정도 예상된다.

처음 관리 후에 간혹 머리가 빠질 수 있다. 이것은 이미 팽창해 버린 모공에서 머리가 빠진것으로 정상적인 증세이니 걱정하지 않아도 된다.

(4) 인디바 사용방법 및 주의사항

① 사용방법

- 고객의 피부에 플레이트를 밀착한다.
- 전원 ON(버튼을 누를 때마다 ON, OFF)
- C.E.T관리와 R.E.T관리를 선택한다.
- 일렉트로드를 선택하여 핸드피스에 끼운다. 관리 부위에 따라 피부에 밀착될 수 있는 일렉트로드(고주파 크림)를 선택한다.
- 관리 부위에 전용 크림을 도포한다.
- 출력을 조절하여 관리한다.

② 주의사항

- 일렉트로드와 플레이트 접촉금지
- 전기장판 위 사용금지
- 금속 물체 착용금지
- 출력이 높은 상태에서 일렉트로드를 한 부위에 오랫동안 두지 않는다.

4. 진공흡입기 (Vacuum Suction)

1. 원 리

다양한 크기의 압력을 조절하여 피부조직을 흡입하는 것으로 진공흡입기 또는 석션기라 불리기도 한다.

벤토즈 (ventouse)라는 유리관을 피부에 밀착시키고 손가락으로 공기구멍을 막으면 컵 내 압력이 감소되어 피부가 벤토즈 안으로 흡입되어 볼록하게 당겨지는 원리이다.

석션(Suction)은 피부에 음압을 가함으로써 노폐물을 제거하고 피하지방의 분해를 촉진시켜 불안전한 신진대사를 원활하게 하여 생체리듬을 활성화한다.

석션을 실시하면 혈관이 팽창하고 림프액의 흐름이 촉진된다. 림프의 움직임이 빨라지면 더 많은 노폐물이 제거된다. 혈액순환도 활발해져서 신체에 영양과 산소의 공급을 증가시키고 노폐물 제거도 원활하게 되며, 피하지방의 분해속도를 증가시킨다. 또한 진공음압으로 인한 혈류의 개선은 세포의 기초대사량 증가와 피부박리를 가져오게 됨으로써 비만관리는 물론이고 피부관리에도 도움을 준다.

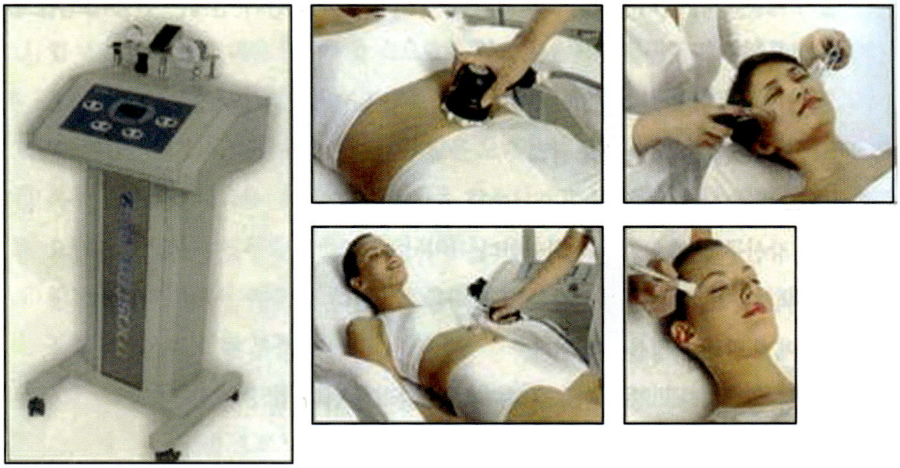

그림 6-19 진공흡입기 및 관리장면

2. 효과 및 주의사항

(1) 관리효과

① 벤토즈(Ventouse) 내의 공기압으로 피부조직이 벤토즈 속으로 흡입되는데 이때 혈관이 팽창하고 림프액이 모이게 된다. 벤토즈의 움직임에 따라 림프액의 흐름이 빨라지면서 더 많은 노폐물이 제거된다.

② 복부, 엉덩이, 대퇴부, 목 등의 체지방을 감소시키고 셀룰라이트 제거에 효과적이다. 식이요법과 병행하여 실시하는 것이 효과적이다.

③ 림프액의 흐름이 원활해지므로 부종이 줄어든다. 그러나 고혈압, 신장이상 혹은 다른 신체 이상으로 인한 부종에는 효과가 없다.

④ 림프관이 진공흡입의 영향을 받는 것과 같이 혈액순환도 영향을 받아 혈액의 흐름이 빨라져서 신체에 영양과 산소의 공급을 증가시켜 주며 노폐물 제거를 빠르게 하여 피부 조직의 상태를 좋게 한다.

⑤ 진공흡입으로 인한 혈액순환의 자극은 세포의 기초대사량 증가와 피부 박리를 가져오게 됨으로써 피부 상태를 증진시킨다.

⑥ 정맥류가 있다면 진공흡입이 상태를 악화시킬 수 있으므로 관리를 금한다.

⑦ 국소부위의 비만관리가 용이하다.

(2) 주의사항

① 벤토즈가 깨어졌는가를 반드시 확인한다.

② 관리 부위에 맞는 적절한 크기의 벤토즈를 고른다.

③ 압력을 체크하고 관리 부위의 안전과 벤토즈의 이동을 원활하게 하기 위해 충분한 오일을 바른다.

④ 피부를 충분히 흡입하되 벤토즈의 20%를 넘지 않도록 한다.

⑤ 가장 근접한 림프절로 벤토즈를 들어올려 움직인다.

⑥ 관리 부위에서 벤토즈 압력을 낮추어 벤토즈를 피부에서 떼어낸다.

⑦ 한 부위를 지나치게 관리하지 않도록 하며 이전 관리부위와 1cm 정도 겹쳐서 다음 관리를 한다.

⑧ 피부병, 피부염, 썬번, 모세혈관 파열, 튼 살, 상처, 주름살이 많은 피부와 노화피부, 다모부위, 혈전증, 정맥류가 있는 경우는 관리해서는 안 된다.

⑨ 진공흡입 후에 순환 진동기 혹은 손 마사지로 관리부위를 따뜻하게 해주거나 전기 근육 자극이나 운동을 하면 효과적이다.

⑩ 갈바니 관리 후에는 진공흡입을 하지 말아야 한다. 두 관리를 병행하여 실시하면 피부를 예민하게 만들 수 있기 때문이다. 관리부위의 소염효과를 위해서 갈바니 관리 전에는 진공흡입을 할 수 있다.

⑪ 슬리밍 관리와 병행하여 관리하면 탄력이 유지된다.

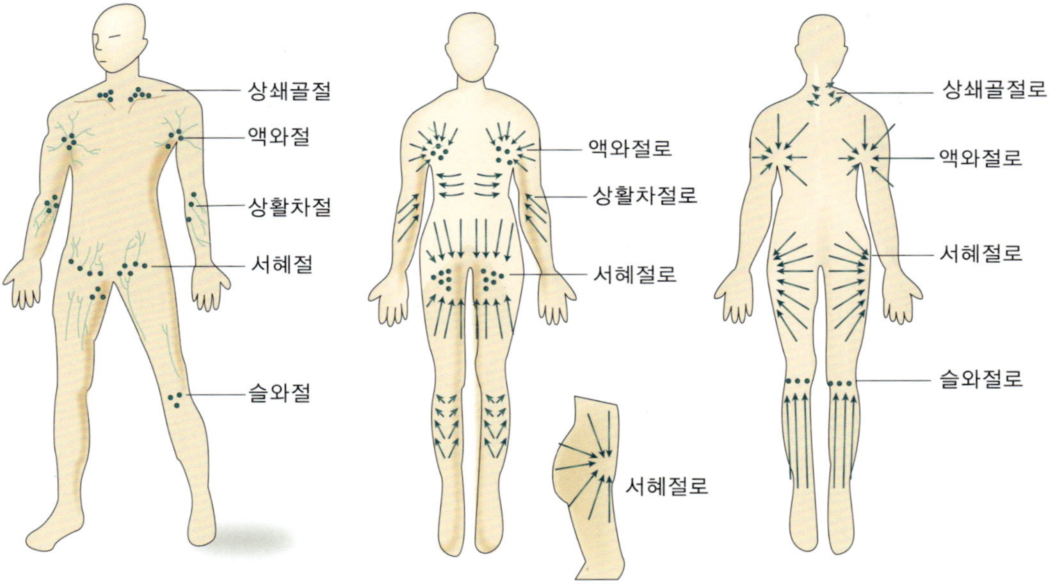

그림 6-20 전신의 림프절/진공흡입 방향(좌/우)

3. 관리방법

① 모든 장신구를 빼 놓았는지를 확인한다.

② 관리해서는 안 되는 경우인지 건강 상태를 문진한다.

③ 고객에게 관리 과정을 설명한다.

④ 평평한 곳에 기계를 놓고 플러그, 전선, 튜브를 점검한다.
⑤ 기기를 테스트한다.
⑥ 강도조절기가 '0' 에 있는지 확인한다.
⑦ 적절한 벤토즈를 선택한다.
⑧ 적절한 사전 열관리를 한다
⑨ 벤토즈의 이동을 원활히 하고 관리부위를 안전하게 하기 위해, 오일이나 크림을 바른다.
⑩ 손목 부위에서 피부의 흡입 정도를 확인한다.
⑪ 관리부위에 벤토즈를 놓고 흡입을 하여 피부가 벤토즈의 20%까지 흡입되게 한다. 흡입이 너무 많이 되면 흡입을 빨리 멈춰야 한다.
⑫ 벤토즈를 들어서 가장 근접한 림프절을 향해 자연스럽게 움직인다.
⑬ 관리 후 소독용 알코올 솜으로 컵을 닦는다.

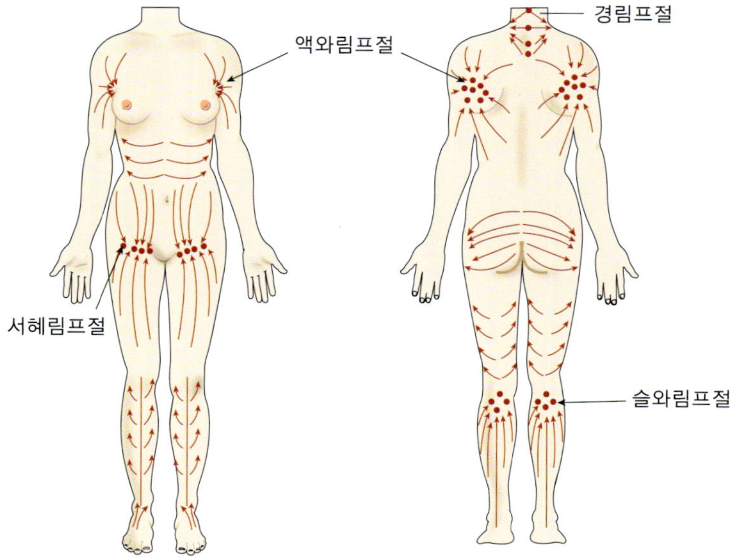

그림 6-21 진공흡입기 림프 관리방법

5. 초음파기(Ultrasound System)

1. 원 리

초음파란 진동주파수가 17,000~20,000Hz 이상의 진동음으로서, 인간의 감각으로는 감지가 어려워 귀로 들을 수없는 불가청 진동음파이다.

초음파가 인체에 흡수되었을 때 에너지형태로 변화된다. 초음파의 진동은 분자간의 마찰에 의해 열을 발생시키고 피부온도를 약 1℃ 정도 올려줌으로써 혈액순환과 신진대사 기능을 촉진시키는 온열작용을 한다. 초음파의 의한 에너지는 피부의 섬유아세포의 활성화를 가져오고 결국 콜라겐과 엘라스틴의 생성을 증가시켜 피부의 탄력을 증가시킨다.

2. 효 과

(1) 혈액 및 림프순환 촉진

진동에 의한 피부조직의 온도상승에 따라 혈액과 림프순환이 촉진된다.

(2) 온열효과

초음파의 물리적 고속진동이 세포들의 운동을 일으키게 하고 세포들 간의 운동에 의한 마찰로 생성되는 마찰열에 의해 피부조직의 온도가 상승한다.

(3) 지방분해

초음파의 진동작용으로 조직의 운동이 활발해짐에 따라 그 운동효과가 지방을 쉽게 지방산으로 분해시키고 혈액을 통해 근육으로 가서 에너지원으로 사용된다.

(4) 멜라닌 분해효과

색소침착의 원인인 멜라닌색소를 활성화하는 티로시나아제효소의 고리를 유도전압으로 제거하여 세포재생을 도와 분해된 멜라닌 색소를 배출시킨다.

(5) 침투효과

초진동의 두드리기 운동에 의해 피부 속으로 침투시키고자 하는 성분의 입자를 미세하게 만들어 유효성분을 피부 심부까지 침투시킨다.

(6) 마이크로 마사지효과

초음파는 1초에 수백만 번의 미세한 진동으로 피하조직을 마이크로 단위로 자극하는 섬세한 마사지 효과로, 피부 속 미세구조의 이완작용과 부종 감소 등의 효과가 있으며, 경직된 근육을 이완시키는 마사지 효과를 얻을 수 있다.

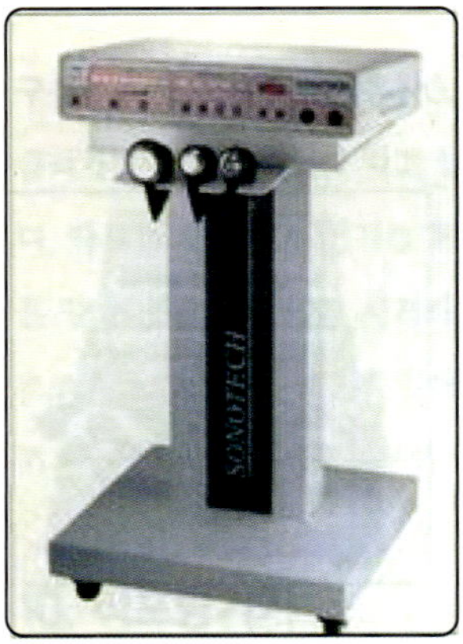
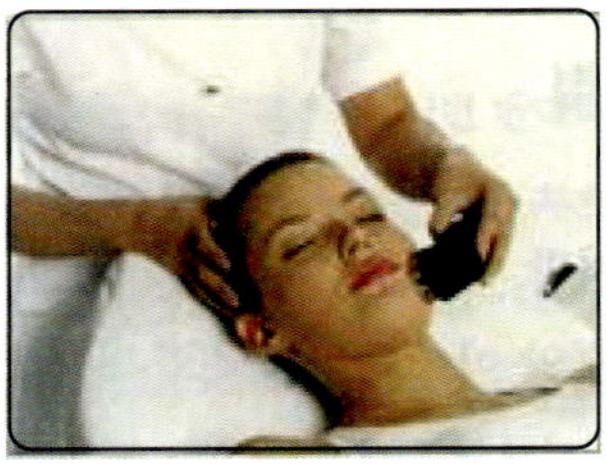
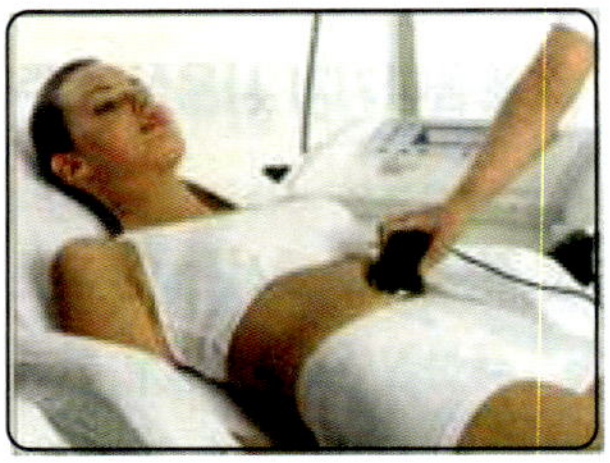

그림 6-22 초음파 기기 및 관리장면

3. 관리방법

① 시술할 부위를 깨끗이 클렌징한다.
② 전용 겔을 바디용 도자와 관리 부위에 도포한다.
③ 전원 스위치를 켜고 보디 모드를 선택한다.

④ 사용시간을 설정하고 강도를 조절한 후 시작 버튼을 누른다. (복부-20분, 힙-15분, 팔-10분, 대퇴부-15분, 종아리-15분)
⑤ 보디용 도자를 이용하여 약 10분~15분간 충분히 마사지하듯 문질러 준 후 남은 겔(Gel)을 온습포로 닦아낸다.
⑥ 사용 후 도자에 묻은 겔을 티슈나 헝겊으로 가볍게 닦는다.

4. 주의사항

① 눈가와 갑상연골 가까이는 사용을 금한다.
② 기기 적용 시 고객의 피부 한 곳에 30초 이상 머물면 화상의 위험이 있으므로 계속 움직이며 적용한다.
③ 민감한 부위는 시술 시간을 단축시킨다.
④ 도자와 피부가 밀착되도록 전용 겔은 충분히 도포하여 전류가 잘 통하게 한다.
⑤ 도자는 사용한 후 티슈나 헝겊으로 잘 닦아 습기가 없고 직사광선이 없는 장소에 보관한다.

5. 비 적응증

① 접촉성 피부염 또는 금속 알레르기 피부
② 피부에 상처가 있거나 여드름이 심한 피부
③ 임산부
④ 간질이나 혈전증
⑤ 악성 종양, 성형수술 1개월 이내
⑥ 인공심장기, 신장기 착용자
⑦ 신체에 금속을 삽입한 자
⑧ 안구이식

6. 초음파관리의 실제

(1) Nobless.son(노블레스 손)

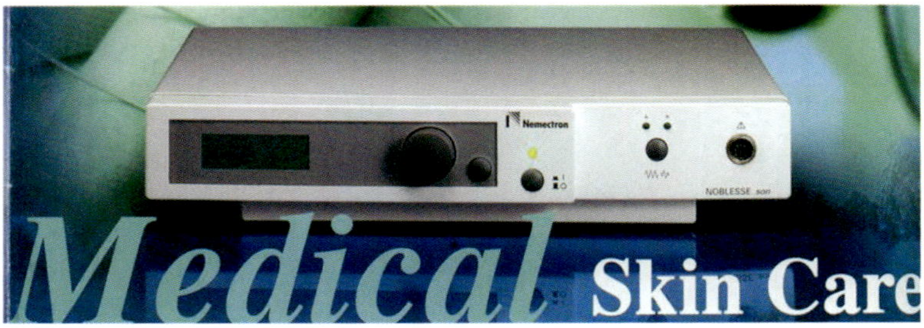

그림 6-23 노블레스 손

1) 원 리

진동 주파수가 20KHz(1초 20,000파동) 이상으로 높아서 인간의 귀로 들을 수 없는 불가청진동 음파를 이용한 기기이다.

① 음파의 종류

- 저음파 (Infrasound) : 16~20Hz 이하 인체가 인지하는 가청음
- 음파 (Sound wave) : 16-20~17,000−20,000Hz 인체가 인지하는 가청음
- 초음파 (Ultra sound) : 17KHZ~20KHz 이상 인체가 인지 못하는 불가청음

② 초음파의 구분

- 저초음파(Low Frequency Ultrasound) : 20~80KHz →사용영역:피부의 살균 세정 효과
- 고초음파(High Frequency Ultrasound) : 800KHz~3MHz →사용영역:피부재생,셀룰라이트 관리에 효과적

③ 네멕트론(Nemectron)의 Nobless-son 파동영역

- 피부(3MHz) : 초당 3백만 번 이상의 파동영역
- 바디(1MHz) : 초당 1백만 번 이상의 파동영역

2) 효 과

① 온열효과 (Thermal effect)

- 조직에 흡수되어 피부, 지방, 근육에서 열을 발생시킨다.
- 열의 발생은 초음파의 강도와 비례하고, 효과는 투여되는 부분에만 작용되어 혈액순환자극, 림프순환자극, 혈관 강화 및 신진대사를 활발하게 한다.

② 물리적 효과 (Mechanical effect)

피부조직 마사지 작용으로 그 효과로는 신진대사의 향상, 섬유아세포의 활성화, 조직 내의 영양 공급 가속화, 근육 강화, 피부탄력성 증가, 세포와 조직의 세정작용, 연결조직의 유연성 등이 있다.

③ 화학적 효과 (Chemical effect)

초음파를 약하게 조직 내에 침투시키면 세포 내의 단백질 합성이 촉진되고 상처난 부위의 세포조직 재생을 일으킬 수 있다. 좀 더 강한 초음파의 화학적 작용은 촉매 현상을 강화하고 신진대사 과정을 활발하게 하여 조직의 pH 가를 알칼리성으로 변화시킨다.

3) 사용방법

	수직 스트로크법	회전 스트로크법
움직임	직선적으로 왔다 갔다	빙글빙글 원을 그리긋
시술방법		
속 도	대략 2~3초 동안 10cm 정도가 기준	
부 위	복부, 힙, 허벅지 등 근육이 있는 부위의 지방	얼굴, 손 등

4) 노블레스 손 관리프로그램

- Superficial wrinkles 표피주름관리
- Deep wrinkles 깊은주름 관리
- Acne 1(acute condition) 여드름 관리 1
- Acne 2(chronic condition) 여드름 관리 2
- Face scar 얼굴흉터 관리
- Body scar 전신 흉터 관리
- Stretch marks(e.g.from pregnancy or due weight) 튼살 관리
- Cellulite 1(soft sellulite) 연한셀룰라이트 관리
- Cellulite 2(orange peel) 표면이 감귤모양인 셀룰라이트 관리
- Cellulite 3(hard cellulite) 경 셀룰라이트 관리

① 작동방법

- 메인스위치 "ON"
- 삐~소리와 함께 액정화면에 "Nobless Son U2,3"이 뜬다.
- 곧 유즈 프로그램 화면으로 넘어간다.
- 로터리 엔트리 로브(Rotary Entry Knob)를 우측으로 1번씩 돌리면 각각의 프로그램이 나온다.
- 원하는 프로그램을 선택하여 엔트리키(Entry key)를 누른다.
- 스타트(Start). 프로그램 시작

(2) SONOTECH (소노테크)

소노테크 조작스위치

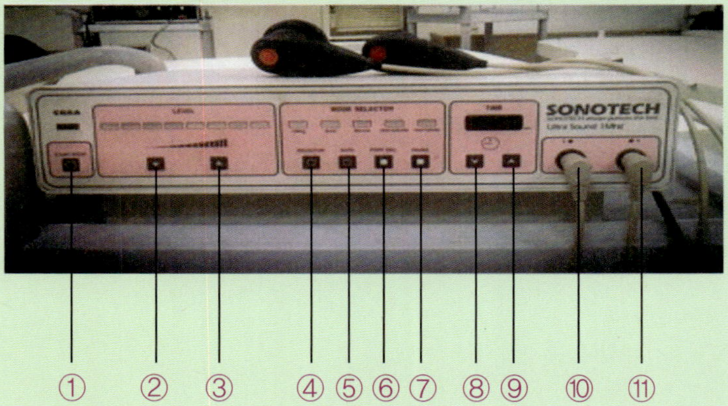

① 전원 스위치
② 강도조절 스위치
③ 강도조절 스위치
④ 선택 스위치
⑤ 자동모드 스위치
⑥ 포트선택 스위치
⑦ 일시정지 스위치
⑧ 시간조절 스위치
⑨ 시간조절 스위치
⑩ 얼굴전용 스위치
⑪ 보디전용 스위치

그림 6-24 소노테크

1) 사용방법

① 메인 파워(POWER)스위치를 누른다.

② 4번선택 스위치를 이용하여 시술할 부위를 선택한다.

리프팅(Lifting) : 주름관리, 탄력관리

에크네(Acne) : 여드름 관리

노멀(Normal) : 정상피부, 건성피부

소프트 셀룰라이트(Soft cellulite) : 경도비만 부위

하드 셀룰라이트(hard cellulite) : 중도비만 부위

–선택한 파형의 램프가 점등

③ 1번 START/STOP버튼을 눌러 기기를 작동시킨다.

– 사용 중에는 램프가 점등

2) 관리방법

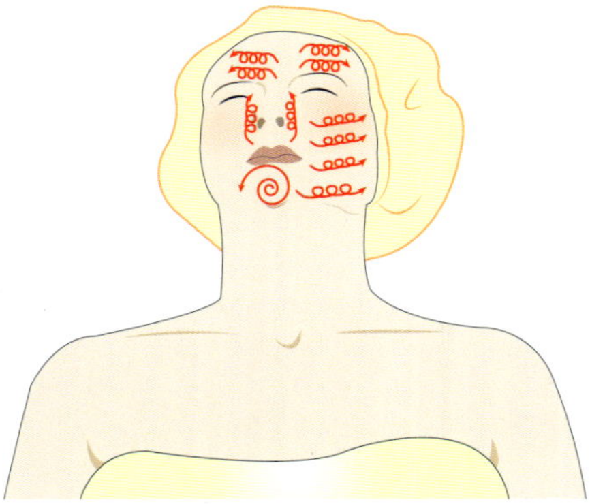

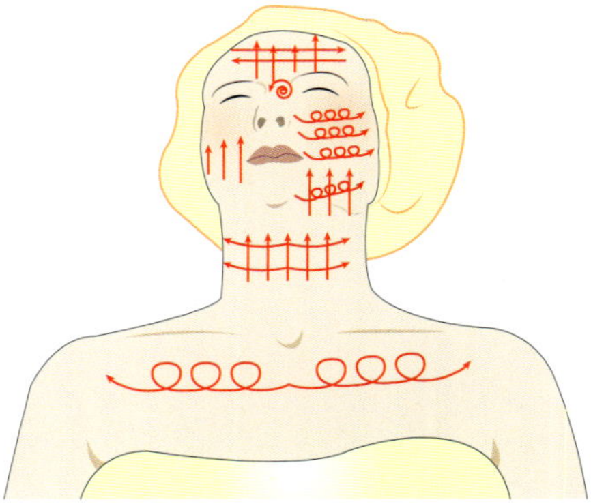

여드름 관리 (ACNE)

- 인당, 양쪽 관자혈 부위에 5초 정도 천천히 굴려 줌
- 이마를 2~3등분하여 가로로 굴려 줌
- 광대, 콧망울은 관자로 굴려 줌
- 입 꼬리, 턱은 귀 앞으로 굴려 줌

잔주름 관리 (Lifting)

- 인당혈과 양쪽 관자열 부위에 5초 정도 천천히 굴려 줌
- 광대부위를 부드럽게 관자로 굴려 줌
- 입 꼬리에서 광대 위까지 끌어올려 줌
- 턱밑에서 3차혈까지 끌어올려 줌
- 눈 주변과 입 주변은 둥글게 굴려 줌

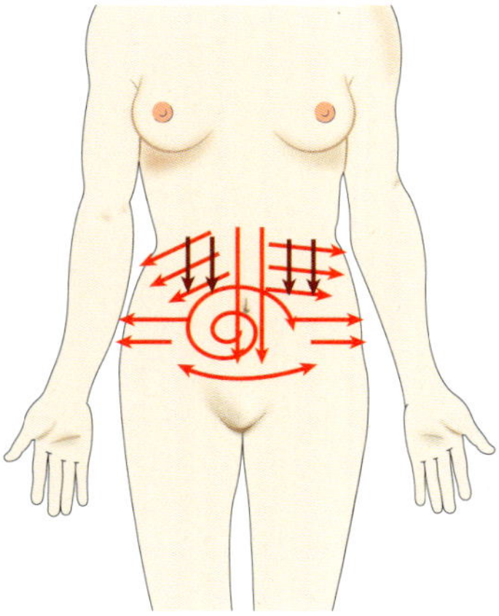

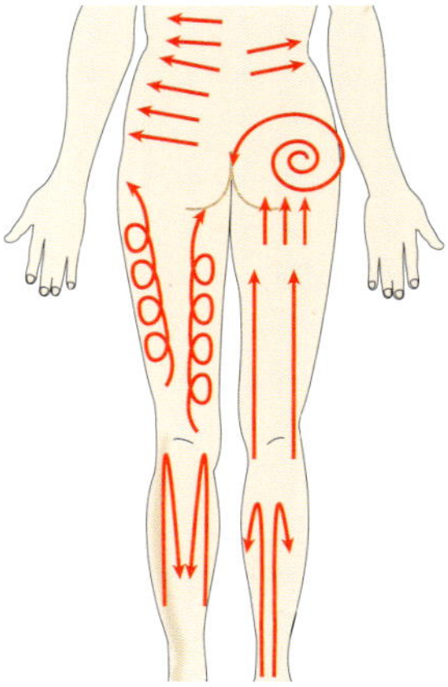

슬리밍(slimming) 관리

- 상체집중관리 Hard cellulite : 중도비만 부위(눈금 5~8)
- 선택 스위치를 이용하여 하드 셀률라이트 위치에 놓음
- 강도 스위치의 눈금을 5~8위치에 놓음
- 위의 그림과 같이 천천히 문질러 줌

하체관리 Hard cellulite : 중도비만 부위(눈금 5~8)

- 선택 스위치를 이용하여 하드 셀률라이트 위치에 놓음
- 보디용 프로브를 이용하여 위의 그림과 같이 천천히 문질러줌

6. 엔더몰로지(Endermologie)

최근 셀룰라이트 관리에 주로 사용되는 엔더몰로지 기기는 원래 재활치료용으로 개발되었으나, 비만으로 인한 셀룰라이트(cellulite) 제거와 국소부위의 크기 감소에 탁월한 효과를 보이면서 비만으로 인한 피부의 결합조직 내 병변을 치료한다는 의미로 '엔더몰로지'란 이름을 얻게 되었다.

(1) 원 리

진공 펌프(vacuum pump)에서 나오는 음압이 볼과 롤러를 통해 피부의 결합조직에 인위적 물리 자극(근육의 수축, 이완, 압박, 당김)을 줌으로써 조직이 화학적·구조적으로 변화하여 셀룰라이트와 지방을 파괴한다. 롤러의 감압으로 느슨해진 조직에 정체물 등이 제거되므로 조직이 탄탄하게 재구성되고, 근육과 근막에 지속적인 자극이 감으로써 신경을 이완시켜 준다. 신체는 중력의 영향으로 처지는 성질이 있는데 이를 방지하기 위해 롤러를 이용, 중력에 대항하여 피부를 리프팅한다.

(2) 효 과

① 리프팅(Lifting)
② 지방분해
③ 탄력강화
④ 크기 감소(전신, 부분관리)
⑤ 부종 개선
⑥ 혈액순환 촉진
⑦ 노폐물 배설 촉진
⑧ 근육강화

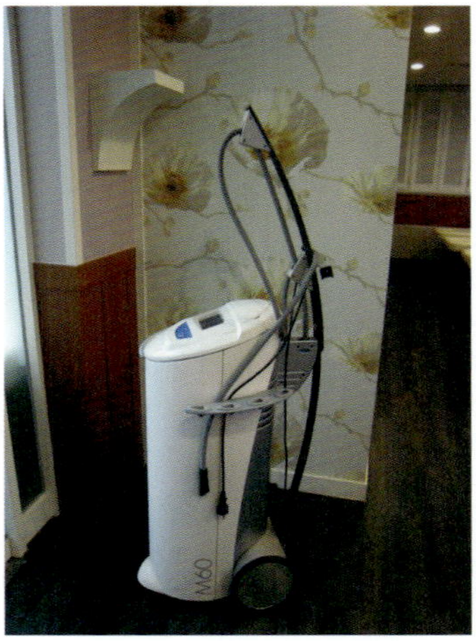

그림 6-25 엔더몰로지

(3) 적용범위

① 조직의 활동 (tissue action)

② 혈액 및 림프 순환 (circulations)

③ 신경계 작용 (neuro-sensorial action)

(4) 기기명판 설명

① **액정화면** : 최초 부팅 화면

② 프로그램 버튼은 6종 프로그램 및 1종 수동 모드를 선택할 때 사용한다.

③ on-off 버튼은 프로그램 시작 및 종료 시에 누른다.

④ 노브(knob)는 각 채널 압의 강도를 조절하는 손잡이이며 시계방향으로 회전 시 압이 증가한다.

(5) 사용 전 준비사항

① 전원 전압, 전원입력이 바르게 공급되는 콘센트인지 확인한다.

② 전동 베드 사용 시 높이를 시술자의 허리선에 맞춘다.

③ 아로마 오일을 시술 부위에 도포한다.

(6) 자동 세팅 프로그램의 사용순서

① 전원 콘센트에 전원 코드선을 꽂는다.

② 본체 뒷면의 메인스위치를 켠다.

③ 적용부위에 적절한 액세서리를 연결한다.

④ 프레스 앤드키가 깜박거리면 프로그램 버튼 하나를 누른다.

⑤ 관리하는 목적에 맞춰 프로그램을 선택한다.

⑥ on-off 버튼을 눌러 프로그램을 실행한다.

⑦ 압력 조절 노브를 돌려서 적절한 강도를 설정한 후 사용한다.

⑧ 프로그램에 따라 시술한다.

⑨ 프로그램이 종료되면 기기 뒷면의 메인스위치를 끈다.

(7) 금기사항

심한 혈액순환 장애자, 외상을 가진 자, 세균에 감염된 부위, 혈전증, 심한 정맥류, 고혈압, 임산부, 감염성 피부질환, 선탠이나 피부자극을 받은 상태, 사용 시 피부가 필요 이상 붉어지거나 따가움을 느끼는 경우는 사용을 금하고 이 외에도 의사의 별도 지시가 있는 경우는 사용을 금한다.

(8) 사용 시 주의사항

① 전기적 사양에 명시된 전원을 사용한다.

② 시술 중(프로그램을 작동하는 중간) 메인파워를 끄지 않는다.

③ 프로그램이 종료된 후 메인파워를 오프(off)한다.

④ 아로마 오일은 최소한의 양을 사용하며 피부에 흡수된 이후에 시술한다.

⑤ 기기의 액세서리 사용 시 연결선이 꺾이지 않도록 주의한다.

⑥ 감압 조절 손잡이를 필요 이상 힘을 주어 돌리지 않는다.

⑦ 시술 후 액세서리는 세척하고 물기를 제거한 후 보관한다.

⑧ 시술 전에 고객의 피부강도를 테스트한 후 실행한다. 프로그램을 작동한 후 피부에 10초 동안 흡입한 후 피부의 붉어짐을 보고 피부강도를 측정한다.

7. 전신 갈바니 기기(Body Galvanic System)

직류전류를 신체 조직에 사용하면 생리학적 효과를 유발한다. 두 가지 극성의 전극 봉을 전신관리에 사용하는데 이것은 신체가 소금을 고농도로 함유하고 있는 하나의 전도체이기 때문이다. 천이나 스펀지에 소금물을 적셔서 음극 봉 아래에 두고 피부 위를 움직이면 전극 봉 아래에 수산화나트륨이 발생하여 피부연화효과가 나타나고 근육조직에 연화효과가 나타난다.

또한 염산은 양극 봉 아래에서 발생되며 조직을 경화시켜 준다. 전극 봉을 통하여 피부에 유익한 물질이 흡수되도록 하는 관리법으로 피부조건과 피부상태에 적합한 여러 상품이 개발되어 있다. 전신을 관리할 때는 고형화된 지방을 부드럽게 해주고 분산되도록 해주는 항 셀룰라이트 제품이 사용된다.

1. 효 과

① 지방이나 셀룰라이트를 연화시켜 주어 쉽게 분해되도록 해준다.

② 혈액순환과 림프순환을 촉진시킨다.

③ 울혈(stasis)이나 조직의 체액 정체를 완화시켜 준다.

④ 오래된 상처나 딱딱한 부위를 부드럽게 한다.

⑤ 제품의 흡수를 촉진시킨다.

2. 위 험

직류를 이용한 관리의 가장 큰 위험성은 화상이다. 이 화상은 열에 의한 화상과 화학적인 화상이 있는데 화학적인 화상이 더 위험하다. 갈바니 관리에 의한 화상의 원인과 그 성질을 잘 파악하여 바르게 시술함으로써 화상이 발생하지 않도록 주의하는 게 중요하다.

(1) 열에 의한 화상 (Thermal burn)

열의 양은 전기의 강도, 시간, 저항 등에 의하여 직접적으로 영향을 받는다.

① 전류가 너무 강하거나 긴 시간 관리하면 화상을 입을 수 있다.

② 저항이 높으면 그 부위에 열이 많이 발생하게 되므로 위험하다.

[예] 피부가 두꺼운 쪽이 저항이 셈

③ 큰 반점이 있거나 주근깨가 많은 부위, 흉터와 같이 딱딱한 피부 조직, 그리고 상처부위도 피해야 한다.

④ 만일 상처부위를 관리하려면 전류는 0.2mA 정도로 낮게 해야 한다.

⑤ 패드가 너무나 건조한 상태이면 저항이 강해져서 화상이 발생한다.

⑥ 피부와 잘 접촉되지 않고 패드가 떨어져 있으며 화상의 위험이 있다.

⑦ 고객이 관리받을 때 패드를 깔고 누우면 순환이 안 되면서 전도열 효과가 없어져서 화상이 발생된다.

⑧ 밴드를 너무 꽉 조여 주면 국소적으로 혈액순환이 잘 되지 않아 전도열 효과가 없어진다.

(2) 화학에 의한 화상 (Chemical burn)

화학화상은 열화상보다 위험하다. 그리고 음극화상이 양극화상보다 위험하다. 강알칼리 아래서 양극에서는 음극보다 화상이 약하게 발생하며, 피부조직의 연화와 파괴를 유발한다. 즉시 붉은 자국이 생기며 나중에는 회색의 진물이 흐르게 된다. 이 상처는 오래가고 감염될 수도 있다.

양극 아래서 피부는 좀 더 단단하고 건조한 상태이므로 양극에서는 음극보다 화상이 약하게 발생한다. 화상이 발생하면 딱딱한 덩어리나 딱지가 된다. 화학화상은 주의성 부족의 결과이다. 관리사들은 관리 중 복잡하게 여러 일을 하지 말아야 하며, 사소한 것에도 주의를 기울여야 한다.

[화학적 화상의 원인]

① 전류가 너무 세거나 관리시간이 길면 화학화상(음극에서 수산화나트륨과 양극에서 염산의 농도가 증가될 수 있다)이 발생한다.

② 전류가 한 부분에만 집중해서 가면 화학화상(피부에 상처가 있거나 패드가 울퉁불퉁하게 접혀져 있거나, 패드가 고르지 않게 물이 적셔 있거나, 소금이 덜 녹은 소금물일 경우, 전극이 직접 닿았을 경우, 전극봉을 수직으로 세웠을 경우)이 발생할 수 있다.

③ 전류가 금속에 닿았을 경우(액세서리 제거를 안 한 경우, 금속 핀을 박은 경우, 루프 피임)

④ 패드가 너무 가까이 설치된 경우

⑤ 전 처리의 화학물질이 닦이지 않은 상태에서 패드에 묻은 채로 관리할 경우

⑥ 피부감각이 없어서 고객이 스스로 강도를 체크하지 못할 경우

⑦ 관리에 대한 설명을 고객에게 잘 안 했을 경우(불편하거나, 어느 부위가 뜨겁게 느껴질 때 관리사에게 이야기 해야 된다고 사전에 말해 주어야 함)

⑧ 전류세기를 너무 빨리 올리거나 갑자기 줄일 때

⑨ 피부 저항이 갑자기 떨어질 때(피부가 습기를 함유할 때)

⑩ 피부저항이 낮아지면 전류세기도 낮추어야 한다.

3. 관리 시 주의사항

① 비적응증을 체크한다.

② 피부민감도 체크(얼음, 열, 도구들)-피부의 감각을 체크한다(냉각, 온각).

③ 액세서리를 제거한다.

④ 관리할 부위를 물로 세안한다.

⑤ 기계가 다이알 '0' 인 것을 확인한다.

⑥ 소금물 사용 시에는 따뜻한 물 1리터당 2티스푼의 소금(골고루 잘 녹일 것)을 섞는다.

⑦ 패드 준비 - 두께가 일정한지, 찢어진 곳이 없는지 등을 확인한다.

- 전류세기는 cm^2 당 0.05mA 이어야 한다.
- 이미 만들어진 패드는 고밀도의 재질로 최소한 0.05인치가 되어야 한다.
- 천으로 만들 때는 16겹 정도로 접어야 하며, 두께를 균일하게 하도록 한다.

- 따뜻한 물에다 패드를 깨끗이 세척한다. (사용했던 찌꺼기 화학성분이 남아 있으면 안 됨)

⑧ 패드는 골고루 잘 적셔준다. 용액이 너무 많이 묻지 않도록 가볍게 짜서 촉촉한 상태로 만들어 준다.

⑨ 피부와 패드 사이에 공간이 형성되지 않도록 해야 한다.

⑩ 전류는 서서히 올려주면서 조절한다.

⑪ 관리가 끝나면 서서히 전류를 내려준다.

⑫ 관리부분을 따뜻한 비눗물로 닦아서 화학물질을 제거한다.

⑬ 패드를 따뜻한 비눗물에 빨아서 세척 후 완전하게 말린다.

4. 관리방법

(1) 고객준비

① 관리할 부분을 고려하여 고객의 자세를 잡아준다. 허벅다리의 관리 시에는 고객이 누운 자세를 취하게 하고, 허리선이나 등 관리 시에는 엎드린 자세를 취하도록 한다.

② 금속물을 제거한다.

③ 비적응증을 확인한다.

④ 찰과상이나 상처부위를 확인(저항이 낮은 부위임)한다. 이 부위 관리 시 열화상의 위험이 있다. 위험성이 작은 상처부위는 바셀린이나 방수밴드를 사용한다.

⑤ 피부의 감각(온각, 냉각)을 체크한다.

⑥ 땀, 로션, 향수 등의 제거를 위해서 관리할 부위를 깨끗이 클렌징한다.

(2) 관리단계

① 강도를 '0' 에 둔다.

② 필요한 패드를 준비한다.

③ 따뜻한 물로 패드를 한 번 세척한 후, 소금물이나 수용성 앰플, 겔 등을 적셔 둔다.

④ 활성극을 관리부위에 두고 비활성극을 평행으로 반대쪽에 둔다(소금물을 사용할 때는 음극이 활성극이 된다).

⑤ 패드로 전신을 완전히 접촉시켜 공기층이 형성되지 않도록 한다. 패드를 두 개 이상 덮을 때 서로 X자가 되지 않게 해야 한다.

⑥ 패드 위에 고무나 플라스틱 등의 절연체를 덮는다. (옆에 있는 패드와 서로 전기가 통하지 않게 하려고)

⑦ 고객에게 느낌과 강도를 관리사에게 이야기해 달라고 말한다.

- 불편함이나, 어느 한 부위만 집중적으로 전기가 흘러서 뜨거움이 느껴지면 이야기하라고 한다.
- 대개 고객은 약간 따끔거리고 열감이 있다.

⑧ 전류의 강도는 천천히 높여 준다(약간 따뜻하게 느낄 때까지). 전류세기는 고객이 어느 정도까지 참을 수 있는가와 관계가 있다.

⑨ 관리가 진행되는 동안 피부의 저항이 줄어들어 전류의 세기가 크기 때문에 관리 중에는 고객 옆에 있어야 한다 .

⑩ 20분 동안 관리한다.(그러나 처음에는 너무 강하므로 4~6분 실시한다)

⑪ 관리가 끝난 후에는 전류의 강도를 천천히 낮춘 후 끈다.

⑫ 패드 아래 피부는 핑크색이 된다. 음극의 패드 아래는 좀 더 선명한 자국을 보인다.

⑬ 소금물을 사용했으면 따뜻한 비눗물로 피부를 씻어준 뒤에 말려 준다.(화학물질 제거)

⑭ 진정 로션을 바른다.

⑮ 패드를 비눗물로 세정한 후 말려 둔다.

⑯ 6~8회는 해야 효과가 나타난다.

⑰ 관리 중 고객이 너무 심하게 가려워하고 괴로워하면 극을 바꿔서 똑같은 강도와 시간으로 관리하여 전에 들어간 성분을 다 빼준다.

⑱ 패드 아래에 위치한 피부는 매우 민감해져 있기 때문에 다른 관리는 하지 않도록 한다.

표 6-3 음극과 양극의 관리 단계

음 극 (-)	양 극 (+) (음극에 대한 1/4시간,1/2강도)
8mA까지 첫 번째 관리 – 6분 두 번째 관리 – 8분	4mA까지 첫 번째 관리– 1분 30초 두 번째 관리 – 2분
세 번째 관리 – 10분 .... 나중에는 20분 관리	세 번째 관리 – 2분 30초 .... 나중에는 5분 관리

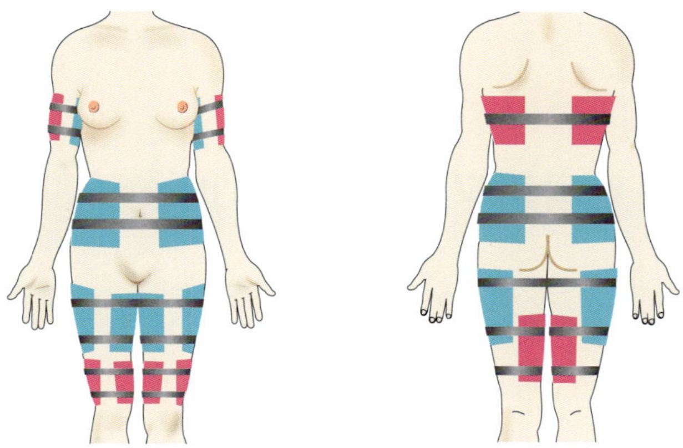

(a) 전신패딩–전면 (b) 전신패딩–후면

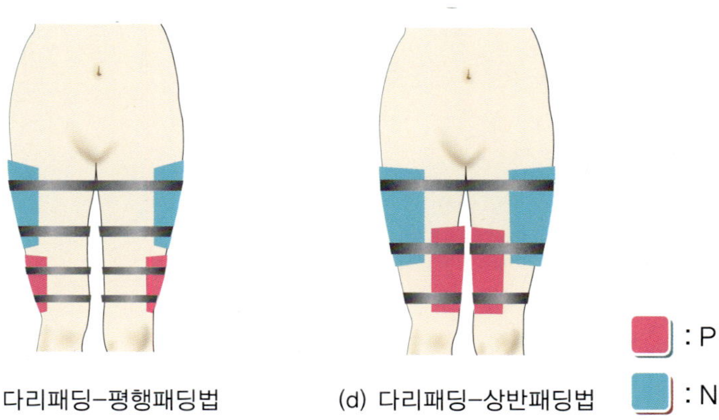

(c) 다리패딩–평행패딩법 (d) 다리패딩–상반패딩법

그림 6-26 전신에 패드를 대는 방법

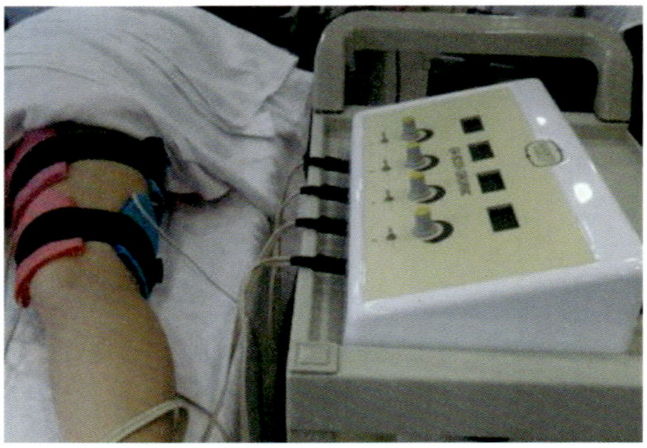

그림 6-27 전신 갈바니 관리장면

8. 프레셔 테라피 기기(Pressure therapy)

1. 원 리

프레셔 테라피는 일명 압박요법이라고 하며, 신체부위에 적당한 압력을 가하여 세포 사이에 정체된 체액을 배출하여 혈액과 림프의 순환을 도와주는 물리적 요법을 말한다. 프레셔 테라피 기기는 특히, 손부터 팔, 다리, 허리(골반부) 외관절 및 어깨, 목덜미, 두피와 얼굴, 전신까지 적용할 수 있는 기기이다.

기기를 대신하여 압박붕대를 갖고 전신에 테이핑 요법을 하므로 정체된 체액을 속히 배출하고 림프 순환을 촉진하는 효과를 볼 수 있는 것도 프레셔 테라피의 또 다른 방법이라 할 수 있다.

2. 효 과

① 림프 순환 촉진
② 혈액순환 촉진
③ 체형관리
④ 보디 슬리밍
⑤ 근육통 완화

3. 주의사항

① 패드가 손상되지 않도록 보관에 주의한다.

② 패드를 청결히 보호한다.

4. 비적응증

① 염증이나 상처부위

② 임산부, 악성종양

③ 고혈압환자/당뇨환자

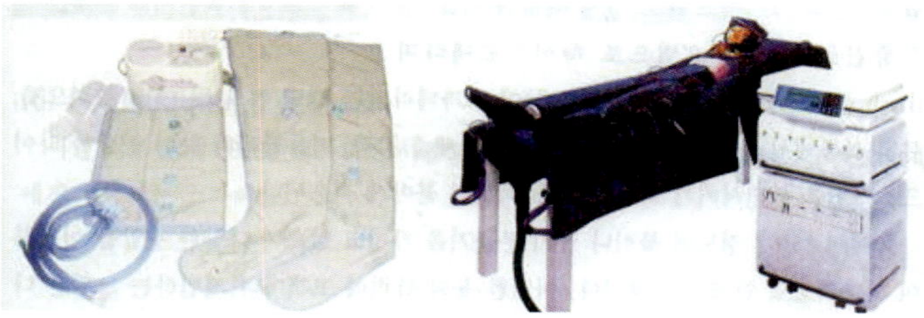

그림 6-28 프레셔 테라피 기기 및 기구

9. 순환진동기기 (Gyratory vibrator)

바이브레이션(진동)에 의해 온몸 순환을 촉진시키는 마사지 기기로 주로 체형관리를 위해 많이 활용되며 마사지 효과를 제공한다. G5라고도 하며 5가지 종류로 된 액세서리가 있어 이들 액세서리로 매뉴얼 마사지의 효과를 대신하며, 혈액순환 촉진 및 신진대사 촉진, 노폐물의 축적을 막아주는 비전류의 물리적 운동기기이다.

1. 효 과

① 근육이완과 근육통 해소에 효과적이며 직 · 간접적 근육운동을 촉진한다.

② 혈액순환을 촉진시켜 조직에 산소와 영양공급을 원활하게 한다.

③ 노폐물 배출을 도와준다.

④ 신진대사를 증진시킨다.

⑤ 지방분해를 촉진시킨다.

⑥ 마사지 효과가 있다.

⑦ 묵은각질 박리에 도움을 준다.

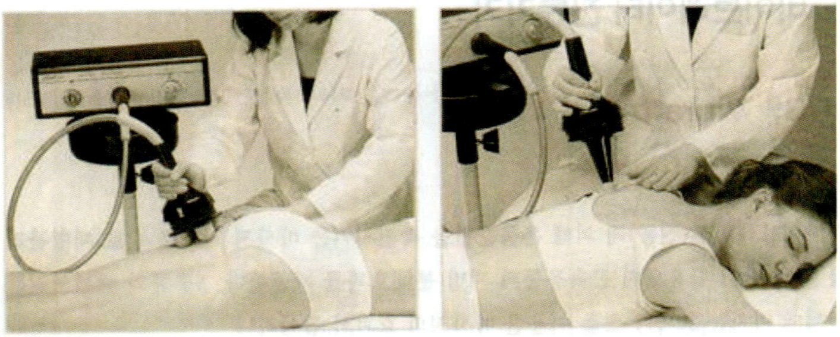

그림 6-29 바이브레이터 기기 시술

2. 시술방법 및 주의사항

① 기기의 작동원리와 효과 및 주의사항에 관해 고객에게 충분히 설명을 한다.

② 시술하는 부위만 노출하고 다른 부위는 타월로 감싸 보온을 유지한다.

③ 시술부위를 깨끗이 클렌징한다.

④ 시술 전 적외선 등 혹은 온습포로 시술부위를 사전 열처리한다.

⑤ 시술부위에 적당한 액세서리를 선택한 후 적용하고자 하는 부위에 탈크 파우더(베이비 파우더)를 가루가 날리지 않도록 조심해서 발라 준다.

⑥ 고객에게 알맞은 압력(rpm)을 택하여 멍이 들지 않게 주의한다.

⑦ 시술 시 핸드피스 연결 줄을 관리사의 어깨에 메고 한 손은 액세서리 윗부분을 잡는다.

⑧ 다른 손은 고객의 피부에 밀착시켜 피부를 지지해 준다.

⑨ 액세서리의 무게만으로 피부에 밀착된 상태에서 마사지한다.

⑩ 액세서리는 항상 피부 표면에 직각상태로 밀착시키면서 사용한다.

⑪ 시술방향은 심장쪽 정맥의 흐르는 방향으로 한다.

⑫ 헤드를 바꿔 끼울 때는 정지 버튼을 누른 후 다른 액세서리로 교체하여 사용한다.

⑬ 기기 이동 시에는 기기에 본체 손잡이를 잡고 움직여 기기가 넘어지지 않도록 주의하여야 한다.

⑭ 시술이 끝나면 고객의 피부는 온습포로 깨끗이 닦아낸다.

⑮ 고객의 피부에 보디 로션이나 크림을 발라서 마무리한다.

⑯ 고무와 침봉으로 된 액세서리는 흐르는 물에 중성세제로 세척하고, 스펀지로 된 액세서리는 시술 후 캡을 벗기고 마른 타월을 이용하여 부드럽게 닦은 후 자외선 살균 소독기에 넣어 소독한다.

3. 금기사항

① 정맥류가 심한 사람
② 간질, 혈전증
③ 생리 중 복부부위나 임산부
④ 멍든 피부
⑤ 다모 부위
⑥ 화농된 상처
⑦ 선번(sun burn) 부위
⑧ 모세혈관 확장
⑨ 뼈 부위
⑩ 고혈압, 당뇨병

표 6-4 바이브레이터(Vibrator) 기기 헤드 종류

헤드 종류	효 과
원형, 곡형 스펀지	쓰다듬기(effleurage)
1봉	문지르기(friction)
2, 4봉	반죽하기(petrissage)
침봉 굵은 것	두드리기(tapping, tapotement)
침봉 고운 것	진동하기(vibration)

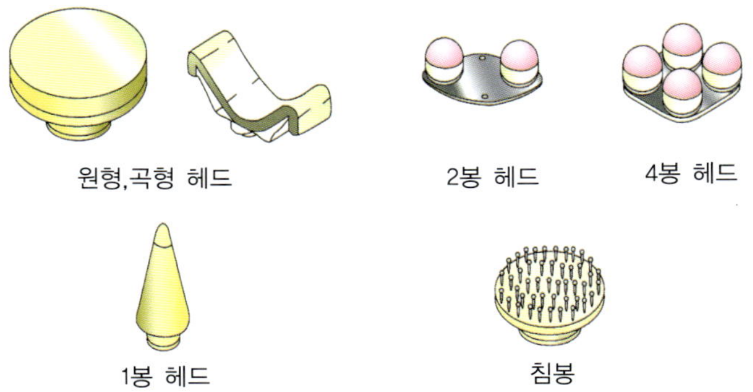

그림 6-30 바이브레이터 기기의 헤드

표 6-5 바이브레이터 기기 액세서리 사용방법

액세서리 종류	신체부위	마사지 방법	진동수 선택(rpm)
원형 스펀지	팔	회전	30~40
	앞가슴	스트레이트	20~30
	엉덩이, 등	회전	40~50
곡형 스펀지	어깨승모근, 허리, 다리	스트레이트	50~60
1봉	발바닥	지압	40~50
2봉 달걀 모양	등	반죽하기	30~40
4봉 달걀 모양	대퇴, 엉덩이		
침봉	엉덩이, 등	바이브레이션	40~50

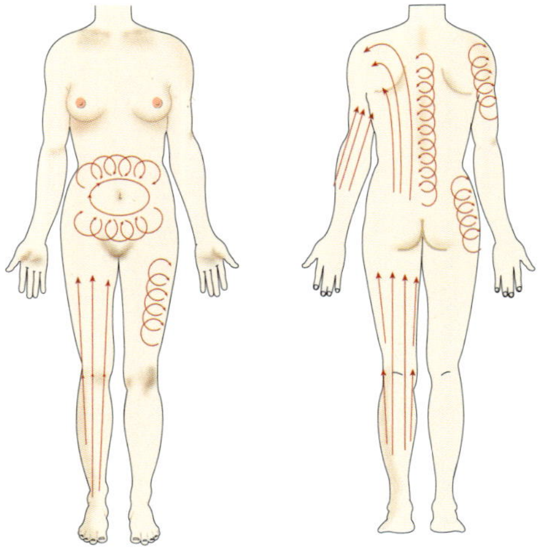

그림 6-31 순환진동기 전신관리방법

10. 림포지(림프 마사지 기기)

림프 마사지는 1932년에 덴마크의 생리학자이면서 마사지사인 에밀 보더(Emil Vodder)와 그 외의 부인 Estid가 최초로 만들어 냈다. 림프계의 역할이 얼마나 중요한지 의학계가 별다른 주목을 하고 있지 않던 1936년에 파리에서 이 새로운 마사지법이 선보였다. 1957년에는 비엔나에서 개최된 CIDESCO세계대회에서 이 림프 마사지가 피부 관리사들에게 소개되어 대환영을 받게 되었다. 보더 박사(Dr. Vodder)의 림프드레니지법은 지금까지 전세계의 피부 미용전문가나 물리치료사들의 의해 사용되어 오고 있으며 그후 다양한 림프드레니지 기법이 소개되어 오고 있다.

림프드레니지는 림프의 흐름을 촉진시켜 노폐물과 독소 등 정체물질을 빨리 제거하여 맑고 깨끗한 피부를 만들어 주며 자극이 없이 민감한 피부나 화농성 여드름 피부 또는 모세혈관 확장 피부 등 일반적인 마사지를 하기 어려운 피부의 문제점을 회복하고 개선을 도와줄 수 있는 이상적인 마사지 방법이라고 할 수 있다. 림포지의 장치는 모두 전산화되어 있어 맥박의 형태를 매 10초마다 체크, 변화되는 상태를 마이크로 컴퓨터에 신호를 보내 심장박동과 같이 림프가 배출될 수 있도록 운행되며 림프가 배출될 때 필요한 압력이 30~33mmHg 안에서 유지되도록 설계되어 있다.

1. 원 리

림프드레니지의 3대 주요 요소인 맥박수, 정확한 압력, 배출의 방향을 최대한 만족시켜 줄 수 있는 원리를 사용한다.

(1) 맥박수

컴퓨터 시스템으로 운행되어 림프액을 심장 박동과 동시에 배출되게 하며, 이와 동시에 매 10초 간격으로 맥박을 체크하여 변화되는 심장 박동에 따라 마이크로 컴퓨터에 신호를 보내고 그 신호는 다시 생리학상의 맥박에 도달하게 되는. 즉 심장의 수축과 동시에 림프액이 원활히 배출될 수 있도록 한다.

(2) 정확한 압력

림프마사지는 보더 박사가 제시한 30~33mmHg의 압력으로 해야 하는데, 손으로 하는 마사지는 이것을 지키기가 어렵다. 이러한 수동식 배출은 바깥쪽에서부터 작업을 하기 때문에 오히려 부작용을 낳는 결과를 가져올 수 있다. 압이 약할 경우에는 효과가 없고, 강할 경우에는 모세혈관을 짓눌러 모세림프관의 막힘을 가져올 뿐만 아니라 원래 흐르던 길로 흐르지 못하게 되는 경우도 있다. 즉, 숨을 들이쉼과 동시에 림프드레니지의 순환시간을 화합해 주어야만 림프순환을 수행해 나갈 수 있으며, 만약 이를 놓치거나 잘못 이행하게 되면 림프순환을 원활히 하여 배수시키고자 하는 목적에 도달하지 못하게 될 뿐만 아니라 더 나빠질 수도 있다.

(3) 배출의 방향

림프관에 영향을 미치는 압력은 심장이 수축되면서 말초신경계로 피를 밀어내는 심장 수축 단계에 전달되게 된다. 즉, 숨을 들이쉼과 동시에 림프드레니지의 순환시간을 화합해 주어야만 림프 순환을 수행해 나갈 수 있게 되는 것이다. 다시 말하면 심장과 기기가 동시에 일치하여 같은 방향으로 압력을 추진하게 되는 것이다. 이를 놓치거나 잘못 이행하게 되면 추구하는 목적을 이루지 못할 뿐만 아니라, 오히려 원래 흐르던 길로 흐르지 못하게 되는 역효과가 나타날 수도 있기 때문에 손으로 하는 림프드레니지는 각별히 주의하여 행해야 한다.

생리학적으로 심장이 피를 밀어내고 비우게 되는 순간 림프의 순환이 이루어지며, 부종을 해결하고 세포 및 림프조직 등을 정화시켜 주게 된다.

(4) 정맥순환

동일한 원인과 작동방법으로 인하여 정맥의 순환도 원활하게 하여 모세혈관과 대정맥의 노폐물 등으로 인한 혈관 내의 문제점을 해결하여 준다. 단, 림프의 흐름과는 달리, 이러한 정맥의 흐름은 심장이 이완되는 시기(심장에 혈액이 가득 차 있는 순간)에 그 압력이 전달되어야 한다. 정맥 순환 시스템은 심장과 기기가 교대로 밀어내어 말초 신경에서 중추신경에까지 계속적인 흐름이 이어지게 된다.

이는 정맥관을 정화시키고 해독 작용과 아울러 울혈현상 등을 완화시켜 주며, 심한 림프 부종을 해결하여 주고 정맥류의 순환을 도와준다.

2. 효 과

① 결체조직의 노폐물 제거와 정체되어 있는 수분을 제거한다.
② 혈관을 건강하게 하고 독소를 제거한다.
③ 자율신경계의 작용을 균형있게 하며 통증을 경감시켜 주며 진정시킨다.
④ 면역기능을 강하게 하여 인체의 저항력을 강화한다.
⑤ 세포의 기능을 활성화 하여 피부의 재생력을 촉진시킨다.

3. 림프드레니지의 적용

① 눈물주머니 및 얼굴과 다리의 부종
② 민감하고 약한 피부, 자극을 받아 붉은 피부
③ 필링 후
④ 알레르기성 피부
⑤ 여드름피부
⑥ 성형수술 후 부종이 심할 때
⑦ 얇고, 탄력없고, 주름잡힌 피부
⑧ 주사, 모세혈관확장증
⑨ 구순주위염
⑩ 스트레스, 신경과민
⑪ 튼살
⑫ 셀룰라이트
⑬ 멍이 들었을 때
⑭ 이상이 없는 건강한 사람

4. 부적응증

① 악성 종양이 있는 경우
② 급성 염증이 생긴 경우
③ 단독(erysipelas)
④ 급성감염병
⑤ 혈전증의 경우(혈전증은 혈관 내부에 혈전이 생겨 발생한다)
⑥ 심장부종
⑦ 림프절에 부종 등 이상이 있을 때
⑧ 흑색반점에 이상증상이 있을 때
⑨ 과거에 암 치료를 받았던 사람

5. 림프드레니지의 올바른 방향

① 심장의 가까운 위치에서 시작하여 멀리 떨어져 있는 위치로 관리한다.
② 심장과 가까운 위치의 림프관이 먼저 비워져야 노폐물 이동이 가능하다.
③ 얼굴의 경우 : 뒷머리 → 목 → 안면
④ **전신관리** : 목 → 액와(겨드랑이) → 손바닥 → 서혜부 → 무릎 뒤 → 발바닥
⑤ **하체관리** : 서혜부 → 허벅지 → 무릎 → 발바닥
⑥ **상체관리** : 목 → 액와(겨드랑이) → 등 뒤(견갑골 쪽) → 팔관절 → 손바닥

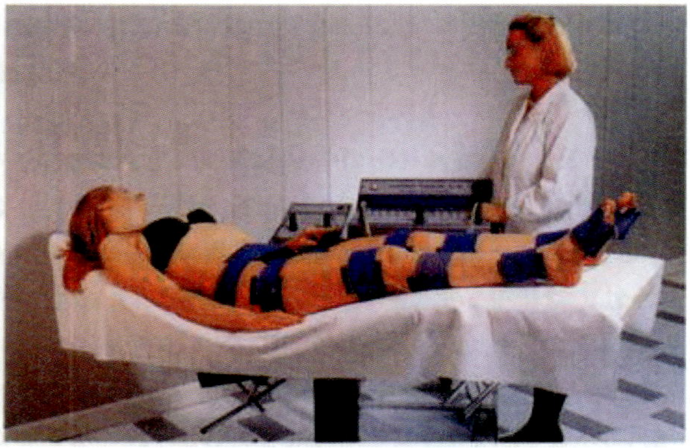

그림 6-32 림포지 관리장면

6. Linfogei 관리의 실제

톡톡정보

Linfogei 단면도

1. on-off : 일반적인 기기를 켜는 스위치
2. synchronism-Diastole/Systole : 정맥류 관리 또는 림프 관리를 결정하는 스위치
3. 기기 뒷면의 퓨즈 연결 고리
4. Data Enter : 림포지 프로그램 키보드
5. Cardiac Senser : 맥박 체크기
6. Right Channel : 신체 오른쪽 연결 단자
7. Left Channel : 신체 왼쪽 연결 단자
8. Power Adjustment : 오른쪽 연결 부분의 세기 조절 버튼
9. Power Adjustment : 왼쪽 연결 부분의 세기 조절 버튼
10. 오른쪽 채널의 작동을 알려주는 표시
11. 왼쪽 채널의 작동을 알려주는 표시
12. Right Output Voltage : 오른쪽 채널의 세기를 나타내는 표시
13. Left Output Voltage : 왼쪽 채널의 세기를 나타내는 표시
14. Cardiac Pulse : 맥박수를 나타내는 표시
15. Time : 작동 시간을 나타내는 표시
16. Program Statement : 프로그램 세팅 시 세팅을 나타내는 표시
17. Zero Set Control : 모든 채널의 파워가 '0' 의 상태임을 나타내는 표시
18. Channel Enable : 모든 채널의 작동을 알려주는 표시

(1) Linfogei 작동방법

① 깨끗한 스펀지를 수돗물에 적시고 물기가 없을 정도로만 짜 놓는다.

② 고객의 문제점에 맞는 관리 방법을 선택하여 레이아웃을 정한다.

③ 정해진 레이아웃에 맞추어 스펀지의 색깔있는 부분이 신체 위쪽으로 오게 하고 밴드로 고정시킨다.

④ 스펀지가 정확한 위치에 놓여 있는지를 다시 한 번 확인한다.

⑤ 기기의 왼편과 오른편에 위치한 각각의 사이클이 '0' 에 위치하고 있는지를 확인한다.

⑥ 스펀지에 부착된 버튼과 기기에 연결된 버튼을 연결한다.

⑦ ON-OFF스위치를 켠다(스위치를 켜면 'ZERO SET CONTROL'에 불이 들어온다).

⑧ 각각의 채널에서의 자극을 조정하기 위해 DATA ENTER에 나열된 각 번호(1~6)번의 키를 누르고, 동시에 선에 연결된 각각의 사이클(조정기)을 천천히 돌려가며 고객의 상태에 맞게 조정한다. 이때 고객이 느끼는 자극의 정도는 가볍게 터치하는 수준으로 통증을 느끼지 않고 편안한 상태여야 한다. DATA ENTER 1번 키를 누르면서 동시에 왼쪽 1번 사이클을 맞추고, 오른쪽 1번 사이클을 맞춘다.(이와 동일한 방법으로 6번까지 관리한다.)

⑨ 레이아웃에 맞게 DIASTOLE(정맥순환)또는 SYSTOLE(림프순환)인지 선택하여 버튼을 조정한다.

⑩ 심장센서 콘센트에 CARDIAC SENSOR플러그(맥박 체크 플러그)를 꽂는다.

⑪ 맥박 체크 플러그에 고객의 엄지손가락 또는 가운데 손가락을 넣어 고객의 맥박을 체크한다. 처음에는 CARDIAC PURSE에 두 개의 빨간점 불빛이 나타난다. 불이 들어오지 않는 경우에는 손가락 위치를 다시 잡아 더 부드럽고 따뜻한 피부 쪽의 손가락을 다시 넣으며 이때 손가락에는 어떤 이물질도 묻어 있어서는 안 된다.

⑫ DATA ENTER에서 CARDIAC PURSE COUNT(맥박수 체크기)를 누르면 내장된 마이크로 컴퓨터가 10초 안에 맥박을 읽어내어 CARDIAC PURSE에 고객의 맥박 수치가 나타난다. 거기에 나타나는 고객의 맥박은 50~100/분으로 이 범위를 벗어나면 버저로 이를 알려준다.

⑬ 기기의 왼편에 위치한 SYNCHRONISM ON에 불이 들어 왔는지 체크한다. 불이 들어오지 않은 경우에는 동시 관리를 활성화하기 위하여 DATA ENTER의 SYNC.ON/OFF키를 누른다.

⑭ DATA ENTER의 CHANNEL NUMBER(6)와 CYCLE TIME(30)키를 누르면 기기에 각각의 수치가 나타난다. 이대 수치가 나타나지 않으면 요구되는 숫자를 입력한다.

⑮ START버튼을 누르면 관리가 시작된다. 이와 동시에 기기에는 관리 시간의 카운트다운이 시작된다.

- 관리가 끝나면 '삐' 하는 부저 소리가 자동적으로 난다.
- STOP버튼을 누르고 기기의 작동을 중지시킨다.
- ON-OFF스위치를 누른후 각각의 스위치를 0으로 놓는다.
- 고객에게 장치되어 있는 스펀지를 떼어낸다.
- 관리 후 고객의 상태에 맞는 제품(셀룰라이트 크림, 슬리밍 크림, 보디로션 등)으로 가볍게 마사지한다.

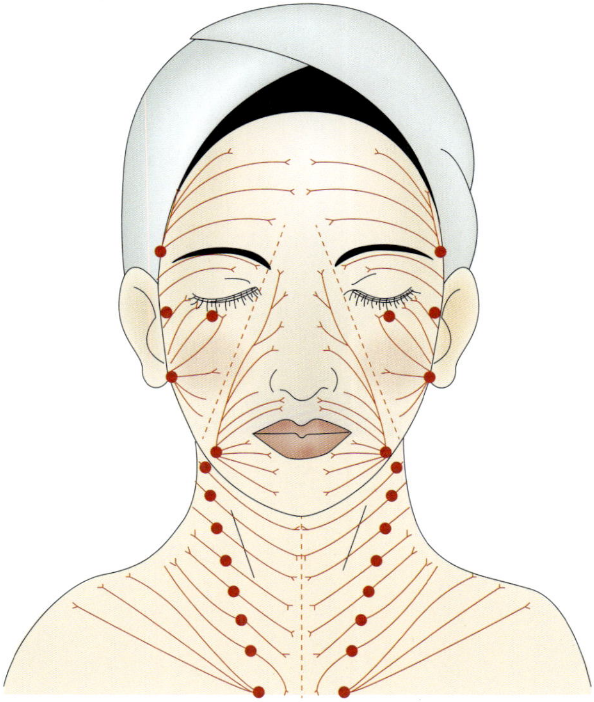

그림 6-33 얼굴 림프드레니지 실시부위

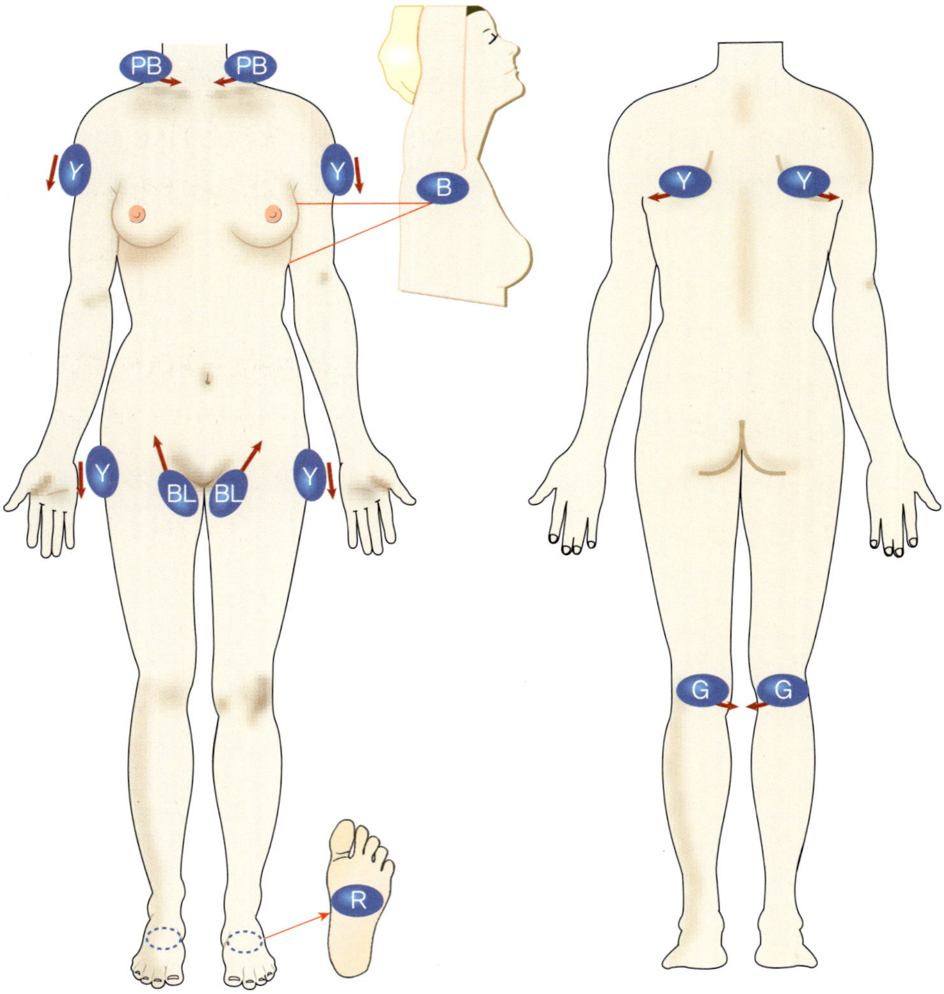

관리방법 1. 전신 림프드레니지
Heart Phase : SYSTOLE SYNC.(심장기 수축과 동시 순환)
관리시간 : 30분
자극시간 : 20초
휴지기 : 10초

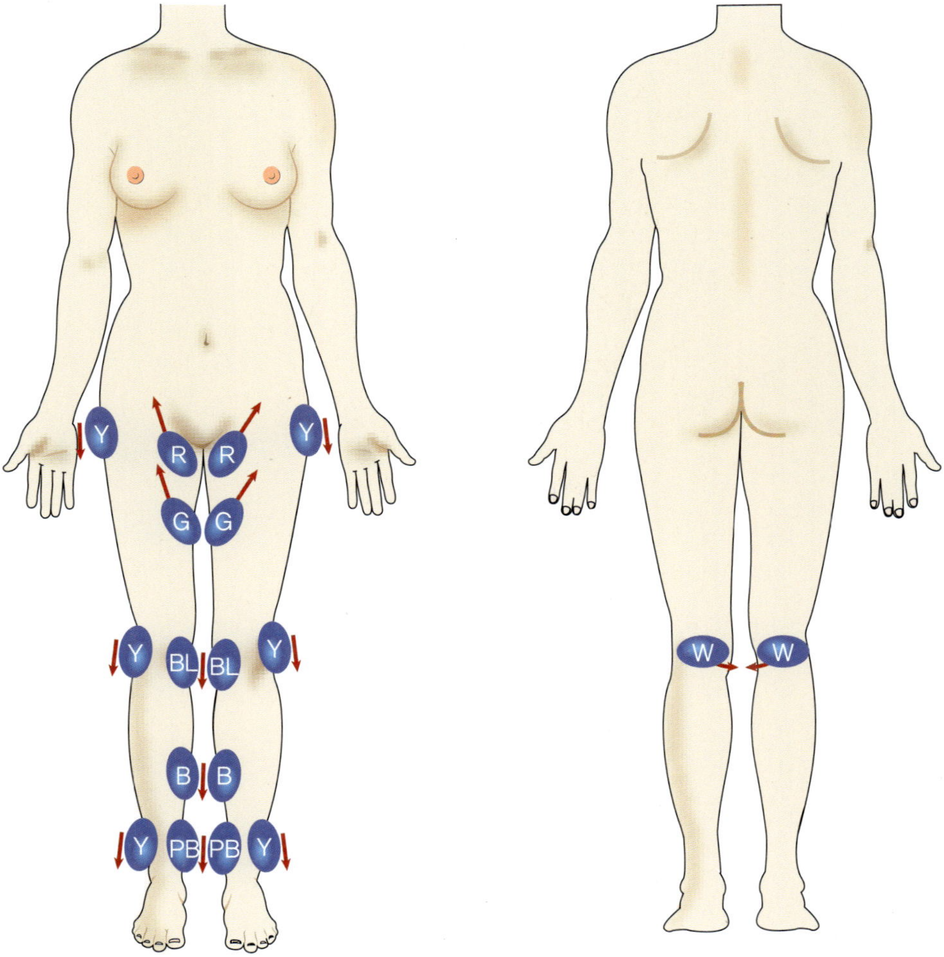

관리방법 2. 전신 정맥 순환

Heart Phase : DIASTOLE SYNC.(심장기 이완시 순환)

관리시간 : 30분

자극시간 : 20초

휴지기 : 10초

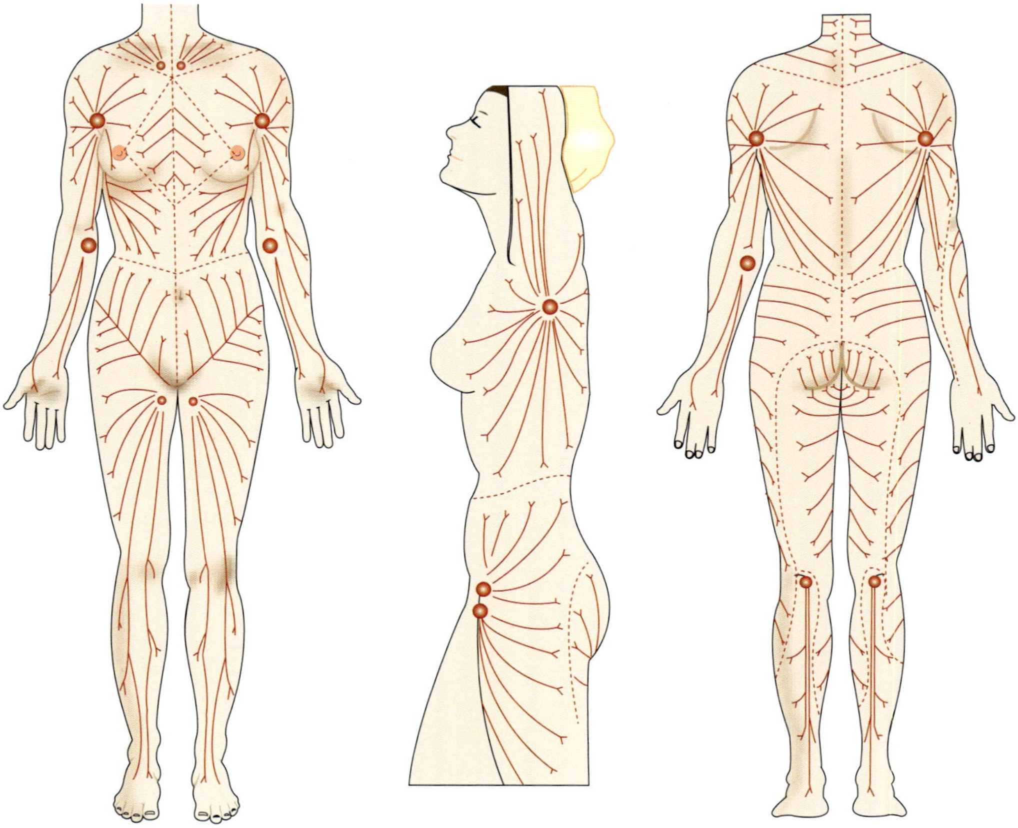

그림 6-34 림프절에 따른 순환표

Chapter 7

광선과 컬러를 이용한 피부미용 기기

Chapter 7

광선과 컬러를 이용한 피부미용 기기

에스테틱 기기 가운데 광선기기는 얼굴 및 전신에 전자기 스펙트럼의 일부인 적외선, 자외선, 가시광선의 빛을 적용하여 온열작용을 발생시킴으로써 피부미용 효과를 주는 광선관리(light therapy)기기이다.

1. 광선의 원리

1. 전자기 스팩트럼 (Electromagnetic wave)

스펙트럼은 파장이 짧은 파장에서부터 파장이 증가함에 따라 감마선, 방사선, 자외선, 가시광선, 적외선 등이 있다. 파장은 수백 킬로인 무선자기파에 이르기까지 매우 광범위하다. 태양광선은 단파장인 감마선과 X선부터 장파장인 라디오파까지 광범위한 전자파를 방출하지만 지구상에 도달하는 광선은 자외선, 적외선, 가시광선 세 가지이다.

백색광선이 프리즘을 통과할 때 각각의 색깔은 구부러지거나 굴절되어 가시광선을 형성하고 이 가시광선의 양쪽에는 비가시광선이 있다.

비가시광선에는 보라색보다 파장이 짧은 광선인 자외선과 빨강보다 파장이 긴 광선인 적외선이 있다. 스펙트럼의 모든 광선은 전자기파(electromagnetic wave)를 형성하고 이런 여러 가지 전자기파의 도형적 표시를 **전자기 스펙트럼**이라고 한다.

파장이 제일 큰 광선은 적색이며 파장이 가장 짧은 광선은 보라색이다. 스펙트럼의 적색 가장자리에 있는 광선은 흡수될 경우, 열을 발생시키며 보라색 가장자리에 있는 광선은 화학반응을 일으킨다.

2. 광선의 물리적 특성

(1) 반사

광선은 어떤 표면에 부딪치면 반사되거나 되돌아오는 성질이 있으며 거친 표면에 광선이 입사되면 여러 방향으로 반사된다. 눈, 물, 흰 모래 등은 자외선의 훌륭한 반사체이다. 가시광선 및 비가시광선의 조사량을 증가시킬 목적으로 램프 주위에 반사경을 장치하여 광선을 반사시킴으로써 원래의 조사량을 증가시킨다. 적외선의 강도 등을 증가시키기 위해 반사경을 구리나 알루미늄으로 만든다.

(2) 흡수

광선은 흡수 정도의 차이는 있으나 모든 물질에 의해 흡수된다. 매질의 밀도가 클수록 흡수는 잘 되지 않고 더 깊숙이 흡수된다. 또한 흡수된 후 이온화, 광전효과, 화학적 촉매현상 등의 이차적인 화학적 및 생물학적 효과가 나타난다.

(3) 굴절

물속의 막대기가 꺾여 보이는 것은 광선이 비스듬히 조사되면서 하나의 매개체에서 다른 매체로 통과할 때에 두 물질의 경계면에서 굴절되기 때문이다. 이러한 굴절의 특성을 이용하여 현미경, 망원경, 안경 등을 만든다.

(4) 산란

광선의 산란은 흡수와 같이 빛과 매질을 구성하는 분자 사이의 상호작용에 기인하는 물리적 현상으로 해질 무렵의 저녁노을에서 빛의 산란을 발견할 수 있다. 이는 작은 입자에 전자기파가 작용하게 되면 그 전자기파는 흡수 또는 산란을 하기 때문이다. 이 외에도 광선은 간섭과 회절의 특성도 가지고 있다.

2. 자외선을 이용한 피부미용기기

자외선(Ultraviolet ray)을 이용한 에스테틱기기는 인공선탠기, 피부분석기, 자외선 소독기 등이 있으며 의료용 자외선 치료기는 욕창, 궤양, 건선 등과 같은 피부질환 및 질병치료에 사용된다.

1. 자외선의 종류

자외선(Ultraviolet)은 1801년 독일의 화학자 요한 빌헬름 리터(Johann Wihelm Ritter)가 발견하였으며 15~400nm 파장을 지닌 광선이다. 태양광선 중 방사량이 5% 정도이지만 인체에 가장 큰 손상을 줄 수 있고 피부에 자극적인 광선이다. 자외선은 가시광선에서 파장이 가장 짧은 보라색 광선 끝과 X선 사이에 위치하며 보라색의 가시광선 외측에 위치하며 장파장 320~400nm(UVA), 중파장 290~320nm(UVB), 단파장 290nm 이하(UVC)로 구분할 수 있다.

표 7-1 자외선의 종류와 영향

종 류	피부침투	영 향
장파장 UVA 320~400nm	진피 모세혈관까지 침투	주름형성, 노화촉진 멜라닌 증가 광알레르기 유발
중파장 UVB 290~320nm	표피 기저층 침투	홍반현상, 일광화상 만성적 과다 노출시 피부암 유발
단파장 UVC 290nm 이하	각질층에서 흡수	오존층에서 흡수되어 지표면 도달불가 생체 손상초래 박테리아 및 바이러스 파괴

2. 자외선 노출반응 및 효과

(1) 노출반응

① **홍반** : 자외선 노출 시 자극으로 6~12시간 후 나타나는 염증성 반응이다. 가벼운 홍반은 시간이 지나면 사라지지만 심한 홍반은 발적, 열, 통증, 부종, 수포와 함께 혈관의 확장 등을 동반한다.

② **피부노화** : 중파장(UVB)은 표피의 하층부의 세포를 손상시키며 장파장(UVA)은 표피의 세포와 진피조직을 손상시키므로 자외선의 노출을 삼가야 한다.

③ **암 유발** : 표피 세포암, 기저 세포암, 색소암 등의 암을 유발시키므로 태양광선에 오랫동안 노출을 삼간다.

④ **안구 손상** : 눈의 안구는 빛으로부터 악영향을 받을 수 있다. 중파장(UVB)과 단파장(UVC)은 안막(Cornea)에 흡수되어 투과되지 못한다. 단파장의 빛에 오랫동안 강하게 노출되면 각막염과 결막염을 유발한다.

⑤ **발진** : 자외선 노출에 의해 피부가 붉어지고 단단하고 따끔한 수포와 같은 피부발진이 유발된다.

⑥ **태양광선에 의한 과민반응**: 피부가 부어오르고 벗겨지며 따끔거리는 현상이 나타난다.

⑦ **피부 과각질화** : 피부의 기저층으로 침투하는 중파장에 의하여 피부 세포수가 증가하고 이 세포가 피부 상층부로 밀려 올라가면서 각질층을 평소 3배 정도 두꺼워지는데 이는 자외선 침투를 감소시키기 위한 보호작용이라고 할 수 있다.

⑧ **피부박리** : 홍반이 가라앉은 후 죽은 세포가 피부표면으로부터 떨어지는 현상이다.

⑨ **색소 침착** : 자외선에 의한 홍반 후 색소침착이 나타나는데 이는 색소세포의 티로신 단백질에서 티로시나아제 효소의 분비가 증가되어 멜라닌 생성이 증가되는 것이다.

(2) 효 과

① 강장효과 : 수면 향상 및 식욕 증가, 신경과민, 피로와 흥분 감소 등 신체에 강장효과

② 항생효과 : 단파장은 박테리아와 같은 미생물을 살균시키는 효과가 있어 살균 램프나 살균 캐비닛 등의 용도로 사용된다.

③ 에소필랙틱(esophylactic : 대내성) 효과 : 인체의 감염에 대한 저항력을 높여주는 효과이며 자외선 장파장(UVA)은 세망내피 시스템을 자극하여 식균 작용 및 항체생성 작용을 강화시켜 준다.

④ 태닝효과 : 강한 장파장(UVA)과 낮은 중파장(UVB)은 색소세포를 자극하여 멜라닌을 생성하며 일단 생성된 멜라닌은 검은 피부색을 오래 지속시키는 효과를 준다.

⑤ 비타민 D 생성 : 자외선은 피부에 화학적 반응을 일으켜 피지에 함유되어 있는 7-디히드로 콜레스테롤을 비타민 D로 전환시킨다.

⑥ 여드름 치료 : 피부의 피지를 감소시키고 각질박리, 항생효과를 주어 코메도(comedo)와 같은 여드름 치료에 효과가 있다.

3. 자외선 기기

(1) 자외선 등

① 고압 수은등

전류가 흐르기 시작하면 아르곤이 이온화되어 전자가 튜브로 흐르면서 수은도 이온화되어 증기화되면서 자외선을 방출한다. 수정으로 만들어진 U자형 혹은 직선형태의 가열기가 타원형태의 반사체 중심에 놓여 있고 형태는 테이블형과 마루형이 있다.

② 수은등

일반적으로 U자형의 수정 튜브 속에서 아르곤이나 수은이 들어가 있으며 이 튜브는 타원형 반사체의 중심에 놓여있다. 국부적인 자외선 관리, 즉 얼굴의 기미, 두정부의 탈모증 관리 등에 사용된다.

4. 인공 선탠기

선탠기는 자외선 램프를 이용해 장파장(UVA)을 조사하여 피부표면을 인공적으로 아름답고 건강한 갈색으로 태우는 기기이다. 선탠기 원리는 수은과 아르곤 가스가 주입된 진공 유리관 속에 이중 텅스턴 전극으로 전류가 수은 증기를 통과할 때 완전한 단파장(UVC)을 생성하는데 이 단파장(UVC)은 유리관 안쪽의 특별한 발광성 물질을 입힌 층으로 떨어지므로 선탠을 받는 사람이 누워있는 면에 닿는 유리관과 아크릴판을 통해 단파장(UVC)은 장파장(UVA)으로 전환된다.

(1) 사용 시 주의해야 할 점

① 광과민성이 있는지를 확인한다.
② 감광제 약을 복용하는지를 확인한다.
③ 눈 보호 패드나 안경을 착용한다.
④ 고객으로부터 1m 이상 거리를 두고 사용한다.
⑤ 장파장(UVA)의 오랜 노출은 피부암과 노화를 유발하므로 1년에 2회 이상 선탠을 하지 않는다.
⑥ 1회당 30분을 초과하지 않도록 한다.

(2) 비적용증

① 임산부
② 16세 이하 어린이
③ 쉽게 화상 입는 사람

④ 감기, 고열이 있는 사람
⑤ 급성습진, 피부염증이 있는 사람
⑥ 단순포진과 피부암 환자
⑦ 폐결핵과 종양을 앓고 있는 사람
⑧ 감광효과를 유발하는 도파민이나 인슐린 등의 약품이나 화장품을 사용하는 사람
⑨ 피부암 가족력이 있는 사람
⑩ 흑피증, 모반증을 가지고 있는 사람
⑪ 최근 3개월 이내에 방사선 치료를 받은 사람
⑫ 광 알레르기가 있는 사람-감광성 식품: 딸기. 달걀, 바닷가재 요리 등

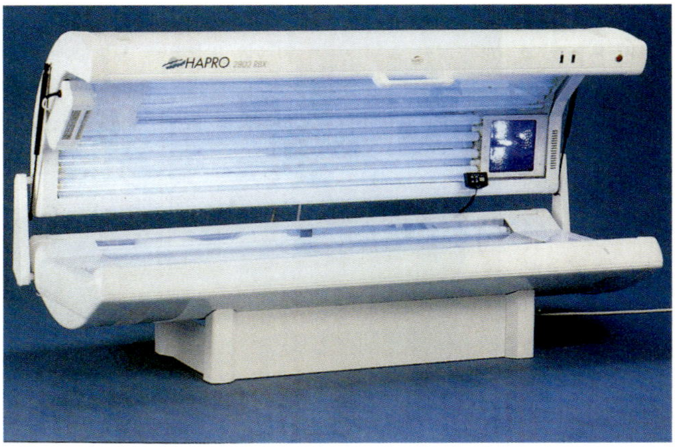

그림 7-1 인공 선탠기

(3) 자외선 소독기

자외선 소독기는 저압 수은 램프에서 인공적으로 발생되는 자외선 단파장(UVC)의 살균작용 효과를 이용하여 기기의 부속품, 소도구 및 기구 등을 소독하는 기기이다.

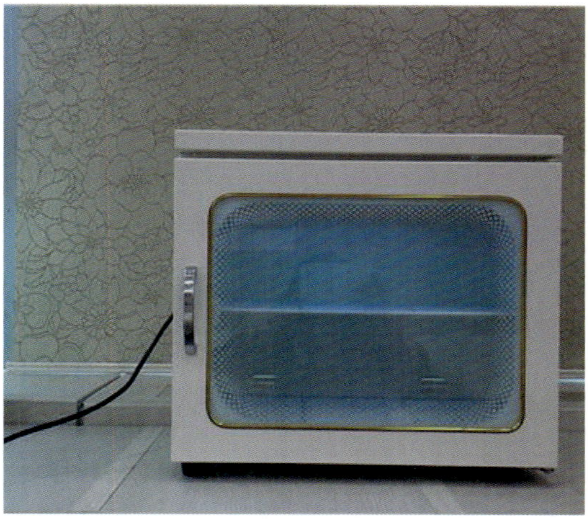

그림 7-2 자외선 소독기

3. 적외선(Infrared ray)을 이용한 피부미용기기

1. 적외선 정의와 종류

적외선은 전자기 스펙트럼 상에서 눈에 의한 관찰이 가능한 가시광선 중 파장이 긴 빨강빛 바깥 측에 있으며 파장은 770~400,000nm 사이의 전자기파이며 피부조직에 표면 열을 발생시켜 열선이라고도 한다.

표 7-2 적외선의 종류와 특징

종 류	단파장 근적외선	장파장 원적외선
파장	770~1,500nm	1,500~15,000nm
피부침투 깊이	5~10mm	0.5~2mm
영향	혈관, 신경, 피하조직	각질층
용도	적외선 램프, 터널베드	열 패드, 열 매트
침투력	원적외선보다 강하므로 조직에 자극을 더 강하게 줌	근적외선보다 뜨겁게 느낌

(1) 원적외선(장파 적외선, 비발광기)

1,500~15,000nm의 장파장 광선은 가열된 모든 물체에서 방출되며 피부조직의 약 0.5~2nm 상층부에서 흡수되므로 근적외선보다 뜨겁게 느껴진다.

(2) 근적외선(단파 적외선, 발광기)

700~1,500nm의 단파장 광선은 빛이 나는 모든 물체에서 방출되고 피부조직의 5~20nm까지 침투되며 혈관 · 림프관 · 신경말단 그리고 피하조직에 직접 영향을 준다. 원적외선처럼 뜨겁게 느껴지지 않는 반면에 인체 침투력이 원적외선보다 강하므로 조직에 더욱 자극을 준다. 태양, 전기방전, 백열등, 고온적외선 등에서 방출된다.

2. 적외선 효능

① 신진대사 촉진
② 혈액순환 증가
③ 체온의 항상성을 유지하며 피부긴장 완화
④ 피지와 땀 분비 증가
⑤ 근육수축과 이완을 통한 류머티즘 및 허리통증 완화
⑥ 제품의 유효성분 침투 작용 증가
⑦ 면역력 강화
⑧ 발한과 림프 순환 촉진을 통한 노폐물 배설 증가

- **비적용증** : 고열, 심부종양, 악성종양, 출혈위험 부위, 신장염
- **적외선 사용 시 주의** : 화상, 전기충격, 괴저, 두통, 현기증, 눈의 손상

3. 적외선 기기의 종류

(1) 적외선 램프

원적외선(비발광)과 근적외선(발광) 두 가지 종류의 적외선 램프가 있으며 피부미용관리 시 얼굴이나 신체에 적용하면 온열작용으로 혈액순환이 촉진되고 노폐물 및 독소배출이 원활해져 피부 깊숙이 영양이 침투되는 효과가 나타난다. 고객의 피부상태와 열에 대한 민감 정도를 고려하여 온도와 적용시간을 조절하도록 한다.

• 사용 예 : 팩 관리, 두피 관리, 전신 관리

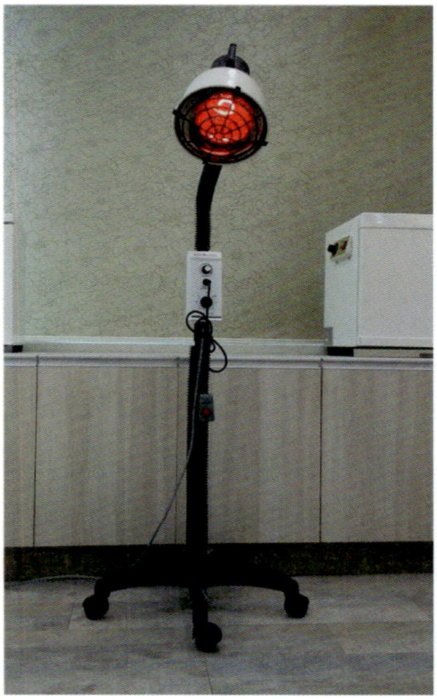

그림 7-3 적외선 램프

(2) 원적외선 사우나기

원적외선 사우나기는 장파장의 적외선이 피부 깊숙이 침투되어 혈액순환을 촉진시켜 발한 작용을 도와 신체의 노폐물을 배출시키는 효과가 있으므로 체형관리 및 비만관리에 주로 사용된다. 사용 시 심장기능이 좋지 않은 사람은 높은 온도에서 오래 사용하는 것을 삼간다.

(3) 원적외선 마사지기

원적외선을 이용한 원적외선 진동마사지기는 세라믹과 자석에 바이브레이션 효과를 추가한 기기이다. 열과 진동에 의해 혈액순환 촉진, 세포활성화 및 재생, 노폐물 배출 효과로 인해 피부주름, 주근깨 및 기미, 여드름 개선에 도움이 된다.

(4) 원적외선 비만기

원적외선 비만기는 온열기기로 피부조직의 심부층에 높은 열을 발생시켜 노폐물과 지방분해에 효과가 있어 전신 및 국부의 지방, 셀룰라이트와 부종 개선의 목적으로 사용된다. 일반 매트형, 터널식의 매트형, 스탠드형이 있다. 매트형은 얼굴이 밖으로 노출되어 눈의 충혈, 두통, 어지럼증이 발생되지 않는 장점이 있다.

3. 가시광선을 이용한 컬러테라피기

서로 다른 주파수와 에너지를 가지고 공간을 움직이는 전자기 파장으로 눈에 보이는 부분을 가시광선이라고 하는데 햇빛을 프리즘을 통해 통과시키면 컬러가 보인다. 눈으로 볼 수 있는 컬러는 빨간 파장인 760.8nm에서 보라 파장인 393.4nm 사이에서 나타난다. 전기 스펙트럼 상에 나타나는 광선 중 눈으로 관찰 가능한 가시광선, 즉 색을 지니고 있는 빛을 이용하여 각각의 파장에 따라 나타나는 효과를 이용한 기기가 컬러테라피기 또는 크로마테라피라고 한다. 컬러는 빛의 파장과 주파수가 다르기 때문에 모든 컬러가 다르게 보이는 것이다.

1. 컬러테라피 정의

인도, 중국, 이집트 등의 고대인들은 치료를 위해 색을 사용하였으며 질병 치료를 추정할 수 있는 색을 찾아내기 위하여 음식, 돌가루, 묘약 등의 물질의 색깔을 사용하였다.

컬러테라피(Color Therapy)는 오늘날 의사, 과학자, 치료사들에 의해 다양하게 실험 검증되고 있다. 빛과 색은 자연이 주는 천연 에너지원으로 각각의 색깔은 서로 다른 특징을 가지고 있으며 파장에 따라서 서로 다른 효과를 가지고 있어 사람을 진정시키거나 흥분시키기도 하고 활력을 되찾아 주기도 하며 모든 세포활동을 정상화시키기도 한다.

자연적인 광선 또는 인공적인 광선의 파장, 빛의 세기, 색깔에 따른 효과를 적절히 선택, 이용함으로써 빛의 에너지를 최대한 활용하여 피부와 전신의 미용분야에 만족할 만한 관리효과를 얻을 수 있도록 고안된 기기를 이용한다.

고객의 미용상의 문제, 즉 피부 트러블이나 비만 등에 있어서 각기 개인이 지니는 신체의 특성에 맞게 빛과 색을 조정하여 사용한다.

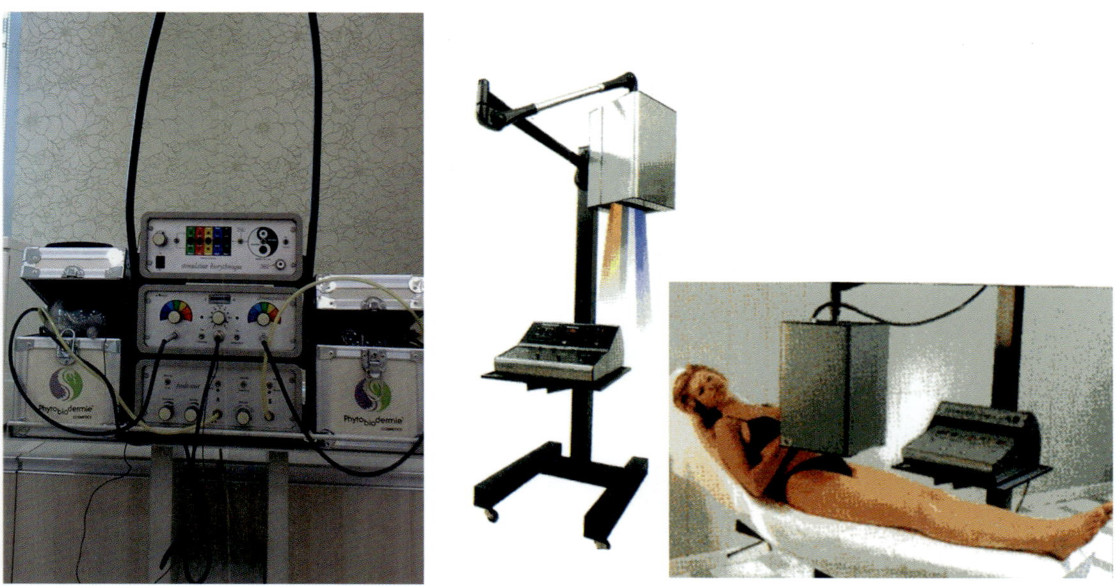

그림 7-4 컬러테라피기

2. 컬러의 파장 효과

컬러	파장(nm)	효 과
빨강	600~700	혈액순환 촉진, 세포활성화 및 재생, 근육이완, 셀룰라이트 개선, 지루성 여드름 및 순환저하 피부개선
주황	500~600	신진대사 촉진, 신경이완, 내분비선 기능조절, 세포재생, 튼살관리, 건성, 민감, 알레르기 피부개선
노랑	580~590	신진대사 촉진, 신경이완, 내분비선 기능조절, 세포재생, 튼살관리, 건성, 민감, 알레르기 피부개선
초록	500~550	신경안정, 정화와 활력재생으로 신체 균형, 피지분비 조절, 스트레스성 여드름, 비만, 홍반 및 색소관리
파랑	470~500	기분정화 및 진정효과, 염증과 열 진정, 부종완화, 모세혈관증 관리, 지성 및 염증성 여드름 관리
남색	450~480	림프절 자극, 림프순환 촉진, 부종 완화
보라	420~460	모세혈관 확장, 화농성 여드름, 기미 및 주근깨 관리, 림프순환 촉진, 면역력 증가, Na과 K 대사조절, 식욕조절, 셀룰라이트 관리, 슬리밍 관리, 정상피부 유지

3. 기기작동 전 유념해야 할 사항

① 관리하는 부위에 따라 빛의 크기를 조절한다.

② 부위와 증강에 따라 빛의 강도를 변화시켜 사용한다. 관리부위에 따라 최대의 효과를 집중시키기 위해 빛을 나선형으로 돌리거나 직선방향으로 움직인다.

③ 넓은 부위의 관리에는 빛을 나선형으로 돌리는 방법과 빛을 회전시키는 방법, 직선형으로 움직이는 방법 등을 모두 이용하여 효과를 증가시킨다.

④ 매일 관리도 가능하며 적어도 일주일에 2회 이상 관리한다.

⑤ 일반적으로 10회 이상의 관리로 효과를 볼 수 있으며, 고객의 피부상태와 비만관리에 따라 관리횟수를 결정한다.

⑥ 효과를 지속시키기 위해서는 관리가 끝난 후 15~20일에 1회씩 추가 관리하거나 6개월 후 추가 집중 관리를 한다.

⑦ 관리하는 곳은 어두워야 컬러테라피 효과를 볼 수 있다.

4. 비적용증

① 광 알레르기 피부
② 습진, 단순포진, 백반, 흑피증, 홍반성 낭종 등 피부병 질환이 있는 사람
③ 감기, 독감으로 열이 있는 사람
④ 임산부
⑤ 급성질환이 있는 사람
⑥ 편두통 및 두통, 현기증 증세가 있는 사람
⑦ 악성 종양, 심장 및 신장 등 질병이 있는 사람
⑧ 출혈부위
⑨ 순환장애가 있는 사람
⑩ 성형 수술 후 또는 피부이식 직후
⑪ 면역억제제 및 항생제, 안정제, 당뇨약 등 약 복용자

5. 사용방법

① 기기를 베드 오른편에 준비하고 다음 사항들을 확인한다.
- 광선 케이블 연결단자가 기기에 제대로 꽂혀 있는지를 확인한다.
- 전원 케이블이 기기와 전원에 연결되어 있는지를 확인한다.
- 빛이 침대 위의 흰 타월에 수직으로 비춰지도록 자리를 고정한다.

② 기기를 작동하기 위해 on-off 스위치를 켠다.
③ 시간조절장치(time select)는 관리시간 설정 시 사용되는 버튼으로 관리하고자 하는 프로그램에 따라 관리시간을 설정하여 준다.
④ 주파(frequency pulse)는 색의 강도를 변화시켜 주는 버튼으로 지속적으로 빛을 조사할 시(Continuous Light) 반드시 off의 상태로 놓는다.
⑤ 강도(Intensity)는 빛의 세기를 조절하여 주는 버튼으로 지속적으로 빛을 조사할 시 최대한의 위치로 돌려놓는다.
⑥ 고객의 문제점에 따라 색을 결정한 후 흰 종이나 흰 타월 위에 색이 비춰지도록 하여 정확한 색을 측정하여야 한다.

⑦ 고객을 편안하게 눕힌 후 관리하여야 할 정확한 부위에 램프박스가 오도록 위치를 설정한다.

⑧ 관리방법에 따라 광선의 나선형 움직임 또는 직선형 움직임을 선택한다.

⑨ 정확하게 관리 도표대로 기기가 작동되면 stop 버튼을 눌러 기기를 잠시 꺼두고 고객의 문제점에 맞는 제품을 관리할 부위에 바른 후 다시 start 버튼을 누른다.

⑩ 관리시간을 설정해 두면 관리가 끝난 후 자동으로 기기가 꺼지게 된다.

6. 컬러테라피 기기의 종류

(1) 바이오 스티뮬레이터(Bio stimulator)

바이오 스티뮬레이터는 신체 에너지 흐름(경락선)의 불균형과 막힌 혈점을 관리하는 프로그램으로 부적합하거나 과도한 신체의 에너지 레벨을 조절하기 위해 자극과 분산 방법을 사용한다. 적절한 아큐펑처 포인트에 정확한 주파수를 적용하여 신체에 전류가 흐르지 않고도 기관을 이상적인 리듬으로 복구시킨다.

신체 각 기관의 조직시스템은 각기 이상적인 리듬이나 주파수에 따라서 진동하는데 5개의 음 기관 (간장/심장/비장/폐/신장)과 5개의 양 기관(담낭/소장/대장/위장/방광)의 이상적인 주파수를 다섯 가지 기본 원리에 따라서 재활하도록 되어 있다. 경락선의 흐름에 따라 경락선의 자연스러운 에너지 흐름 방향으로 자극하고 반대쪽으로 분산시킨다.

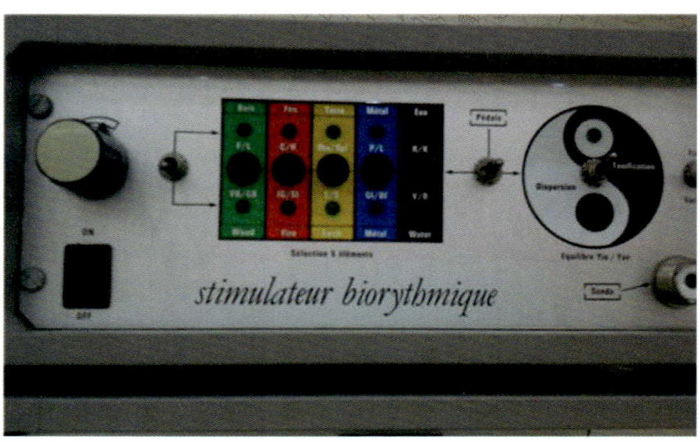

그림 7-5 바이오 스티뮬레이터

[사용방법]

① 스티뮬레이터를 삽입부에 삽입한다.
② 중심 스위치(on)를 켠다.
③ 다섯 가지 요소 중 1개를 선택하고 상하 스위치로 상하로 작동한다.
④ 강도 스위치의 바이브레이션 강약을 조절한다.
⑤ 혈점의 기능을 강화시키거나 분산시키려고 할 때에 6 강화 7 분산 선택
⑥ 좌우 스위치를 좌로 꺾으면 5개 요소를 선택할 수 있으며, 우로 꺾게 되면 강화와 분산에 맞추어진다.

(2) 바이오 드레이너(Bio drainer)

바이오 드레이너는 각각 다른 크기의 컵 세트와 가슴과 힙 관리를 위한 컵 세트로 구성되어 있고 림프-에너지틱 드레니지를 효과적으로 실행하여 혈액과 림프의 움직임을 촉진함으로써 독소를 제거하고 혈액순환을 개선시켜 준다. 그 결과 페이스 트리트먼트 외에 보디의 슬리밍 셀룰라이트 트리트먼트에 효과가 우수하다.

바이오 드레이너는 독립적으로 사용하거나 크로마 펑처와 함께 사용하여 크로마-에너지의 특성이 추가되면 시너지 효과를 얻을 수 있다.

[사용방법]

① 스위치를 On 한다.
② 각각의 트리트먼트에 맞는 흡입 컵을 A와 B에 연결한다.
③ 흡입강도, 흡입리듬, 밸런스 등을 조절한다.
④ 흡입동작을 선택하고 바이브레이션의 페달을 작동하며 바로 드레니지한다.

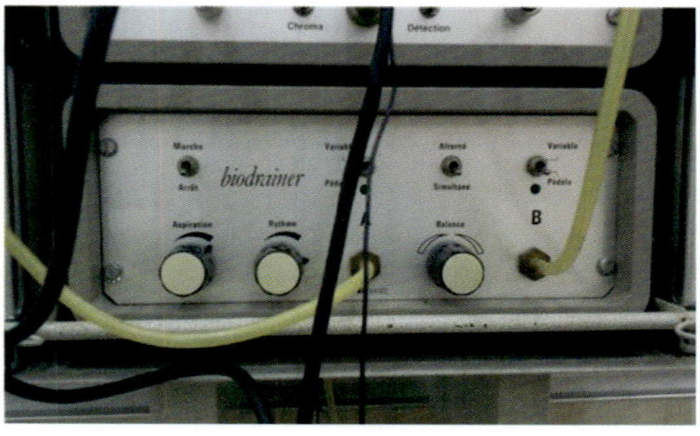

그림 7-6 바이오 드레이너

(3) 크로마 펑처(Chroma puncture)

크로마 테라피의 정교한 기능을 위해 7가지 컬러의 최고의 효능을 보장하는 다이크로익- 필터와 36,000개의 광섬유 케이블을 사용한다. 각각의 컬러는 고유한 주파수를 가지고 있기 때문에, 적절한 컬러를 선택하여 에너지를 필요에 따라 균형화하거나 자극하고 분산시킬 수 있다.

아큐펑처 포인트(경혈, Acupuncture Points)와 반사부위(Reflex Zones), 그리고 차크라 호르몬 관리에 사용된다. 아큐펑처 포인트 디렉터(Acupunture Point Detector)가 갖추어져 있어 막힌 혈점의 문제점을 해결할 수 있다.

[사용방법]

① 크로마 스위치 on을 작동한다.
② 가시광선의 스펙트럼 7가지 컬러 중 한 가지 컬러를 선택한다(스펙트럼 중앙의 둥근 조절기 사용).
③ 경혈점을 찾고자 할 때는 혈점 검파 스위치를 작동(On)한다.
④ 레벨 측정기에서 혈점을 찾는다.

- 스위치 레벨 10에 스위치를 고정한 후 각 혈점에 검파기를 대면 혈점이 정확히 찾아졌을 때 빠른 신호음이 들린다.
- 정확히 찾은 포인트에 검파기를 그대로 둔 채 숫자를 9, 7, 5 방향으로 낮추었을 때 신호음이 갑자기 늦어진다. 이는 혈점이 어느 레벨에서 막혀 있는지를 측정해 낼 수 있는 방법이다.

Chapter 8

물을 이용한 피부미용기기

Chapter 8

물을 이용한 피부미용기기

1. 사우나·SPA기기

1. 스팀배스(Steam bath)

사우나는 핀란드식 사우나, 티롤식 사우나, 라코니움 사우나가 있다. 이는 열 관리를 이용해서 체온을 올리고 혈액순환과 림프 순환이 증가하며 땀을 내어 노폐물과 독소의 배출 속도를 증가시킨다. 또한 스트레스 완화와 타이트한 근육을 부드럽게 이완함으로써 운동 후 근육 내에 젖산이 증가하는 것을 예방한다. 이완효과로 정신적 · 신체적으로 웰빙의 효과를 볼 수 있다. 사우나배스와 스팀배스가 있으며 스팀배스는 섬유유리나 금속으로 제작되어 한 사람이 머리를 밖으로 두고 몸의 열을 올리기 때문에 얼굴이 건조하고 민감한 고객도 사용하기에 편리하다.

(1) 효 과

① 혈액순환과 체온이 증가한다.
② 피부로 드러나는 모세혈관이 체온을 낮추기 위해 이완된다.
③ 혈관확장으로 세포에 영양공급이 활발해진다.
④ 피부혈색 개선이 된다.
⑤ 혈관확장의 결과로 혈압이 약간 저하(10~15%)되고 맥박이 조금 빨라진다.
⑥ 감각신경종말이 부드러워지고 고객이 편안함을 느끼게 된다.
⑦ 긴장되고 타이트한 근육이 이완되어 운동 후 젖산 축적을 예방한다.
⑧ 한선이 자극되어 체온을 낮추기 위해 땀이 분비되며 노폐물이 제거되고 피부가 깨끗해진다.
⑨ 신진대사가 증가되고 행복감이 높아진다.

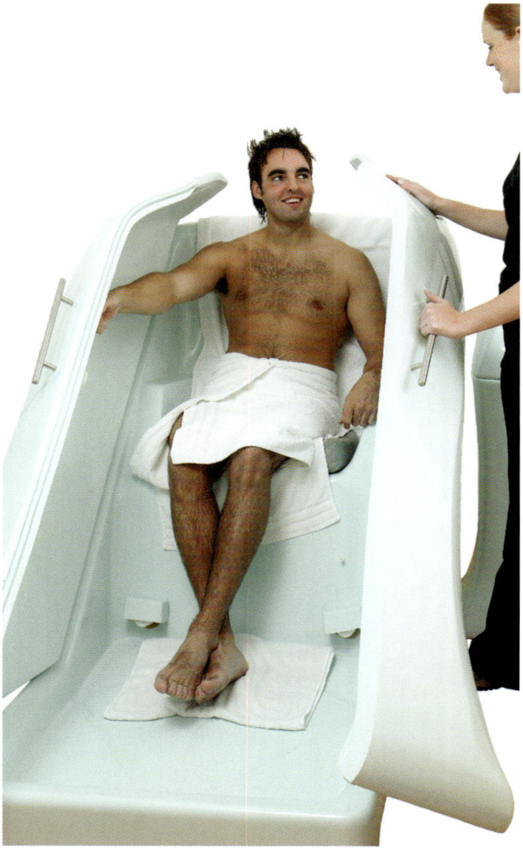

그림 8-1 스팀배스

(2) 사용방법

① 스팀욕조를 소독한다.

② 물탱크에 2/3가량 물을 채우고 온수를 이용해 가열 시간을 단축할 수 있다.

③ 깨끗한 타월을 좌석과 바닥에 놓는다.

④ 스팀욕조의 틈을 타월로 막음으로써 열기가 안으로 모이게 한다.

⑤ 스팀욕조의 타이머와 온도계를 맞춘다

⑥ 스팀욕조의 온도를 확인한 뒤에 온도를 조절한다.

⑦ 고객의 목 뒤와 어깨를 타월로 감싸서 스팀이 새나가지 않도록 한다.

⑧ 고객의 곁에서 고객의 상태를 지속적으로 관찰하고 이상유무를 체크한다.

⑨ 고객은 10분 후 샤워하고 체온을 낮춰서 땀을 제거한 뒤에 간격을 두고 스팀배스를 반복할 수 있으며 일반적인 관리시간은 15~20분으로 한다.
⑩ 고객이 마지막 샤워를 하면 최소한 15~20분의 휴식을 취하게 하고 물을 섭취하도록 한다.

(3) 주의사항

① 고객이 열에 민감한지를 검사하는 피부 테스트로 고객의 열감지 능력을 점검한다. 고객의 열감지 능력에 이상이 있으면 화상을 입을 수 있다.
② 사우나의 온도계와 습도계로 온도와 습도를 미리 체크한다.
③ 고객이 어지럽거나 이상을 느낄 때 반드시 테라피스트에게 알리도록 미리 안내한다.
④ 전기사용 주의법과 제조업체의 사용법을 준수하여 안전사고를 예방한다.
⑤ 영업 후 스팀 욕조의 문을 열고 환기를 시켜 냄새를 제거하도록 한다.

(4) 사용제한

① 최근에 상처가 생긴 경우
② 음주 후
③ 과식 후
④ 심한 피로를 느낄 때
⑤ 편두통이 있을 때
⑥ 생리 중일 때
⑦ 심혈관계 질환이 있을 때
⑧ 피부질환이 있을 때

2. 하이드로테라피 배스(Hydrotherapy bath)

하이드로테라피는 물을 사용해서 릴렉스나 스트레스 완화, 피부상태 개선, 근육통 경감 등에 사용하는 요법이다. 고압력의 워터젯을 보디에 직접 분사되게 할 수 있고 욕조 속에 부착된 튜브로 원하는 보디 부위에 자극을 주며 마사지 및 림프배출을 할 수 있다. 욕조의 프로그램을 설정하여 온도를 유지하면서 방향조절이 되도록 설정할 수 있다.

그림 8-2 하이드로테라피 배스

(1) 효 과

① 말초신경의 진정과 근육의 혈류를 증가시키며 몸을 따뜻하게 하여 심신을 이완시킨다.

② 몸의 독소와 찌꺼기를 제거하고 부종을 감소시키며 관절의 유연성을 증가시킨다.

③ 열을 이용하여 근육을 이완하거나 냉온을 이용하여 운동 후 쌓이는 근육의 젖산을 제거하여 근육피로를 막아준다.

④ 물속의 미네랄로 인하여 피부상태가 개선된다.

⑤ 말초신경 순화와 보디의 이완으로 행복감이 고조된다.

(2) 사용방법

① 제조사의 지침에 따라 욕조의 전원을 켠다.
② 고객의 어깨 높이를 넘지 않도록 욕조에 물을 채우고 온도를 확인한다.
③ 워터젯을 켜고 배스에 물이 차면 제품을 첨가한다.
④ 고객의 보디 부위에 워터젯이 잘 조준되도록 고객을 안내한다.
⑤ 움직이는 호스는 근막 마사지와 림프 배출에 적절한 부위에 물을 직접 향하게 한다.
⑥ 최대 20분을 적용할 수 있고 지속적으로 고객의 상태를 관찰한다.
⑦ 풀에서 고객이 나오면 따뜻한 타월이나 가운으로 감싼다.
⑧ 물을 마시게 하고 10~15분 동안 휴식을 취하도록 한다.
⑨ 고객기록 카드에 고객의 반응과 특이점, 고객의 평가를 기록한다.

(3) 주의사항

① 온도와 혈액순환이 빨라지면서 고객이 어지러움을 느끼는 경우가 있으니 주의한다.
② 탈수와 하이드로테라피 풀의 흐름에 의해 멀미를 느낄 수도 있다.
③ 탈수와 탈진으로 두통이 올 수 있다.
④ 스파 풀이나 제품으로 인한 피부염증이 생기지 않도록 주의한다.

(4) 사용제한

① 햇빛손상피부
② 왁싱이나 제모 후, 피부박피 후 24시간 이내
③ 상처나 찰과상
④ 식사 직후, 과식 후
⑤ 귀고막파열의 경우

3. 플로테이션 배스(Flotation bath)

그림 8-3 플로테이션 배스

플로테이션 배스는 밀폐된 탱크나 욕조로 소금과 미네랄이 풍부한 물에서 플로팅을 하며, 고객의 선택에 따라 조명과 음악이 있는 어둡고 조용한 환경에서 이루어진다. 사해소금인 미네랄 첨가제를 사용하여 건조피부, 습진, 건선에 특효를 볼 수 있다.

(1) 효과

① 스트레스, 불안감 완화
② 근육긴장 완화, 운동부상 회복
③ 관절염, 류머티즘 증세 완화
④ 불면증 해소
⑤ 건조한 피부, 습진, 건선 완화

(2) 사용방법

스파표준에 따라 트리트먼트를 준비하고 부드러운 조명과 이완음악을 사용한다.

① 제조사의 지침에 따라 미네랄 소금, 혹은 순수 소금을 첨가한 따뜻한 물로 배스를 약 100~150cm 정도 채운다.
② 온도는 34~36°C로 조절한다.
③ pH농도를 7.2~7.4의 균형상태로 유지시킨다.
④ 물은 찌꺼기를 제거하고 순화하여 사용한다.
⑤ 고객에게 플로테이션 장비에 대해 설명하고 조명, 음악, 비상신호, 문을 미리 안내한다.
⑥ 귀마개를 제공한다.
⑦ 20분~1시간 지속할 수 있다.
⑧ 피부에 남아 있는 소금기를 샤워로 제거하게 한다.
⑨ 물을 마시게 하고 15분 전후로 휴식을 취하게 한다.
⑩ 고객기록 카드에 고객의 반응을 기록한다.

(3) 주의사항

① 온도와 혈액순환이 빨라지면서 고객이 어지러움을 느끼는 경우가 있으니 주의한다.
② 탈수와 풀의 흐름에 의해 멀미를 느낄 수도 있다.
③ 탈수와 탈진으로 두통이 올 수 있다.
④ 스파 풀이나 제품으로 인한 피부염증이 생기지 않도록 주의한다.
⑤ 플로테이션 전에 화장실을 미리 이용하도록 한다.
⑥ 배스에서 나왔을 때 미끄러지지 않도록 고객을 케어한다.

(4) 사용제한

① 햇빛손상피부
② 왁싱이나 제모 후, 피부박피 후 24시간 이내
③ 상처나 찰과상
④ 식사 직후, 과식 후
⑤ 귀고막파열의 경우

4. 비시샤워 (Vichy shower)

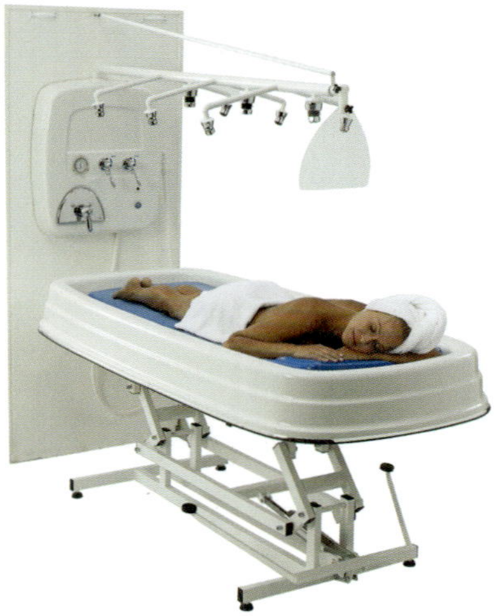

그림 8-4 비시샤워 (관주요법샤워)

비시샤워는 관주요법 샤워라고도 하며 베드테이블 위에 설치된 수평의 샤워 막대기에 고정된 5개 이상의 샤워제트분사기로부터 작은 폭포 같은 물줄기가 나오고 고객은 테이블에 누워서 부드러운 샤워를 받는다. 고객이 베드테이블에 누워 있을 때 스크럽과 마사지 등의 트리트먼트를 할 수 있다. 아로마오일과 다른 제품들은 샤워와 함께 적용할 수 있다. 20분 동안 지속되고 주 2~3회 실시 가능하다. 젓은 테이블 위에서 고객에게 강력한 물살을 적용하는 스위스 샤워와 유사하다.

(1) 효 과

① 과체중고객에게 효과적
② 긴장 완화, 스트레스 경감
③ 불면증
④ 근육통
⑤ 혈액순환 촉진
⑥ 림프순환 촉진

(2) 사용방법

① 스파 트리트먼트의 표준지침을 따르며 샤워기는 필터가 깨끗하고 방수판은 적절한 제품으로 청소한다.
② 물의 온도는 38℃로 준비한다. 제조사의 지침에 따라 샤워시스템 안의 분사기에 아로마제품을 첨가한다.
③ 고객의 얼굴이 아래로 향하게 눕게 한다.
④ 고객으로부터 먼 거리에서 따뜻한 물을 작동시켜서 점차적으로 고객의 몸에 다가가고 몸을 가로질러 샤워기가 작동하도록 한다.
⑤ 10분 동안 샤워 후 몸을 돌려서 다른 부위에 10분 동안 더 적용한다.
⑥ 마사지와 함께 하는 트리트먼트를 할 경우, 마사지 전 먼저 5분 동안 샤워하여 이완하고 시작한다.
⑦ 워터젯의 물 온도는 트리트먼트에 따라 냉, 온을 사용할 수 있다.
⑧ 트리트먼트 후 10~15분 동안 휴식을 취한다.
⑨ 고객카드에 고객의 반응과 특이점 및 고객의 평가를 기록한다.

(3) 주의사항

① 일반적인 스파관리표준에 준한다.
② 고객이 놀라지 않도록 물의 온도나 샤워적용에 주의한다.

(4) 비적응증

스파관리표준에 준한다.

Chapter 9 그 밖의 미용기기

Chapter 9
그 밖의 미용기기

1. 두발·모발관리 기기

1. 두피 · 모발진단 기기(Hair scope)

피부, 두피, 모발 등의 상태나 손상정도를 최대 800배까지 확대 촬영하여 모니터를 통하여 확인해 보여주는 디지털시스템 기기이다. 모근 및 모낭, 각질 상태를 분석하여 두피의 상태와 탈모의 정도를 알 수 있다. 모니터를 통해 고객이 자신의 두피나 피부상태를 확인할 수 있어 두피관리의 필요성을 알릴 수 있다.

그림 9-1 두피 · 모발진단 기기

2. 스켈프 펀치기(Scalp punch)

1분에 1,800회의 파동을 통해 모공을 열어 노폐물 제거, 영양물질 침투, 혈액순환을 촉진시켜 준다.

① 물의 온도와 수압을 적절히 조절한다.
② 물이 고객에게 튀지 않도록 조심한다.
③ 관리 후 고주파 기기를 사용하여 두피를 진정시켜 준다.

3. 이동식 샴푸기(Move shampoo)

장소에 상관없이 샴푸기의 사용이 가능하며 고객의 이동이 필요 없다. 보관된 물을 사용하므로 물의 양을 항상 확인해야 한다.

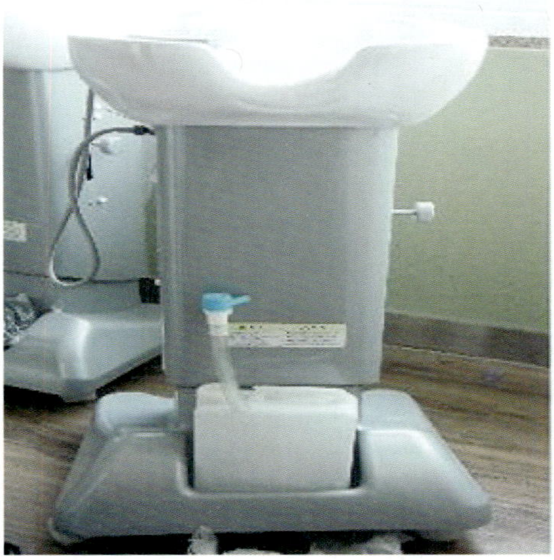

그림 9-2 이동식 샴푸기

4. 오존 스티머(Ozone steamer)

두피와 모발에 남아있는 샴푸 및 알칼리 잔량을 99%까지 제거하며, 모발의 손상을 감소해 주고 살균 및 탈모 예방에 도움을 준다.

그림 9-3 오존 스티머

5. 두피 스케일링기계(Scalp Scaling)

두피의 각질, 피지 및 노폐물을 제거하여 두피를 깨끗하게 하고 제품의 흡수를 용이하게 한다. 손 마사지와 비슷한 효과로 혈액순환 촉진과 영양공급을 통해 신진대사를 활성화한다.

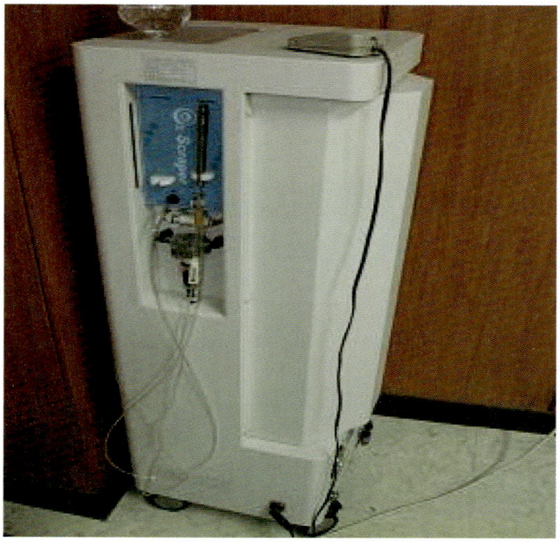

그림 9-4 두피 스케일링 기

1. 발관리기기

1. 파라핀기(Paraffin warmer)

고형의 파라핀에 열을 가해 액체 상태로 만드는 기기로, 녹인 파라핀을 직접 피부에 적용한다. 모공을 열어 노폐물을 배출하고 영양물질의 침투를 도우며, 보습력을 높여준다.

건조한 손 · 발의 보습에 효과적이며 혈액순환에 효과적이고, 얼굴 · 등 부위 등 다양한 부위에 사용이 가능하며 사용 전 온도 테스트가 중요하다.

① 사용 전 파라핀은 녹인다.
② 녹인 파라핀을 손목 안쪽에 테스트 후 사용한다.
③ 왁스에 불순물이 없는 것을 사용하며 사용한 왁스는 다른 고객에게 사용하지 않는다.

그림 9-5 파라핀기

2. 각탕기(족탕기)

발 관리를 하기 전에 각탕기 사용은 소독과 세정작용을 한다. 신진대사 증가, 혈액순환 촉진, 근육이완 효과, 피로회복 효과가 있다. 각탕기에 사용되는 물에 기능성 제품을 적용하면 더욱 효과적이다.

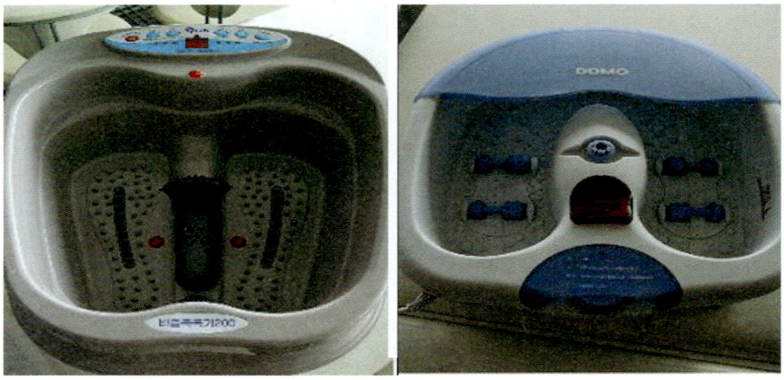

그림 9-6 각탕기

그림 9-7 발 전동의자

3. 족저경(Foot scope)

발의 문제점을 분석하는 기기로 사용 전 · 후 알코올로 닦아 감염을 예방하고 사용한다. 족저경에 올라서 있는 고객은 정면을 바라보며 특정한 부위에 체중이 쏠리지 않도록 하여야 정확한 분석을 할 수 있다.

그림 9-8 족저경

4. 족문기(Foot print)

발의 변형 여부를 판단하기 위해 사용되는 기구이다. 특수 실리콘판 위에 잉크를 발라 사용하는 기구로 고객의 오른발과 왼발의 순서로 한 발을 올려놓고 3초 정도 머문 후 족문기에서 내려오면 종이에 족문이 찍힌다. 같은 방법으로 발을 찍는다. 고객의 비틀어진 골반이나 척추 휜 상태 등을 판독할 수 있으며 교정 시 상담에 큰 도움이 된다.

그림 9-9 족문기

5. 제모기

신체의 얼굴, 팔, 다리, 겨드랑이 등의 불필요한 털을 제거하는 방법으로 온 왁스(Warm Waxing)를 사용한다. 사용 전 미리 왁스를 녹이고 고객에게 사용 전 관리사의 손등에 테스트한 후 고객의 사용 부위에 도포한다. 온도는 60℃가 넘지 않도록 맞추어 사용하며 피부에 화상을 입지 않도록 주의한다.

그림 9-10 제모기

Chapter 10 소독과 위생

Chapter 10

소독과 위생

1. 미생물 (biology)

1. 미생물의 정의

미생물(microorganisms)은 그 크기가 0.1mm 이하의 미세한 생물체로 현미경으로 관찰해야 한다. 또한 독자적인 증식능력을 갖춘 생명체이며, 구조가 아주 간단한 단세포 생물이다.

이 장에서 다루고자 하는 미생물은 사람이나 동물에 침입하여 여러 가지 질병을 일으키는 병원성 미생물(pathogenic microorganism)이다. 인체 감염 질환의 병원체는 세균(bacteria), 진균(fungi), 바이러스(virus) 등이다. 이러한 미생물을 연구하는 학문을 미생물학이라고 하며, 어떤 미생물을 연구대상으로 하는가에 따라 세균학(bacteriology), 진균학(mycology), 바이러스학(virology) 등으로 구분한다.

2. 미생물학의 역사

1676년 레벤후크(Antony van Leeuwenhoek)는 자신이 직접 만든 현미경으로 극미동물(animacules)을 직접 관찰하여 미생물을 실존하는 생명체로 증명했다.

1776년 라자로(Lazarro Spallanzani)는 레벤후크가 발견한 미생물을 열처리로 사멸시킬 수 있다는 사실을 통해 살균 · 소독법을 발견했다.

1876년 코흐(Robert Koch)는 탄저병(anthrax)의 병원체가 세균임을 밝혀 미생물이 인간이나 동물에 발생하는 질병의 원인임을 입증했다.

이상의 3가지 사건을 미생물학의 3대 발견이라고 한다.

3. 미생물의 구조와 기능

(1) 세균의 형태 및 분류

세균은 세 가지 기본형인 구균(*cocci*), 간균(*bacilli*) 및 나선균(*spirochetes*)으로 분류된다. 이러한 세균의 형태는 세균의 동정에 있어서 가장 중요한 검사기준의 하나이다. 또 다른 세균 동정의 기준은 세균의 배열이다. 특정 구균은 쌍구균(*diplococci*)으로, 일부는 연쇄상구균(*streptococci*)으로 일부는 포도상구균(*staphylococci*)으로 배열된다. 이러한 배열은 세균의 세포분열 시의 정위와 접촉각도에 의하여 결정된다.

세균의 크기는 약 0.2 ~ 5㎛ 사이로 가장 작은 세균은 바이러스 중 가장 큰 것과 비슷하며, 가장 긴 간균은 일부 효모와 사람의 적혈구의 크기(7㎛)와 비슷하다.

1) 구 균 (*Coccus*)

둥근 모양의 세균들로 이루어진 것으로 배열상태에 따라 분류한다.

① **포도상구균**(*Staphylococcus*) : 포도송이 모양으로 원형 세균들이 불규칙하게 덩어리져 있는 상태

② **연쇄상구균**(*Streptococcus*) : 원형세균이 염주처럼 연쇄를 이루어 배열된 상태

③ **쌍구균**(*Diplococcus*) : 원형 또는 난원형의 세균이 쌍을 이루어 연쇄를 이루거나 마주보는 배열상태

④ **사련구균**(*Tetrads*) : 두 개 또는 네 개씩 쌍을 이루는 구균

2) 간 균(*Bacillus*)

막대모양으로 생긴 길쭉한 형태의 세균으로 종류에 따라 다양한 형태와 배열을 가진다.

① Blunt ends : 막대모양의 끝이 각이 진 간균 (예 : *Bacillus*)
② Curved rods : 간균의 형태가 굽은 균 (예 : *Vibrio*)
③ Round ends : 막대모양의 끝이 둥근 형태의 간균 (예 : *E. coil*)
④ Coccobacillus : 구균보다는 길고 일반 간균보다는 짧은 원형의 간균 (예 : *Acinetobacter*)
⑤ Swallen ends : 각균의 한쪽 끝 또는 양끝이 돌출된 간균 (예 : *C. diphtheriae*)
⑥ Spindle ends : 간균의 양끝이 뾰족한 균 (예 : *Fusobacterium*)

3) 나선균 (*Spirochaetes*)

① 코일 또는 나선모양을 이루는 균 (예 : *Campylobacter*)
② 나선의 굴곡이 조밀한 균 (예 : *Trepomema*)

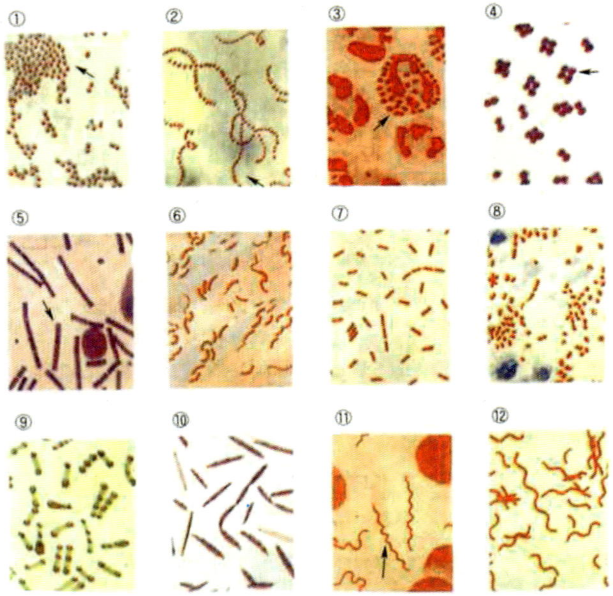

① 포도상구균
② 연쇄상구균
③ 쌍구균
④ 사련구균
⑤ Blunt ends
⑥ Curved ends
⑦ Round ends
⑧ Coccobacillus
⑨ Swallen ends
⑩ Spindle ends
⑪ Campylobacter
⑫ Treponema

그림 10-1 각종 세균의 형태

(2) 구 조

세균을 구성하는 구성 성분의 중요한 특성은 다음과 같다.

표 10-1 전류의 종류와 특징

구 조		화학성분	기 능
필수적 성분	세포벽 펩티도글리칸	교차 결합된 펩티드 측쇄를 갖는 골격체	강성지지, 삼투압 보호 : 페니실린과 세팔로스포린의 작용부위이고, 리소자임에 의하여 분해됨
	외막(그람양성균)	벽산	주된 표면항원이지만 실험실 진단에 드물게 사용됨 내독소의 독성 성분
	외막(그람음성균)	Lipid A 리포다당질	실험실 진단에 자주 사용되는 중요한 표면균체(0)항원
	세포질막	Sterol 성분이 없는 지방 단백질 중층구조	
	리보솜	RNA와 50S 및 30S 단위내의 단백질	단백질 합성: 아미노글리코사이드계, 에리스로마이신, 테트라사이크린, 크로람페니콜의 적용부위
	핵양체	DNA	유전물질
	메소솜	세포질막의 함입부위	세포분열과 분비작용
	세포질 주위공간	세포질막의 외막사이 공간	베타락타마아제(β –lactamase)를 포함한 많은 가수분해효소 보존 장소
비필수적 성분	협막	다당체	식균작용에 대한 방어, 협막 항원
	섬모 또는 선모	당단백질 (glycoprotein, pillin)	세포표면 부착(부착원): 세균 접합시에 결합작용

(계속)

표 10-1 전류의 종류와 특징 (계속)

<table>
<tr><th></th><th>구 조</th><th>화학성분</th><th>기 능</th></tr>
<tr><td rowspan="4">비필수적 성분</td><td>편모</td><td>단백질(flagellin)</td><td>운동기관, 편모 항원</td></tr>
<tr><td>아포</td><td>젤라틴양 외피물, 디피콜린산(dipicolinic acid)</td><td>건조, 열 및 소독기에 대한 내성</td></tr>
<tr><td>플라스미드</td><td>DNA</td><td>항생물질내성, 효소 및 독소의 생산을 조절하는 다양한 유전자를 갖고 있음</td></tr>
<tr><td>과립체</td><td>글리코겐, 지방 및 폴리포스페이트</td><td></td></tr>
</table>

1) 세포벽

세포벽은 세균의 표면을 덮고 있는 복잡한 다층구조물이다. 세포벽은 세균에 따라 두께와 화학성분이 다른 외막층과 외막층에 의해 싸여 있는 펩티도글리칸(peptidoglycan, PG)의 내막층으로 구성되어 있다. 펩티도글리칸층은 모든 세균의 세포벽에 존재하는 세균 특유의 구조이다. 내면의 펩티도글리칸층은 세균의 특정 형태를 만들어 구조적 지지 역할을 한다. 세포벽의 조성은 그람양성균과 그람음성균으로 서로 다르다.

표 10-2 그람양성균과 그람음성균의 세포벽의 비교

구 조	그람양성균	그람음성균
펩티도글리칸	두껍고 다층구조	얇고 다층구조
벽산	있음	없음
리포다당질(내독소)	없음	있음
리포단백질과 인지질	없음	있음

톡톡 정보

그람양성균과 그람음성균의 세포벽 비교

① 그람양성균이 음성균에 비하여 펩티도글리칸층의 두께가 훨씬 두껍다. 일부 그람양성균은 펩티도글리칸층 밖으로 벽산(테이코 산,teichoic acid)층을 갖고 있으나 그람음성균은 갖고 있지 않다.

② 그람음성균의 세포벽 조성은 그람양성균보다 더욱 복잡하다. 그람음성균의 외막층과 세포질 사이에 세포질 주위공간(periplasmic space)이 있어 일부 세균은 이곳에 페니실린과 다른 β −lactam제를 파괴하는 효소를 저장하고 있는 것도 있다. 외막은 세포막처럼 지질이 중층이지만 독특한 지질과 단백질을 함유하고 있다.

③ 그람염색 ; 1884년 덴마크 의사 그람(Christian Gram)이 발견한 염색법으로서 세균의 동정에 있어서 가장 중요한 염색법이다. 이 염색방법에 의해 대부분의 세균은 2군으로 분류된다. 청색으로 염색되는 그람양성균과 적색으로 염색되는 그람음성균으로 나뉘어진다.

④ 세균의 그람염색성은 임상적 자료를 제공해 준다.

⑤ 많은 세균의 동정에 사용된다(그람염색성과 형태학).

⑥ 항생물질 선택의 기준이 된다. 예) 일반적으로 그람양성균은 그람음성세균에 비하여 페니실린 G에 대해 더 큰 감수성을 나타낸다.

2) 세포막

인지질과 단백질이 이중구조를 갖는 세포막이 있어 세포질을 둘러싸고 있다. 진핵생물의 세포막과 화학적으로는 유사하지만 세균의 세포막은 스테롤(sterol)을 함유하지 않는 점이 다르다. 세포막은 다음과 같은 역할을 한다.

① 세포 내외로의 물질이동의 선택적 투과성을 부여
② 에너지 생산에 관여
③ 세포벽의 전구물질 생산

3) 메소솜(mesosome)

세포막의 일부가 세포질 내로 부분적으로 함입된 부위로서 세포분열부위 근처에 나타나 격막형성에 관여한다. 또 염색체를 부착하여 딸세포의 분배과정에서 중요한 역할을 담당한다.

4) 세포질과 소기관

세포질은 전자현미경으로 두 개의 뚜렷한 부위가 있다. 영양소과립, 대사산물 및 이온을 함유하는 세포액(cell pool)과 리보솜(ribosome), 염색체(chromosome) 등을 함유하고 있는 부위이다.

① 리보솜(Ribosome)

세균 리보솜은 진핵세포에서와 같이 단백질 합성장소이지만 크기와 화학성분은 서로 다르다. 즉 세균 리보솜은 70S의 크기를 갖는 반면 진핵세포의 리보솜은 80S의 크기를 갖는다.

② 염색체(Chromosome)

세균의 핵은 핵막이 없어 세포질에 노출되어 있다. DNA는 약 2,000개의 유전자을 갖고 분자량이 약 2×10^{2}에 달하는 단일, 환상의 분자이다.

③ 봉입체(Inclusion body)

봉입체는 글리코겐(glycogen)이나 PHB(poly β −hydroxybutlyrate)와 같은 여러 물질을 축적하고 있는 장소이다. 세균에 따라 수, 크기, 내용물의 종류가 서로 다르다.

5) 세포 외벽의 특이구조와 부속지 (appendage)

① 협 막

협막은 세포를 둘러싸고 있는 최외부층으로서 주로 다당류와 단백질로 구성되어 있다. 다당류의 성분은 세균의 종류에 따라 차이가 있으며, 이 차이는 종종 한 균종 내의 각 혈정형을 결정하는 항원결정기로 작용한다.

협막은 다음과 같은 세 가지가 중요하다.

- 협막은 탐식세포의 세균섭식능력을 억제함으로써 많은 세균이 병원성을 갖게 한다. 협막형 세균이 협막생산능력을 상실한 변이주로 바뀌면 병원성도 상실된다.

- 협막 다당체에 대한 항혈청을 이용하여 세균의 특이동정이 가능하다.
- 협막은 감염의 첫 단계로서 세균이 숙주의 조직에 부착하는 소위 부착소(adhesin)의 역할을 한다.

② 편　모(fragella)

편모는 화학주성(chemotaxis)에 의하여 세균이 영양을 얻고 성장, 증식할 수 있도록 하는 세균의 운동기관이다. 세균이 운동할 수 있게 되는 것은 편모의 기저부에서 이어진 굽은 갈고리모양의 긴 필라멘트(filament)를 회전시켜 마치 프로펠러와 같은 역할을 해서 움직이게 된다. 편모성 세균은 특이적인 편모의 수와 배열을 가지므로 세균의 분류에 있어 중요한 특성이 된다.

- 단모균(monotrichous) : 한쪽에 한 개의 편모가 있는 균(예 : *vibrio*)
- 양모균(amphitrichous) : 양쪽 끝에 하나 또는 두 개 이상의 편모가 있는 균(예 : *Spirilla*)
- 총모균(lophotrichous) : 균체의 한쪽에 두 개 이상의 편모가 다발을 형성하는 균(예 : *pseudomonas*)
- 주모균(peritrichous) : 세포벽 전체를 많은 편모가 둘러싸고 있는 균(예 : *proteus*)

③ 섬　모 (cilia)

섬모는 세포 표면에서 뻗어 나온 짧은 머리털 같은 사상체이다. 섬모는 편모보다 더 짧고 곧으며 운동에는 관여하지 않는다. 섬모는 주로 그람음성균에서 관찰된다. 섬모는 두 가지 중요한 역할을 한다.

- 섬모는 일부세균이 감염의 첫 단계에서 필요로 하는 부착작용에 필요한 부착소의 역할을 한다. 임균(*Neisseria gomorrhoeae*)의 경우와 같이 섬모형성을 못하는 변이주로 바뀌면 부착성을 상실하여 병원성을 나타내지 못한다.

- 특수섬모, 즉 성섬모(sex pilus)로 작용한다.

④ 아 포(Spore)

세균은 영양소의 고갈, 건조 등의 불리한 환경 속에서 생존하기 위해 아포를 생성한다. 일단 형성된 아포는 대사기능이 없으며 오랫동안 휴지생체(dormant)로 남아 있게 된다. 세균의 아포는 열과 화학약제에 대한 높은 내성을 가지므로 자비(boiling)에 의해서 멸균의 효과를 거둘 수 없다. 따라서 모든 관리용 기구를 확실히 멸균하기 위해서는 고압증기 오토클레이브(autoclave,압력솥)를 이용하여 121℃에서 약 20분 동안의 가압멸균이 필요하다.

4. 세균의 영양과 환경인자

(1) 영양소 (Nutrients)

수소원(hydrogen source), 탄소(carbon source), 산소원(oxygen source), 질소원(nitrogen source), 무기질원(황, 인), 성장인자(growht factor) 등이 영양소로 이용된다.

(2) 환경인자

미생물은 적당한 환경과 충분한 영양이 주어지면 증식한다. 미생물의 성장에 필요한 환경인자로는 수분, 온도, 수소이온농도(pH), 산소, 삼투압, 영양원 등이 있다.

① 수분(Water) : 건조상태에서는 휴지상태로 있지만 적당한 수분이 공급되면 다시 성장한다.

② 온도(Temperature) : 최적온도(optimum temperature)는 세균의 가장 활발한 성장을 허용하는 온도로 최적온도에 따라 저온균(paychrophiles, 5 ~ 20℃), 중온균(mesophiles, 37℃), 고온균(thermophiles, 45 ~ 50℃)으로 분류한다.

③ 수소이온농도(pH) : 일반세균의 최적 pH(optimum pH)는 6.5 ~ 7.5이지만 일부 세균은 산성이나 약알칼리성을 나타낸다. 세균의 종류마다 최적 pH가 서로 다르다.

④ **산소**(Oxygen) : 세균에서 산소를 절대적으로 필요로 하는 편성호기성균(*obligate aerobes*)과 산소가 존재하면 전혀 생존할 수 없는 편성혐기성균(*obligate anaerobes*)이 있다. 산소가 유 · 무에 관계없이 발육하는 것은 통성호기성균(*facultative anaerobes*)이라고 한다.

⑤ **삼투압** : 염이나 당분의 농도는 미생물의 증식에 영향을 주며, 농도가 높으면 미생물에서 수분이 빠져나와 원형질 분리 현상이 일어나 미생물이 사멸하게 된다. 일반세균은 3% 정도의 식염에서 증식이 억제된다.

⑥ **영양원** : 미생물을 최상의 조건으로 성장시키기 위해서는 에너지원이 필요하다. 이를 영양원이라 한다.

5. 세균의 성장

(1) 성장주기

세균의 성장이란 세포의 모든 성분이 규칙적으로 증가하는 것이며 세포의 증식은 세포집단 또는 개체수의 증가를 말한다. 세균은 이분열(binary fission)에 의하여 한 개의 모세포가 두 개의 자세포로 분열하여 증식한다. 세균의 증식 곡선은 유도기, 대수기, 정지기, 사멸기로 구분한다.

① 유도기 (Lag phase)

변화된 환경조건에서 성장을 준비하는 단계로 활발한 세포성분의 증가가 진행되지만 세포분열이 없는 휴식기이다. 유도기는 세균에 따라 몇 분에서 몇 시간에 걸쳐 다양하다. 이때 세균의 성장률은 0 이다.

② 대수기 (Logarithmic phase or exponential growth phase)

신속한 세포분열이 짧은 기간 동안 무작위하게 진행되는 가속기(acceleration)를 거쳐 신속한 세포분열을 계속하는 증식기이다. 적절한 영양소와 환경에서는 영양소의 증가에 따라 성장률이 증가하지만 적정량 이상에서는 영양소의 증가에 따라 단지 최대 수확량만 증가한다.

③ 정지기 (Stationary phase)

영양소가 고갈되고 독성 대사산물의 축적, 세균수의 증가로 인하여 성장이 지연되어 새로운 세균과 사멸 세균이 평형을 이루게 된다. 그러나 총 세균수(사균수 포함)는 증가되어 최대 세균수에 도달하게 된다.

④ 사멸기 (Death phase)

세균의 종류와 배양조건에 따라 다르지만 사멸속도가 역대수적으로 가속되는 기간이다. 사멸하는 세균의 수가 증가되어 생존미생물의 수가 줄어드는 시기이다.

2. 소독과 멸균 (Disinfection and sterilization)

소독(disinfection)이란 화학적 방법에 의해 모든 종류의 미생물을 살균시키는 것이 아니라 병원균의 감염을 제거하는 것을 말한다. 소독 목적으로 쓰이는 화학 약품을 소독제(disinfectants)라고 하며, 알코올과 요오드같이 독성이 약하며 피부에 직접 사용될 수 있는 것부터 석탄산 유도체나 할로겐류 산화제 등 많은 종류가 있다.

멸균(sterilization)이란 빛, 열, 방사선조사 등의 물리적 방법으로 높은 내성을 나타내는 세균의 아포를 포함한 병원성이나 비병원성 미생물 모두를 사멸시키는 것을 말한다. 멸균은 보통 가압증기멸균(autoclaving)에 의해 이루어진다. 대표적인 멸균법에는 고압증기멸균, 여과멸균, 자비멸균, 화염멸균, 방사선 조사, UV, 건열멸균, 저온살균법 등이 있다.

1. 용어 정리

① **살균** : 미생물을 여러 가지 물리 화학적 방법을 통하여 급속하게 사멸시키는 것이다. 멸균과 다르게 내열성 포자는 남는다.

② **멸균** : 병원성 · 비병원성 포자를 가진 것 전부를 사멸 또는 제거하는 것을 말한다.

③ **소독** : 비교적 약한 살균력을 이용해 병원 미생물의 성장을 억제하거나 파괴시켜 감염의 위험성을 없애는 살균작용을 말한다. 세균의 포자까지는 작용하지는 못한다.

④ **방부** : 약한 살균력을 이용해 병원 미생물의 성장과 작용을 억제 및 정지시키며, 특히 음식물의 부패, 발효를 방지하도록 하는 것이다.

⑤ **청결** : 사람이나 기구 표면에 부적합하게 부착된 이물질을 제거하는 것을 말하며 소독에 필수적이다.

⑥ **위생** : 건강의 유지 및 증진을 위하여 질병의 예방이나 치유에 힘쓰는 것을 말한다. 종류에는 개인위생, 정신위생, 공중위생, 식품위생, 환경위생 등이 있다.

2. 소 독(Disinfection)

(1) 소독약의 이상적인 조건

① 높은 살균력을 가지고 있어야 하며 석탄산계수(phenol coefficient)가 높아야 한다.
② 경제적이고 사용법이 간단해야 한다.
③ 용해성(solubility)과 안전성(stability)이 높아야 한다.
④ 부식성과 표백성이 없어야 한다.
⑤ 침투력이 강해야 한다.
⑥ 독성이 약하며 인체에 해가 없어야 한다.

(2) 소독 시 주의사항

① 소독 할 대상의 성질에 유의하며 적절한 소독약이나 소독법을 선택하여 실시한다.
② 소독의 목적과 방법, 그리고 시간 등을 고려하여 사용한다.
③ 소독제는 사용할 때마다 적당한 양을 조금씩 만들어서 사용한다.

④ 소독제는 밀폐하여 냉암소에 보관하여 사용한다.

⑤ 소독제의 라벨은 오염되지 않도록 하며 다른 것과 구별되도록 한다.

(3) 소독효과의 평가

미생물의 사멸은 살균제의 농도와 작용시간이라는 변수에 의해 나타난다. 즉 살균은 다음과 같은 관계식을 갖는다.

$$N \propto \frac{1}{CT}$$

N : 생존균수
C : 소독제의 농도
T : 작용시간

생존균수 N은 소독제의 농도 C와 작용시간 T에 반비례한다. 총체적으로 CT는 종종 사용량이라고 한다.

소독제의 효력을 평가하는 방법 중 가장 많이 사용하는 것은 석탄산계수(phenol coefficient, PC)를 사용해서 평가하는 것이다. 석탄산계수는 피검소독제와 석탄산을 각각 단계별로 희석하여 시험균(보통 장티푸스균을 이용)을 첨가하여 5분 내에 죽일 수 없으나 10분 내에는 완전히 사멸시킬 수 있는 최대희석배수를 구한 다음 피검소독제의 희석배수를 석탄산의 희석배수로 나눈 수치를 석탄산계수라고 한다.

석탄산계수가 클수록 살균력이 강하며 계수 1을 석탄산(phenol, 페놀)과 같은 살균력을 가진 것으로 한다.

표 10-3 석탄산계수 측정법

소독제	희석배수	적용시간				
		2.5	5.0	10.0	12.5	15.0
	40X	+	−	−	−	−
석탄산	50X	+	+	−	−	−
	60X	+	+	+	−	−
A실험	500X	+	+	−	−	−
소독액	500X	+	+	+	+	−
	150X	+	−	−	−	−
B실험	200X	+	+	−	−	−
소독액	250X	+	+	+	−	−

(4) 소독제의 작용기전

소독제의 살균작용은 대표적으로 다음 기전 중 하나에 의해 이루어진다.

① 균체 단백질의 응고, 변성작용
② 세균 세포막의 파괴, 투과성변화
③ 산화작용

일부 소독제는 한 가지 이상의 작용기전을 갖는 경우도 있다.

$$Phenol\ \text{계수(PC)} = \frac{\text{피검소독제의 최대희석배수}}{Phenol\text{의 최대희석배수}}$$

표 10-4 소독제의 작용기전

	작용기전	소독제
소독제	균체 단백질의 응고, 변성작용	alcohol, aldehyde, phenol
	세균 세포막의 파괴, 투과성 변화	계면활성제, 클로르헥시딘(chlorhexidine)
	산화작용	과산화수소수, 과망간산칼륨
	필수효소 저해작용	색소류, 금속화합물
	탈수작용	고농도의 alcohol, 염류

(5) 소독제의 효과에 영향을 주는 조건

① 농 도

일반적으로 소독제의 농도가 높을수록 소독작용이 강해진다. 그러나 농도가 너무 높을 때는 오히려 생체조직의 장애도 발생한다. 그러므로 생체조직의 장애를 나타내지 않으면서 충분히 소독효과를 나타낼 수 있는 최적의 농도를 선택해야 한다.

② 미생물의 종류

가장 이상적인 소독제는 모든 미생물에 똑같이 살균효과를 나타내는 것이 바람직하다. 그러나 미생물의 종류에 따라 소독제에 대한 감수성이 다르므로 소독하고자 하는 미생물의 특성을 파악하여 가장 효과적인 소독제를 선택해야만 한다.

③ 작용온도

소독제는 온도가 높아질수록 살균력이 강해진다. 소독제는 일반적으로 20℃ 이상의 온도에서 사용하는 것이 바람직하다.

④ pH

어떤 소독제는 일정한 pH(최적 pH)가 아니면 소독효과가 나타나지 않는 것도 있으므로 적용 부위의 산과 알칼리를 제거한 후 사용해야 한다.

⑤ 작용시간

소독제는 작용시간이 길수록 살균력이 강하지만 동시에 생체조직에 대해서도 장애를 일으킬 수 있으므로 주의해야 한다. 반대로 작용시간이 짧으면 충분한 살균효과를 얻을 수 없다.

⑥ 유기물의 존재

많은 소독제는 유기물이 존재하면 그 효력이 감소되는 것이 많다. 즉 혈액, 농, 타액 등이 섞여있으면 살균력이 감소한다. 그러므로 손, 기계, 기구와 같은 소독 대상물은 소독제를 사용하기 전에 흐르는 물로 유기물들을 충분히 씻어 낸 후에 소독제를 적용시켜야 한다.

(6) 소독제의 종류

1) 알코올류

주로 소독에 이용되는 알코올은 에탄올(ethanol)과 이소프로판올(isopropanol)이 가장 널리 쓰이는 소독제이며 피부에는 70%의 에탄올을 사용한다. 100% 에탄올은 탈수작용 때문에 오히려 소독력이 약하다. 이소프로판올은 30~60% 용액이 사용되며 최근에는 에탄올 대신 많이 사용된다. 주로 주사할 때 피부소독이나 손 및 기구소독에 사용된다.

2) 석탄산과 그 유도체

① 석탄산(Phenol)

의학적으로 가장 먼저 사용된 소독제로서 균체 단백질의 응고나 변성 및 침전을 야기시켜 살균작용을 나타낸다. 세균, 진균에는 효과적이지만 아포에는 거의 효과가 없다. 석탄산은 살균력이 약하고 독성도 강해서 오늘날에는 역사적 의미밖에 없다.

② 크레졸(Cresol)

비누물과 50%로 혼합한 크레졸 비누액으로 사용한다. 일반 세균 등에는 효과가 있지만 아포균 바이러스에는 작용을 나타내지 못한다. 보통 1~2% 수용액은 손 · 피부의 소독, 기구소독에 사용하고 3~5%액은 객담이나 분뇨의 소독에 사용되며 손상된 피부에 사용해서는 안 된다.

③ 헥사크로로펜(Hexachlorophene)

그람양성균에는 효과가 뛰어나지만 근래에는 그다지 많이 사용하지 않는다.

④ 포르말린(Formalin)

포름알데히드(Formaldehyde)의 수용액으로 강한 살균력이 있지만 눈이나 코에 대한 자극작용이 심하고 냄새가 강해서 보통 1~1.5% 수용액이 실내, 의류, 기구 등의 소독에 사용된다. 그러나 현재는 발암의 위험성 때문에 사용되지 않고 있다.

3) 할로겐(Halogen)류

소독약으로 중요한 할로겐류는 염소 및 요오드 화합물이다.

① 염 소(Chlorine)

액체 염소는 식수원 및 하수의 소독에 주로 이용된다. 보통 100만분의 1(ppm)을 가하여 상수중의 잔류염소의 양이 0.1ppm 이상 함유되어야 한다. 소독작용은 수용액중의 차아염소산(hypochlorite)에 의한 것이다.

$$Cl_2 + H_2O \longrightarrow H^+ + Cl^- + HClO$$

② 차아염소산나트륨(Sodium hypochlorite, NaOCl)

살균작용이 강하고 일반세균, 진균, 바이러스에 유효하지만 자극성과 금속을 부속시키는 성질이 강하다. 요즘은 B형 간염바이러스와 ADIS 바이러스의 소독제로 중요하게 사용된다. 0.02 ~ 0.5%를 손, 피부의 소독에 사용하며 가구, 도구, 배설물, 오염물 등의 소독에 이용된다. 1, 5, 6, 10% 액이 상품화되어 있다.

③ 클로라민(Chloramine)

물에 녹고 생체조직액과 분비액에 의해 분해된다. 살균작용이 안정하고 자극성이 적으며 효력이 지속적이기 때문에 1 ~ 2% 수용액으로 손의 상처나 기구의 소독에 사용한다.

④ 옥도정기(Iodine tincture)

요오드 6g, 요오드칼륨 4g을 70% 에탄올 100ml에 용해한 것으로 강한 살균력이 있으나 자극성이 강하다. 피부, 창상면, 점막면에는 자극성이 적은 묽은 옥도정기를 사용한다. 금속 부식작용이 있으므로 금속으로 만든 기구의 소독은 피해야 한다.

⑤ 포비돈 요오드(Povidone iodine)

요오드와 계면활성제를 배합한 소독제로서 요오드를 서서히 유리시켜 살균작용을 나타내는 소독제이다. 옥도정기보다 피부와 점막에 대한 자극성이 적다. 주로 10% 용액을 사용하며 열상, 창상의 살균소독, 기구 등의 살균소독에 많이 쓰인다.

4) 과산화수소수(Hydrogen peroxide, H_2O_2)

과산화수소수는 과산화수소 H_2O_2를 2.5~3.5%(w/v)를 함유한 수용액이다. 창상부위, 혈액, 조직액 등의 카탈라아제(catalase)에 의해 발생기 산소를 방출하여 살균작용을 나타낸다. 이러한 발생기산소의 강력한 산화작용으로 살균, 표백, 탈취작용을 나타낸다.

표 10-5 주요 소독제와 그 용도

분 류	소독약명(상품명)	용도와 농도	특기사항
산화제	옥시돌(Oxydol)	창상면 원액 또는 2~3배 희석액 구강점막, 인두 5~10배 희석액	
할로겐 화합물	요오드 팅크(Iodine tincture) 포비돈(Povidone) 하이토아염소산 나트륨 (Sodium hypochlorite) 클로르헥시딘 (Chlorhexidine)	피부, 치은, 구강점막 원액 또는 2~5배 희석액 손,피부,점막,창상면 10% 손, 피부 0.01~0.05% 기구, 실내 0.02~0.05% 손, 피부 0.1~0.5% 창상면,기구,실내 0.05%	의류, 피부를 갈색으로 변화 금속을 부식함
알코올류	에탄올(Ethanol) 이소프로필알코올 (Isopropanol)	손, 피부, 기구 70~80% 손, 피부, 기구 50~70%	
알데히드류	포름알데히드 (Formaldehyde) 글루타르알데히드 (Glutaraldehyde)	기구(formaldehyde) 1~5% 기구 2% 수술실 0.5%	금속을 부식시키지 않음
페놀류	페놀(Phenol) 크레솔 비누(Cresol soap)	손, 피부 1.5~2% 기구, 실내 2~5% 손, 피부 0.5~1% 기구,실내(cresol) 0.5~1%	
계면활성제	벤잘코늄 클로라이드 (Benzalkonium chloride) 염화 벤데토늄 (Benzethonium chloride) 알킬폴리아미노 에틸글리신 (Alkylpolyamino ethylglycin)	손, 피부 0.05~1% 점막, 창상면 0.025~0.01% 기구 0.1% 실내 0.05~2% 손,피부 0.05~0.2% 점막,창상면 0.01~0.05%	보통 비소와 병용하지 않음
색소류	아크리놀(Acrinol)	구강, 화농국소 0.05~0.1%	차광보존 의류 · 피부를 황색으로 변화

5) 계면활성제 (Surface active agents, detergents)

① 양성비누(Cationic soap)

보통비누(음성비누) 와는 달리 양성(+)으로 하전된 계면활성제이다. 일반 세균, 진균, 바이러스에는 효과가 있지만 아포균, 결핵균에는 효과가 없다. 자극성이나 독성이 약하고 강한 살균력을 지니고 있다. 보통 10% 원액으로 실제 사용할 때는 100 ~ 500배로 희석하여 손, 피부점막 그리고 식기, 금속기구 등을 소독한다.

② 음성비누(Anionic soap)

보통 비누를 음성비누라 한다. 살균효과는 약하지만 표면장력에 의한 균의 제거에 이용된다.

3. 멸 균(Sterilization)

멸균은 열 또는 방사선 에너지의 노출 또는 여과를 통한 살균작용에 의한다. 멸균은 물리적 방법으로 병원성 및 비병원성 미생물을 막론하고 모든 종류의 미생물을 사멸시키는 방법이다.

(1) 열에 의한 멸균

열에 의한 멸균방법은 습열(자비 또는 고압증기멸균), 건열 또는 저온살균 방법이 사용된다. 일반적으로 열에 의한 멸균은 세균 단백질의 변성이나 세포막의 손상을 일으켜 세균을 사멸시킨다. 습열은 건열에 비하여 낮은 온도에서 더 높은 살균작용을 나타낸다.

1) 건 열(Dry heat)

① 화염 멸균법(Flaming sterilization)

가스버너나 알코올 램프의 불꽃으로 백금선, 유리기구, 도자기 등을 멸균한다. 직접 불꽃에 접촉시켜서 미생물을 태워 죽이는 방법으로 주로 금속기구를 멸균할 때 사용한다. 최소한 20초 이상 가열하는 것이 기본이며 이 · 미용기구 소독에 적합하다.

② 건열 멸균법(Dry heat sterilization)

건열멸균기(가스식, 전기식)를 사용하여 160℃, 30분 ~ 1시간, 또는 180℃까지 내부온도를 상승시켰다가 오븐을 끄고 방치해 놓으면 미생물 및 포자까지 완전히 멸균하는 방법으로 유리기구, 플라스크 등의 멸균에 이용된다. 바셀린, 분말, 파라핀 등과 같이 수증기가 침투하기 어려운 것들이며 예를 들어 금속으로 된 기구, 내열성 사기제품, 유리제품 등이다.

그림 10-2
건열 멸균기

2) 습 열(Moist heat)

① 자비 멸균법(Sterilization by boiling)

자비 멸균은 물을 끓여서 하는 방법으로 100℃의 끓는 물에 20분 이상 끓이는 방법이다. 아포, 간염바이러스는 사멸하지 않으므로 완전한 멸균은 기대하지 못하나 간편한 방법으로 금속제품의 멸균에 널리 이용된다.

1 ~ 2%의 탄산나트륨을 물에 첨가하면 살균력이 높아지고 금속의 부식도 방지할 수 있다.

② 고압증기 멸균법(Sterilization by high pressure steam, autoclave)

대부분의 아포형 세균은 자비(100℃)에 내성을 나타내기 때문에 더 고온에 노출되어야 한다. 고온은 증기압이 증가하지 않는 한, 올라가지 않는다.

그러므로 고압멸균기를 사용하여 일반적으로 121℃(평방인치마다 15파운드 수증기압)에서 15 ~ 20분 멸균하는 방법으로 15lb/in^2 수증기압에서 15~20분 동안 노출시킨다. 세균배양용 배지, 의류 등의 멸균에 쓰인다.

그림 10-3
고압증기 살균기

[고압증기 멸균방식]

- 사용온도 : 121℃
- 내부압력 : 1.2kg/cm^2
- 내부공기 소멸시간 : 약 20분

(2) 여과멸균(sterilization by filtration)

열에 민감한 성분을 함유하는 액체(혈청, 항혈청 독소, 조직 배양용 배지 등)를 멸균할 때 사용하는 방법으로 세균이 통과할 수 없는 0.22㎛의 세공 크기를 갖는 니트로셀룰로오스(nitrocellulose) 막으로 구성된 여과막을 통해 세균과 아포를 제거한다.

(3) 방사선 멸균

X-선, β -선, γ -선 등을 사용하나 비용이 많이 들어 실용성이 없다. 고에너지, 단파장을 조사해서 세균의 DNA를 파괴하여 돌연변이를 일으켜 세균을 죽게 하는 방법이다. 투과력이 강하여 내부의 균도 충분히 살균할 수 있으나 방사선으로 인해 인체에 암을 발병될 수 있으므로 주의해야 한다.

(4) 자외선 멸균

260 ~ 280nm의 광파장에서 자외선이 가장 살균력이 강하다. 현재 피부관리실에서 가장 많이 사용되는 살균의 방법이지만 직접 자외선에 조사되는 물체의 표면 부위에만 살균효과가 나타나므로 물체를 뒤집어주거나 위치를 바꾸어 전체 면이 고루 자외선의 조사를 받도록 해야 하는 단점이 있다. 내부까지 살균 효과가 미치지 않으므로 멸균이라는 말은 적용하기 어렵고 소독이라고 하는 것이 올바를 것이다. 그러므로 피부관리 도구들을 자외선 소독기로 소독했다고 완전히 멸균되는 것은 아니다.

(5) 가스멸균

가스멸균은 산화에텔렌(eythlene oxide), 포름알데히드(formaldehydegas) 등을 이용하여 고무제품, 플라스틱제품, 일회용용품, 기구표면소독 등의 멸균에 이용한다.

세균, 진균, 바이러스 등 모든 미생물에 효력이 있다.

표 10-6 소독대상에 따른 적절한 소독방법의 선택

소독방법	소독대상
저온살균법	우유, 포도주
자비소독법	식기, 의류, 도자기, 금속제품
화염(소각)소독법	휴지, 객담, 의류, 환자의 토사물, 동물시체, 대소변
고압증기멸균법	의류, 기구, 고무제품
자외선소독법	플라스틱 제품, 금속제품, 식기
여과법	특수약품, 혈청, 음료수

3. 피부관리실의 위생과 기기의 소독

관리실을 처음으로 방문했을 때 관리실 내부 구석에 먼지가 쌓여 있고 탁자 위에는 오래된 잡지들이 흩어져 있는 정리되지 못한 실내를 본다면 그 피부관리실에 대한 이미지가 흐려질 것이다. 고객들은 오히려 비위생적인 피브관리실의 가구나 관리도구들, 시술과정에서 감염될지도 모른다는 염려를 하게 될지도 모른다. 피부관리 과정에서는 고객의 심리적인 안정과 관리사에 대한 신뢰는 아주 중요하다.

아무리 훌륭한 기술과 좋은 기기를 사용하여 관리를 한다고 해도 그 효과는 완전히 나타나지 않을 것이다. 피부 관리사는 관리 시 청결하게 소독된 마스크와 화장품 등에 오염된 얼룩이 없는 깨끗한 관리사 유니폼을 착용하고, 시술 전후에 손을 씻고 필요할 때는 소독제를 이용하여 소독하는 습관을 가져야 한다. 관리 후 사용한 기구, 용기 등을 반드시 구분하여 철저히 세척하고 소독한다.

깨끗하고 철저히 소독된 환경에서 전문적인 서비스가 제공될 때 지속적인 고객과의 관계가 이어질 것이다. 또한 병원균에 의한 감염은 관리사와 고객과의 신체접촉이나 기기, 기구들을 통해 일어나므로 철저한 소독 및 멸균, 위생관리를 통해 관리사 본인의 건강과 고객의 건강을 지킬 수 있어야 하겠다.

1. 피부관리실의 위생

피부관리실 내부의 시설, 설비, 기기, 기구 등에 대한 위생 점검을 정기적으로 한다.

(1) 관리실 바닥

바닥에 떨어진 화장품이나 팩 재료는 즉시 닦아내어 세균의 발생원이 되지 않도록 조치해야 한다. 닦기 쉬운 재질로 꾸며 화장품이나 팩 등이 떨어졌을 경우에 쉽게 지울 수 있어야 한다.

(2) 조명기구

끊어진 전구는 빨리 교체하고 조도가 낮은 것도 적절히 교체해서 전체적인 분위기를 조절하고 전등갓의 먼지들도 깨끗이 닦아내어 냉방기구의 바람에 먼지가 날리는 경우가 없도록 한다.

(3) 베드 및 미용의자

베드 위의 머리카락을 제거하고 땀과 화장품으로 인한 악취 발생과 세균 번식을 억제하기 위해 깨끗이 닦고 알코올로 다시 닦아준다. 베드와 의자의 다리 부분이 먼지로 더러워져 있는 경우가 많으므로 세심하게 닦는다.

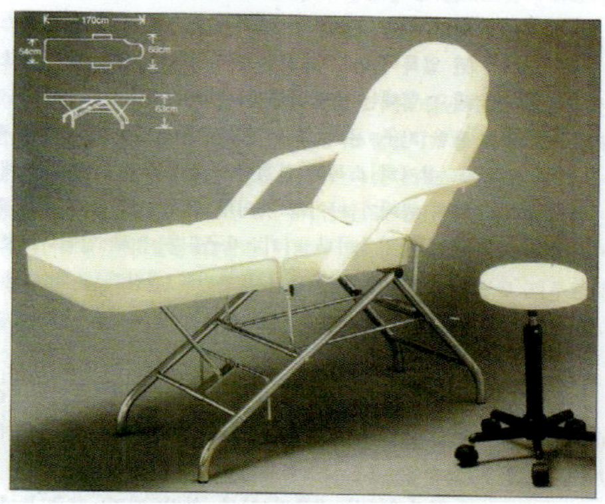

그림 10-4 피부관리베드와 관리의자

(4) 환풍기, 에어컨

환풍기팬에 검게 먼지가 쌓이지 않도록 자주 닦아주고 덮개의 먼지도 일주일에 한 번 정도는 클리너로 깨끗이 닦아준다. 에어컨의 공기정화 필터에 먼지가 쌓이면 오히려 세균발생의 장소가 되고 호흡기 질환의 원인이 될 수 있으므로 정기적으로 필터를 세척, 완전히 건조시킨 후에 끼워 주어야 한다.

(5) 사우나실, 샤워실

사우나실과 샤워실은 습도와 온도가 높고 공기의 순환이 잘 되지 않는 환경이므로 세균, 곰팡이의 번식이 쉽다. 사용 후는 바닥과 벽면에 습기로 인한 얼룩과 곰팡이가 발생하지 않도록 염소계 소독제로 소독하고 물기를 완전히 제거한 후 공기가 잘 통하도록 열어두는 것이 좋다.

(6) 온장고, 자외선 소독기

온장고의 열기와 습기로 인해 사용 후 물기를 제거하지 않고 닫아두면 악취와 오염의 원인이 되므로 사용하지 않을 경우에는 깨끗이 닦고 문을 열어 놓아 건조시킨다. 자외선 소독기는 소독을 하는 기구이나 그 자체가 오염원이 될 수 있으므로 자주 중성세제 등을 이용하여 깨끗이 닦아 청결을 유지한다.

그림 10-5 온장고와 자외선 소독기

(7) 화장품

화장품은 반드시 스파튤라(spatula)를 사용하여 덜어서 사용한다. 손으로 덜어 쓰면 남아있는 제품이 오염될 가능성이 있고 그로 인해 성분의 변성이 초래되어 피부의 알레르기 반응이 일어날 수도 있다. 화장품을 사용한 후 뚜껑을 제대로 닫지 않으면 이물질이 들어가거나 변질되므로 뚜껑을 확실히 덮어 두어야 한다. 또한 화장품을 직사광선이 비치는 곳이나 고온, 저온 등의 환경에 방치할 경우는 성분상의 문제를 야기할 수 있는 것도 있으므로 보관에 주의를 기울여야 한다.

2. 피부관리기기의 소독

피부관리실에서 사용하는 전기를 이용한 기기류들은 수시로 닦아주고 사용하지 않을 때에는 먼지가 끼지 않도록 덮개를 덮어 보관하며, 연결된 많은 전선들이 바닥에 끌리거나 접혀서 피복이 벗겨져 감전이나 고장이 나지 않도록 물걸레로 닦아 둥글게 말아서 보관한다.

(1) 백 스프레이(Vac spray)

스프레이 병은 열에 의해 변질될 염려가 있으므로 증기소독이나 자비소독의 방법은 사용하지 않는다. 사용 후 물세척을 한 후 자외선 소독기에 넣어 소독하며, 필터는 더러워지면 세탁하여 잘 말린 후 사용한다.

스프레이는 분무구멍에 미네랄이 쌓이는 것을 방지하기 위해 세척을 자주 해준다.

(2) 흡입기(Suction)

혈액, 농 등에 벤토즈를 사용한 후에는 작은 솔을 이용하여 중성세제로 안을 닦은 후 이물질이 붙어있는지 확인한 후 물로 세척하고 자비소독, 증기, 건열멸균기, 자외선 등으로 소독한다. 벤토즈를 끼우고 고무 부분과 금속도 알코올로 깨끗이 닦는다. 철저히 소독되지 않은 벤토즈 부분은 직접적인 세균의 감염원이 될 수 있으므로 철저히 소독한다.

(3) 베이퍼라이저(Vaporizer)

베이퍼라이저의 증류수를 담는 유리병은 이끼가 끼지 않도록 특수솔로 구석구석 중성세제로 세척한다. 가능하면 세척 후 증류수로 한 번 더 씻어주면 더욱 효과적이다.

베이퍼라이저의 물은 하루 일과가 끝난 후 모두 빼내고 물과 식초를 10:1의 비율로 넣어(주1회) 석회기를 제거한다. 그리고 증기가 나오는 통로와 본체를 분리하여 닦아주고 솔 등으로 관 속을 닦아준 후 알코올 솜으로 입구를 닦아준다.

(4) 고주파기

금속부분은 알코올로 소독하고 전선은 물걸레로 닦아주며 전선이 엉키지 않게 정리해 준다.

(5) 브러싱 머신(Brushing machine)

기계의 몸체 속에는 모터가 있으므로 물에 담그면 안 된다. 브러시 부분은 재질상 증기소독과 자비소독 등의 열에 의한 소독과 알코올 소독은 변형을 일으킬 수 있으므로 피하는 것이 좋다. 크레졸수, 석탄산수, 역성비누액으로 소독하거나 세제로 닦은 후 알코올에 반드시 담가두었다가 건조시킨 뒤 자외선 소독기에서 소독을 한다. 자외선 소독 시 브러쉬 전체가 자외선을 받을 수 있도록 위치를 옮겨주어야 한다. 금속부분은 알코올로 닦아준다.

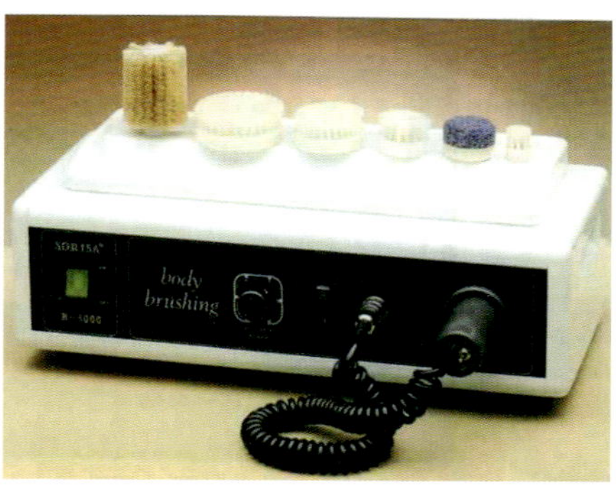

그림 10-6 브러싱 머신

(6) 우드램프, 확대경, 적외선램프

우드램프(wood lamp)의 유리부분이 고객의 피부나 입김에 의해 더러워지는 경우가 많으므로 특별히 깨끗하게 닦아내고 검은 천에 먼지가 끼이지 않게 세탁해 준다. 적외선램프는 전구에 먼지가 끼이지 않도록 마른 천으로 닦아준다. 확대경의 렌즈도 마른 수건으로 닦아준다.

(7) 비만관리기

본체와 금속판, 전선줄의 끝 집게는 금속으로 되어 있기 때문에 알코올로 닦아준다. 받침유리는 먼지가 끼이지 않게 자주 닦아주고 부직포로 된 패드류는 세제를 푼 물에 세탁 후 깨끗이 빨아 건조시킨 후 자외선 소독기에서 소독한다.

(8) 선탠기

형광등이나 나무로 된 발판, 금속류인 환풍기는 외부표면으로 되어 있는데 이중에서 특히 발판 구석에 먼지가 쌓이지 않게 하고 사용 후 고객이 땀과 오물이 남아 있지 않게 깨끗이 닦아준다.

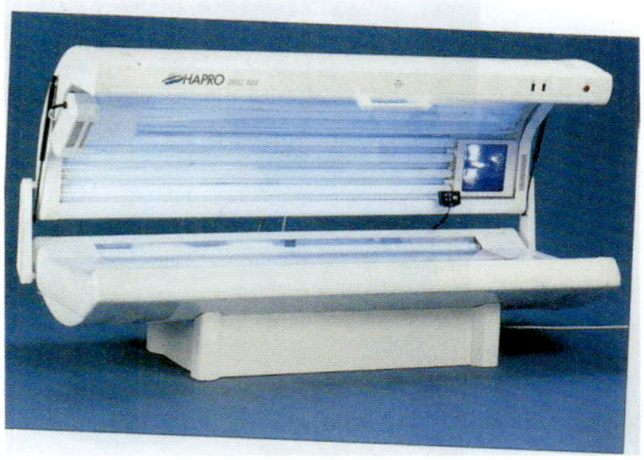

그림 10-7 선탠기

(9) 근육 안마기

각 기능에 따라 사용되는 부속 사이사이에 먼지가 끼이지 않게 물로 닦아준 후 알코올로 닦는다. 전선은 물걸레로 닦아서 사용한다.

부속품 중 폴리우레탄으로 된 것은 세척이 불가능한 고객 개인용이므로 여러 고객에게 사용하지 않도록 주의한다.

(10) 공기압력 발 마사지

고객의 발에 직접 닿는 부분은 세척 후 70% 알코올 솜으로 닦아주고 몸체의 비닐부분도 깨끗이 세척 후 알코올로 닦아준다.

3. 타월류

스팀타월은 증기살균기를 이용해 물을 끓이면서 증기로 소독해야 하는데 100℃의 증기에 20분 이상 찌도록 규정되어 있다. 사용 뒤에는 반드시 세척제나 비누로 잘 빨아서 꽉 짠 다음에 증기통으로 옮긴다.

건성 타월은 세탁 후 직사광선에 소독을 해야 하며 사용 뒤에는 스팀타월과 같이 세탁한다. 50ppm의 염소수와 세척제를 가한 용액에 담가 한꺼번에 세탁한다.

4. 하수구, 쓰레기통

역성 비눗물, 승홍수, 포르말린수 등은 유기체가 많은 곳에는 부적당하므로 생석회를 수용액으로 만들어 사용하거나 습한 장소에 생석회가루를 직접 뿌려서 소독한다.

참고문헌

- 김춘자, “실전 미용기기학”, 훈민사, 2008
- 김기연 외, “피부미용기기학”, 현문사, 2009
- 채순임 외, “피부미용기기학”, 정담미디어, 2004
- 민경옥, “전기치료학”, 현문사, 2001
- 안현경, “미용기기학”, 청구문화사, 2003
- JohnV. Simmons, Scienu and the Beauty Business, THOMSON, 1995
- Mo Rosser, Body Therapy and Facial Wokr, Hodder & Stoughton, 2005
- 김춘자, “실전 전기 미용기기”, 훈민사, 2008
- 김해남 외 4인, “미용기기관리학”, 훈민사, 2001
- 김봉인 외 2인, “피부관리기기학”, 고문사, 2000
- 김봉인 외 8인, “에스테틱(face)”, 뷰티
- 김봉인 외 8인, “에스테틱(body)”, 뷰티
- 김봉인 외 3인, “비만관리”, 해란
- 김봉인 외 2인, “시데스코”, 해란
- 안현경 외 2인, “피부관리기기학”, 청구문화사, 1997
- 이재학, “전기치료학”, 대학서림, 2008
- 최경임 외 8인, “전신관리학”, 청구문화사, 2000
- 원윤경, 강신옥, “피부미용기기학”, 훈민사, 2006
- 김춘자, 김명숙 외, “미용기기관리학”, 훈민사, 2001
- 한영숙, 미용소독전염병학, “수문사”, 2003
- 권혜영 외 4인, “공중위생관리학”, 메디시언, 2012
- Joel Gerson, Standard textbook for professional Estheticians, MILADY, 1999

찾아보기

ㅈ

ㅊ

ㅋ

ㅌ

ㅍ

ㅎ

Essence

미용기기학

2020년 3월 10일 초판 발행
2025년 3월 15일 재판 발행

저자 _ 김봉인 / 강수경 / 김영주 / 김선옥 / 김학숙
김해남 / 신수정 / 장문정 / 최미옥 / 함명옥

발행처 _ 메디시언
발행인 _ 주병오 · 주민기

등록번호 _ 제406-2005-000045호
등록일자 _ 2005. 2. 16

경기도 파주시 회동길 209 파주출판도시
마케팅팀 031)955-7566 · 7577
편집디자인팀 031)955-7731
FAX 031)955-7730

값 22,000원
ISBN 979-11-86739-96-9

독자의견 전화 _ 031-955-7577
홈페이지 _ http://www.ji-gu.co.kr/
이메일 _ jigupub@hanmail.net

총판
(주)지구문화
JIGU CULTURE Co.Ltd

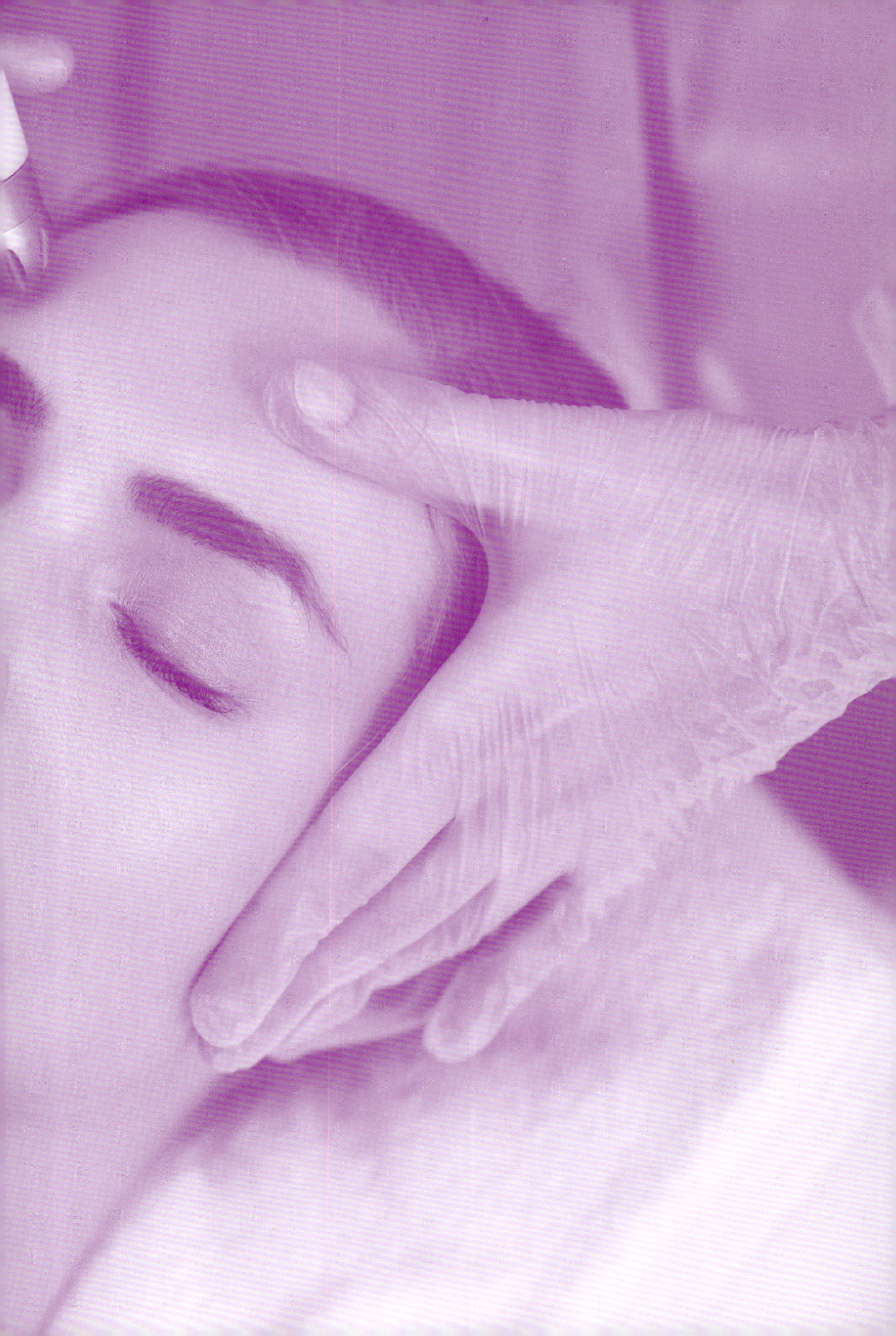